世界遺産

春日山原始林

—照葉樹林とシカをめぐる生態と文化—

前迫ゆり【編】

Yuri Maesako

ナカニシヤ出版

風土と文化に育まれた世界遺産春日山原始林

古くより人の営みが活発であった奈良の地に、原生林としての照葉樹林が今に息づく。文化的背景のなかで育まれた照葉樹林とかつて神の使いとされたニホンジカとの間には、長い時間のなかで地域固有の生態系が成立してきた。しかし今、両者の間に大きな葛藤が生じている。

さらにはナラ枯れといったあらたな危機にも直面している照葉樹林。人の営みによって自然との調和を実現し、未来にこの森林をつなぐことができるのだろうか。今、春日山原始林は崩壊と共生の岐路に立っている。

地域生態系の要―春日山原始林

空中写真から見た春日山原始林、若草山、奈良公園、奈良市街地（国土地理院）。春日山原始林域は、シイ・カシ類の開花期で黄色く変化している

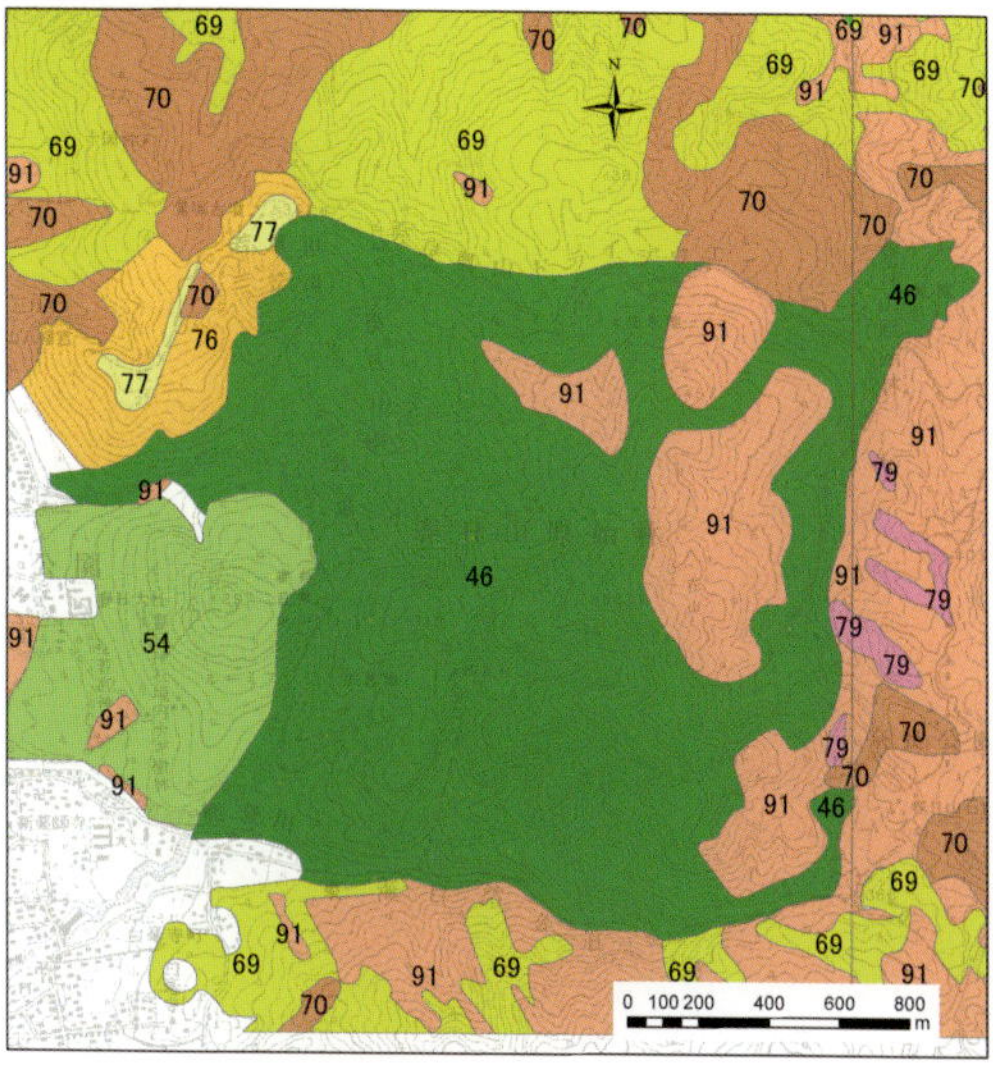

春日山原始林域の植生。特別天然記念物指定域にはコジイーカナメモチ群集やツクバネガシ群落などの照葉樹林が広がっている（環境省生物多様性センターhttp://www.vegetation.jp/mesh2nd.php?mesh2nd=523506より改変）

春季の春日山原始林とシカ（2001年5月12日）

荒池から望む春日山原始林と御蓋山

春日山原始林と御蓋山を背景に若草山山頂でシバを摂食するシカ（2012年5月16日）

夏季の春日山原始林（2008年8月31日）

春霞のなかの淡い黄緑、夏の深い緑など、季節とともに春日山原始林は変化する。まさに森は生きている。

春日権現験記第一巻に描かれているシカ

（奈良女子大学図書館所蔵 http://mahoroba.lib.nara-wu.ac.jp/y04/fram1.html）『春日権現験記』（20巻）は、藤原氏の氏神として、興福寺と一体となって政治的・文化的両面での大きな影響力をもった春日大社の効験を集成した絵巻物である。成立は鎌倉時代後期の1309（延慶2）年、絵師は高階隆兼。この図は、「承平七年（937）二月廿五日亥時はかり、神殿鳴動して風吹、子時に橘氏女御宝前にて声をはなつ。」という文章とともに示されている

地域景観の変容と草地生態系

照葉樹林と対比的な若草山のシバ草地はシカにとって貴重な餌場であり、シカは草地維持に重要な役割を果たしている。

ナンキンハゼ(手前)と東大寺。奈良公園で真っ先に紅葉するナンキンハゼ。古都奈良を代表する秋の景観が外来種で彩られるのは少し残念である

文化的行事若草山の火入れ。冬の歳時記であり、シバ地維持にとっても重要な意味をもつ(2011年1月22日)

若草山のシバ地。火入れとシカの摂食によって維持される

照葉樹林の骨格をなすブナ科大径木

春日山原始林には胸高直径一mを超すアカガシ、ウラジロガシ、ツクバネガシ、コジイ、イチイガシなどのブナ科樹木が生育している。これらは照葉樹林としての長い時間を物語っている。

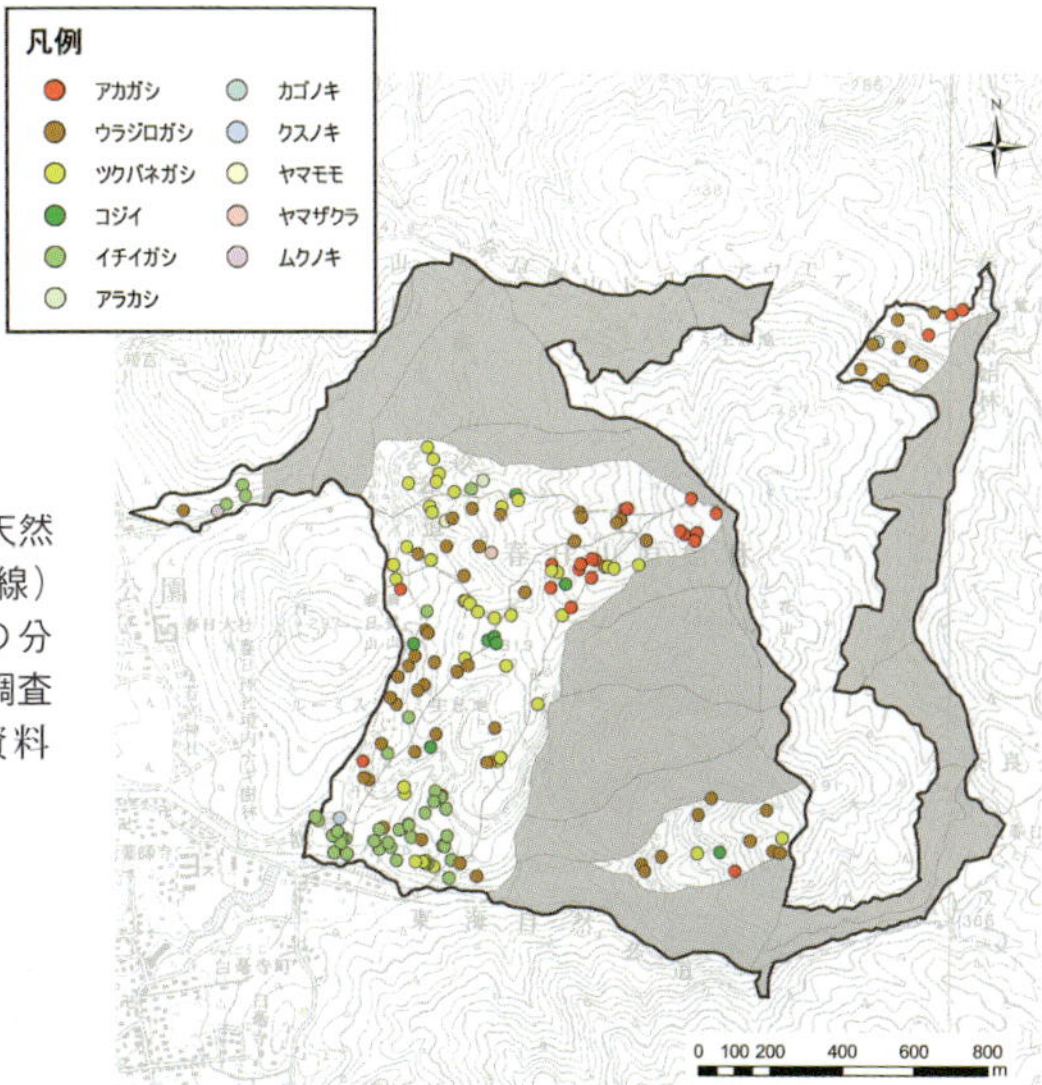

春日山原始林特別天然記念物エリア(太線)における大径木の分布図(グレーは未調査エリア) 奈良県資料(2012)より作成

ナラ枯れの脅威
─春日山原始林についにナラ枯れが発生した

カシナガキクイムシが樹木に穿孔し、媒介した共生菌（ナラ菌）によって枯死する「ナラ枯れ」が各地で拡大している。春日山原始林に隣接する若草山一帯でコナラが大量に枯死したが、二〇一二年九月、ついに春日山原始林のツクバネガシにもナラ枯れが発生した。

若草山のナラ枯れ。コナラが枯死（2012年9月2日）

ナラ枯れによって枯死したツクバネガシ。胸高直径56cmのツクバネガシの樹冠は茶色く枯れているが、萌芽はでていた（2012年9月2日）

ツクバネガシの穿入孔。木屑（フラス）が出ることがナラ枯れの特徴（2012年9月28日）

照葉樹林をめぐる生態系─その豊かさと脆弱性

春日山原始林は多様な生物相を評価され、特別天然記念物に指定されている。都市域にありながら、この森林には多様な昆虫、鳥類、哺乳類などさまざまな生物が生きている。しかし、シカの採食圧によって生物の多様性は確実に劣化している。

シカの不嗜好植物

シカが食べないいわゆる不嗜好植物は繁茂し、食べられる植物は減少している。イヌガシ、イラクサ、ナチシダ、ジャケツイバラは採食されない。クリンソウやイズセンリョウはこれまで採食されなかったが、最近では食べるようになった。

ナチシダ（2012年８月17日）

枝葉が採食されたイズセンリョウ　2003年頃から採食頻度が高くなり、2006年にはイズセンリョウ個体群が激減した

クリンソウ（2009年5月5日）2012年にはシカによる採食が確認されるなど、クリンソウも衰退しつつある

鳥類

春日山原始林では、かつて水生昆虫を餌とするミゾゴイやアカショウビンの生息が可能であったが、林床植生の減少と共に姿を消し、代わってカラスやヒヨドリといった都市に普通に生息する種類が増加している。

ヤマドリ（石井照昭氏撮影）

アカショウビン（山懸正幸氏撮影）

ミゾゴイ（石井照昭氏撮影）

哺乳類

春日山照葉樹林は哺乳類の貴重なハビタットでもある。樹木から樹木へと飛びながら移動するムササビは頻繁に目撃され、シカやイノシシが林内を動く。夜の照葉樹林はにぎやかだ。しかし、外来種のアライグマが出現し、ネズミの個体数が少ないという問題も抱えている。

ムササビ（鳥居撮影）

イノシシ（鳥居撮影）

昆虫

大木が原始の森を彷彿とさせる春日山原始林。しかし、下層植生は鹿の食害を受け大古の森の面影はなくなりつつある。当然、昆虫層も被害を受けていると思うが、それを考える過去の資料がほとんどない。天然記念物ルーミスシジミは二〇〇〇年を最後に確認されていない。

ルーミスシジミ

⇧（伊藤撮影）⇩

ムラサキツバメの越冬

春日山原始林に侵入・拡散する外来樹木

植食動物のシカは、春日山原始林の種子植物の七〇％以上を採食するが、採食しない植物もある。在来植物のナチシダ、イワヒメワラビ、イラクサ、ジャケツイバラなどのほか、外来植物のナンキンハゼとナギも採食しないために、照葉樹林のなかで拡散が進行している。

ナンキンハゼの紅葉と種子

若草山周辺のシバ地で不嗜好植物ナンキンハゼやコガンピに囲まれた仔ジカ

ギャップに成立するナンキンハゼ群落

照葉樹林で生長するナギの稚樹(2009年5月15日)

国内外来種ナギの雄花

ナギの種子

防鹿柵実験と森林再生

ナギが生育する森林は林冠閉鎖しているが、ナンキンハゼが生育する森林ではギャップ林冠が多い。

光条件が良好で、水分条件が適湿の防鹿柵内では林床植物ジュウニヒトエやイナモリソウの開花が確認された。

2007年に設置された実験防鹿柵（2007年10月22日）コジイ、イチイガシ、ツクバネガシなどが林冠形成する。林床植生は乏しい

設置後4年半経過後の植生。大きな変化はない（2012年５月６日）

ナンキンハゼが優占するギャップ実験区
ナンキンハゼの生育が旺盛であると同時に、林床性植物も良好な再生を示した(2012年9月)

防鹿柵内のイチイガシの2年生実生。相観的に防鹿柵内外で著しい差はないが、木本実生の発生・定着は柵内で高い

ギャップ林冠の防鹿柵内で開花したイナモリソウ（2010年5月30日）

ギャップ林冠の防鹿柵内で開花したジュウニヒトエ

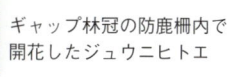

ニホンジカによる森林生態系への影響

ニホンジカによる生態系への影響は一九九〇年代から急速に進んだといわれている。日本各地で対策がたてられているものの、植食性動物のシカと森林とのほどよい関係が構築できた地域はきわめて少ない。奈良の地ではニホンジカは七〇〇年代から生息していたが、戦後数十頭に激減した後、人の保護によってシカの個体数は回復し、現在、千数百頭のシカが奈良公園域に生息している。長い時間のなかでシカと共生してきた春日山原始林であるが、今、その生態系はきわめて危うい。シカの摂食圧に対して照葉樹林は共生機構を発揮するのだろうか。未来にこの森林をつなげるために、シカと森林と人のよい関係を築くことができるのだろうか。

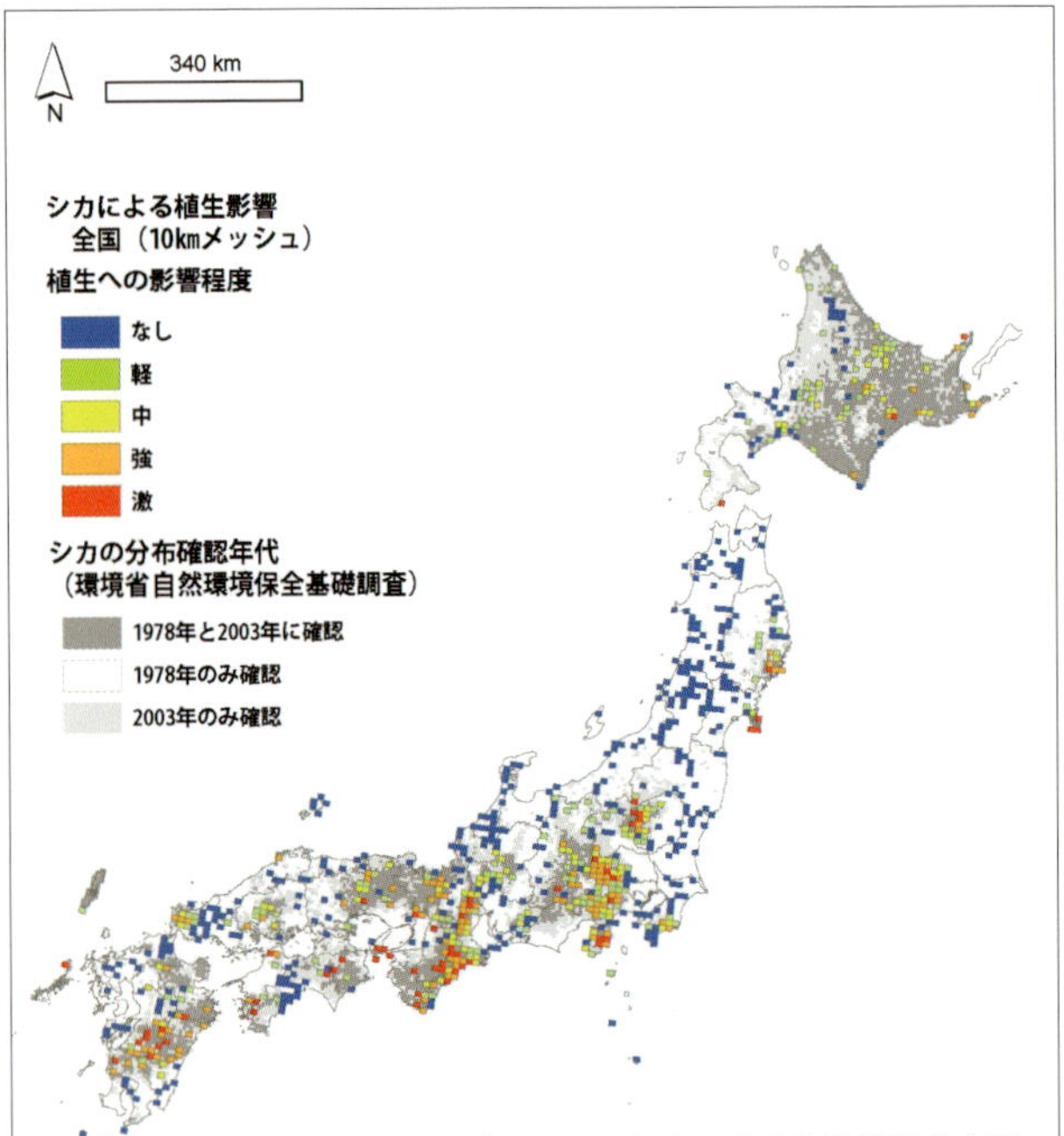

日本におけるシカによる植生影響分布図
（植生学会、2011）より引用

イズセンリョウを摂食するニホンジカ

冬季に落ち葉食いをするニホンジカ

はじめに

世界遺産「春日山原始林」には長い歴史と文化が育んだ照葉樹林が成立している。しかしながら植食性動物の「奈良のシカ」が、長期にわたって高密度状態を維持していることから、森林生態系にさまざまな負の影響が生じている。古都奈良にとって、奈良のシカは愛すべき天然記念物であるが、世界遺産であり、特別天然記念物でもある春日山原始林の「今」と「未来」はきわめて厳しい状態である。さらに奈良のシカにとっても、高密度状態が続く現状は、良好な生息地とは言い難い。本書は春日山原始林とシカをめぐる生態と文化に光をあて、地域生態系の要となる春日山原始林を未来につなぐ方策を読者とともに考え、実現することをめざしたものである。

「春日山原始林がおかしい、昆虫が減った、いろいろな植物が急激に姿を消した」という地元ナチュラリストの声が聴かれるようになったのは一九九〇年代初めだったと記憶する。そうした声に押されて春日山原始林の生態調査を開始し、二〇〇〇年六月に奈良女子大学で開催された紀伊半島研究会主催のシンポジウムで、春日山原始林におけるシカ問題を報告した。これは地元の新聞に「春日山原始林の危機」と題して大きく取り上げられたが、行政の動きにはつながらなかった。しかし、この頃から日本のシカ問題が深刻化し、日本の新聞各紙はもちろんのこと、ジャパンタイムズ紙でも春日山原始林研究の一端を紹介いただき、〝Nara's cute, destructive Deer〟と題した記事（二〇〇八年一〇月二八日付け）が掲載された。

春日山原始林の研究を開始してすぐに、この森林が崩壊していくという危機感を抱くようになったが、本書をまとめるきっかけのひとつは、二〇一一年六月に開催された「世界遺産春日山原始林は今」と題するシンポジウムであった。このシンポジウムはシカの食害で疲弊する奈良県の森林を憂えて、奈良勤労者山岳連盟と日本野鳥の会奈良支部に所属する方々が何度も大学に足を運ばれ、企画が実現したものである。この市民シンポジウムには一三〇名以上の市民のみなさんが集まってくださり、フロアとの活発な意見交換が展開された。当日、コーディネーター役をつとめたこともあり、この市民意見をもって奈良県の行政の方々に会い、奈良のシカと春日山原始林の保全について話し合った。地域の課題解決において、市民の合意形成は欠かせない。春日山原始林が抱える課題については関係学会や市民講演会などで何十回となく講演の機会をもったが、このシンポジウムで、春日山原始林の意義や課題について市民の方にあまり理解されていないことにあらためて気づいた。

社会調査においても「奈良のシカ」はダントツの人気を誇っている。シカが街を闊歩し、シカと人が調和しながら千年にわたって暮らしてきた地域は、世界のなかでもこの奈良の地をおいてほかにないだろう。一方、寺社と一帯をなす文化的景観としての「世界遺産春日山原始林」は「特別天然記念物」でもあり、自然植生の照葉樹林が成立していることにこそ意義があると考えられる。この照葉樹林が、人工林や外来樹木で覆われた森林に変化した場合、文化財あるいは生態系としての価値は大きく失われるだろう。「春日山原始林の今」を世代を超えて広く知っていただき、未来にこの照葉樹林を繋げたいという思いがこの一冊につながった。

本書は、春日山原始林とシカをめぐる生態と文化をテーマに、大きく四部から構成されている。第Ⅰ部は、春日山原始林をめぐる文化をテーマとして、「そもそも春日山原始林とは何か」、「人と森林と文化の関係性」、「神奈備」をテーマに、文化・歴史的視点から、興福寺多川俊映貫首、枚岡神社（元春日大社権宮司）中東　弘宮司、京都教育大学名誉教授（橿原考古学研究所特別指導研究員）和田　萃氏にご執筆いただいた。自然と歴史・文化と人のつながりを考える論考である。

第Ⅱ部では読者に春日山原始林を歩いて、照葉樹林の豊かさと脆弱性を知っていただくために、春日山原始林の動植物と地史をテーマに構成した。植物については前迫が担当し、鳥類は日本野鳥の会奈良支部小船武司氏と川瀬　浩氏、昆虫は奈良県在住の昆虫生態写真家伊藤ふくお氏、哺乳類は奈良教育大学鳥居春己氏、そして地史は奈良女子大学高田将志氏と山田　誠氏にそれぞれご執筆いただいた。春日山原始林に生育する植物とそこに生息する動物たちの生活、そしてその基盤となる地形・地質についてわかりやすく紹介されている。

第Ⅲ部は、春日山原始林の生態学研究を中心に構成されている。一九六〇年代に春日山原始林の研究に着手し、シカによって森林が疲弊することへの警鐘を鳴らされた元奈良女子大学教授菅沼孝之氏、森林の長期的データから森林構造や種の絶滅確率などの研究を進めておられる大阪市立大学名誉教授山倉拓夫氏、一九六〇年代に奈良公園のディアライン形成を指摘された京都大学名誉教授渡辺弘之氏、御蓋山ナギ林で長年研究を続けてこられた大阪市立大学名波　哲氏、シカに対する植物の適応戦略について共同研究を進めている筑波大学鈴木　亮氏、そして前迫が、生態学研究によって明らかになった春日山原始林の現状を紹介した。数百年という長い時間のなかで、森林がどのように動いているのかというダイナミックな変化、森林と生き物たちとの相互作用、森林の維持・更新メカニズム、外来種拡散など、いずれも興味深いテーマである。さらに、近年、拡大しているナラ枯れや、ふたたび猛威をふるっているマツ枯れについても急遽掲載した。

第Ⅳ部では「奈良のシカ」と地域の保全に焦点をあて、シカによる森林への直接的影響、シカの生態、そして今後の地域管理・野生動物管理の視点から構成した。北海道大学立澤史郎氏は奈良公園のシカの生態と管理、鳥居春己氏は春日山原始林のシカの生態と管理、そして前迫はシカの森林利用と地域生態系の保全について論じた。

森とシカの関係性において、シカの個体数管理の視点とともに、人々の合意形成にもとづく地域への総合的視点が不可欠である。本書が悠久の時間が育んだ照葉樹林「春日山原始林」と「奈良のシカ」をめぐる現状と課題の整理、さらには地域生態系の要である「春日山原始林」と「奈良のシカ」と「人」の共生につながれば幸いである。

二〇一二年一二月

前迫　ゆり

もくじ

Ⅲ　春日山照葉樹林の生態系

Ⅳ　シカの生態と地域生態系の保全

《おことわり》

＊本書のカラー口絵と本文に掲載した写真の大半は、編者と担当著者の撮影・提供によるものですが、編著者以外の方々からご提供を受けた写真があります。その掲載箇所にご氏名を記し、ご高配に御礼申しあげます。

＊本文中の語句・用語についてカラー写真で紹介しているものには、口絵の掲載ページ（C1〜20）を記しました。

＊Ⅱ〜Ⅳ部の各章で担当著者が引用した諸論考の出典は、巻末に「引用文献一覧」として掲載しました。関係各位に御礼申しあげます。

世界遺産　春日山原始林

—照葉樹林とシカをめぐる生態と文化—

I　奈良文化の源流としての春日山

第1章

春日山と興福寺

――神仏・自然と人間の交流の場

多川《たがわ》　俊映《しゅんえい》

一　はじめに――平城京と春日山

興福寺の創建は平城遷都と同じ和銅三年（七一〇）で、その遷都を実質的に企画・指導した藤原不比等にとって、平城京造営と氏寺興福寺の造営とはいわばセットの事業であったと考えられる。そこで、本題に入る前に、平城京（の人々）にとって春日山（とその裾野の春日野）はそもそも、どのような意義を有するものであったか。まずはじめに、その点について概観しておきたい。

春日山およびその周辺を描く最古の地図は、正倉院に伝えられる天平勝宝八年（七五六）の「東大寺山堺四至図《さんかいしいしず》」である。この図は、東を上にして描いたもので、当時はまだ春日山の名称は一般的ではなかったのか、「南北度山峯」として示されている。この南北に度《わた》（渡）る量感豊かな山峯から、日が昇ってくる――。科学的な現代でさえ、日常感覚としては太陽は東から昇るのであり、その日出る方角におのずから清々しい神秘

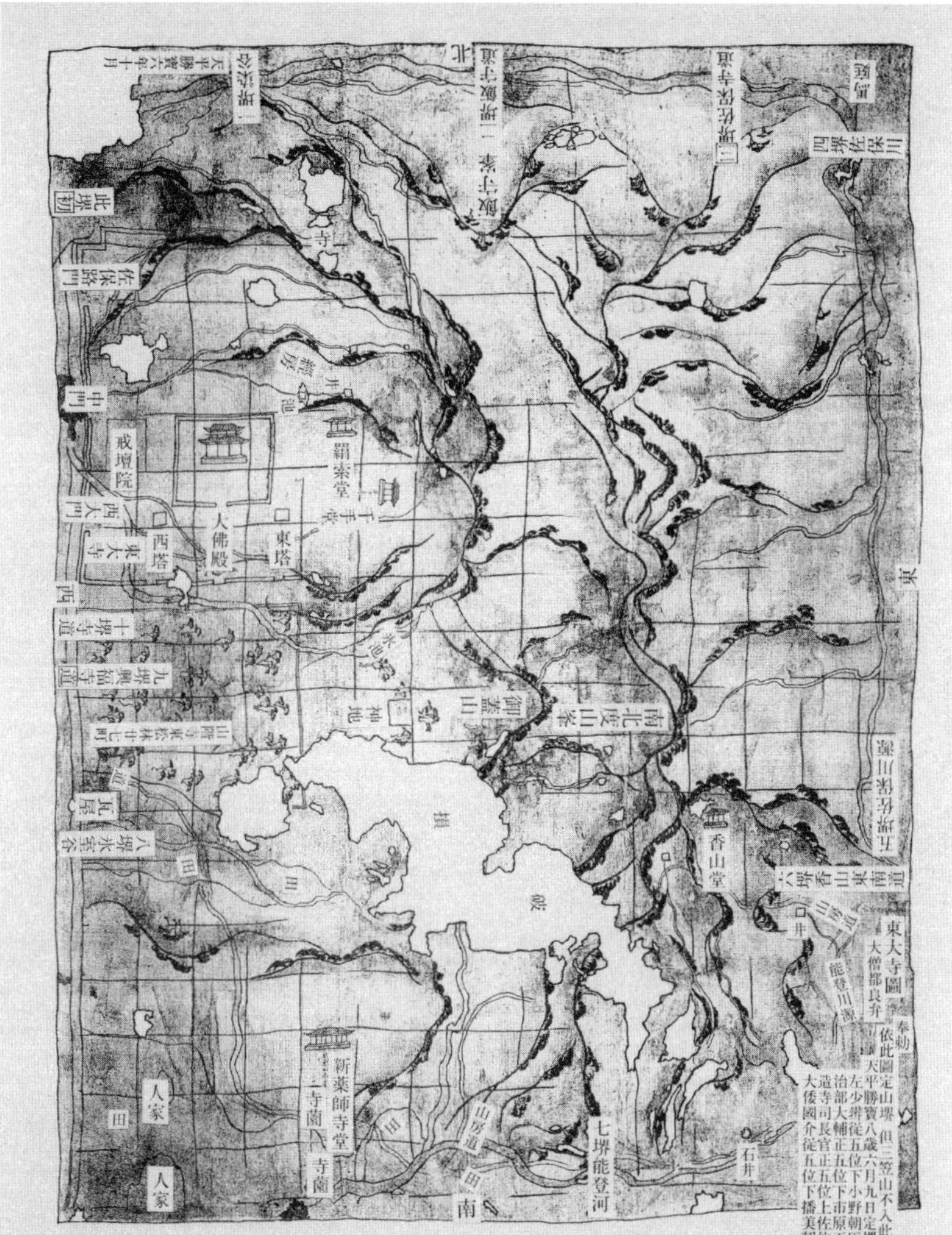

東大寺山堺四至図
(『奈良市史』通史一から転載)

や希望といったものを見い出すのであるから、古代の平城京の人々にとって、その東方の山峯はすでにそれだけで圧倒的なものであったろう。げんに同図は、その南北度山峯の前（西）に円錐形に隆起する御蓋山《みかさやま》を描き、その麓を「神地」と墨線で囲って明示していて、その神聖性がわかる。なお、この神地にいわゆる春日の神々が勧請されたのは、同図が描かれた十二年後の神護景雲二年（七六八）のことであった。

この圧倒的で豊かな量感の南北度山峯とその前に隆起する御蓋山を目の前にするその神地で執り行われた催事であるが、『続日本紀』に次のような記事がみえる。なお、記述の表記は、直木孝二郎他の訳注本（東洋文庫　平凡社）によった。

・養老元年（七一七）二月一日条　遣唐使は神祇を蓋山《みかさやま》（平城京の東にある春日山）の南で祭った。

・天平勝宝二年（七五〇）二月十六日条　〔天皇は〕春日の酒殿に行幸した。

＊この春日の酒殿は、年次からみていわゆる春日社の施設ではなく、「神地」に臨設された酒殿であろう（引用者）。

・宝亀八年（七七七）二月六日条　遣唐使が春日山の麓で天地の神を礼拝した。去年は風波が思わしくなく、渡海することができなかったし、使者〔の顔ぶれ〕もまたしきりに変更になった。ここに至って、副使の小野朝臣石根が重ねて祭祀を執行したのである。

＊遣唐使の船は四艘仕立てで、「死の船」ともいわれた。それほど、唐の先進文化の導入は決死の覚悟で実施された。仏教の請来では、たとえば興福寺所属の玄昉（？～七四六）も行賀（七二九～八〇三）も、そのなかの留学僧として海を往還して唯識の教えを伝えた。「神地」における航路の安全祈願が至心に行なわれたことは、現代の私たちの想像をはるかに超えたものであろう（引用者）。

二　春日山と興福寺

興福寺の寺域と春日野

興福寺の寺域は平城京の左京三条七坊で、平城京の中心部からやや離れてはいるが（直線で約三キロメートル）、京内の寺院である。平城京は、左京の東四坊大路以東のエリアが東に張り出した形になっていて、その部分はふつう「外《げ》京《きょう》」と呼ばれている。外京は平城京当時の名称でもないので誤解を招く恐れがあるが、平城京発掘の奈良文化財研究所も一九六〇年代あたりは、外京の造営は平城京中心部に遅れるという理解であった。現在、そうした呼称や理解は改められつつあると仄聞するが、それはともかく、その東に張り出した平城京左京の一部に春日野（広義）の丘陵地も含まれており、そうしたところに興福寺は造営された。

興福寺の縁起・資財帳の『興福寺流《る》記《き》』は、たとえば「旧記云」として、

> 和銅三年歳次庚戌、太上天皇《元明》、俯して人願に従って都を平城に定む。ここにおいて太政大臣、先志を相承し、春日の勝地を簡《えら》びて興福の伽藍を立つ。

と記している。この太政大臣（右大臣の誤記。引用者）というのが藤原不比等で、先志（父鎌足の考え）を継承して、氏寺を建てるに「春日の勝地」を選定したというのである。

この春日の勝地とは、いうまでもなく春日野の勝れた地区あるいは春日野という勝れた場所の意味で、そうした勝地を寺地としてことさらに選定したというのである。この「春日の勝地」の文言には、南北度山峯の春日山やその前の御蓋山が西に張り出した丘陵地春日野の神聖性が含意されているであろう。

しかも、興福寺はその春日野の西南端に位置しており、西に平城京を眺望する抜群の立地である。ひるが

興福寺北円堂

興福寺五重塔

えって平城京からは、東方の春日山や御蓋山をバックにした興福寺の堂塔が望める――。そうした双方向の眺望性に、不比等の平城京造営と氏寺興福寺の造営とがペアというかセットの関係にあったことが示唆されているのではないかと考える。果たして、養老四年（七二〇）に没した不比等の供養のための円堂院円堂（のちに北円堂と呼称）は、伽藍の西端に所在していて、みまかった後も造営が続いた平城京を見守る形になっている。

なお、先の「東大寺山堺四至図」に示される「山階寺《やましなでら》東松林廿七町」の山階寺は、興福寺の別称である。ここは現在の奈良国立博物館の所在地で、その山階寺東松林廿七町の表示の下（西）に描かれる南北の道が、平城京の京内・京外を分ける境界であった。むろん、その南北道の西側が京内であり、そして、この南北道の以東が、狭義の春日野ということになるのであろう。ちなみに、日本語の「野」は「山裾などの、ゆるい起伏のある傾斜地」（白川 静『古語辞典・字訓』平凡社）と解されるが、春日野も東から西になだらかにレベルを下げながら広がっていて、しかも、それが全体として丘陵地の高台を形成している。そのため、緊急通報のための施設＝烽《とぶひ》が設けられたのも、ここ春日野であった。ついでながら、『続日本紀』には次のように記されている（同前）。
こんにちにその名をとどめる飛火野は、いうまでもなくこの烽が設けられた辺りの謂いである。

・和銅五年（七一二）正月二十三日条　河内国の高安烽を廃して、始めて〔河内国〕高見烽、及び大倭国春日烽を置いた。それで平城〔宮〕に〔連絡を〕通じさせた。

＊高見烽の所在地は不明だが、『万葉集』巻六―一〇四七番の歌に「射駒《いこま》山飛火が岡に」とあり、生駒山頂にあったと推定される（訳注者）。

春日山と春日社興福寺

平安時代に入ると、藤原氏の氏神春日社と氏寺興福寺とは、おりからの神仏習合思潮の下、緊密に合体していった。興福寺や東大寺の僧徒は、すでに奈良時代から春日山中で修行したといわれるが、中古から中世に至って春日山界隈は「浄土」と見なされ、その神聖性は一段と深化した。

そうした深化に大きくかかわったのが、興福寺の解脱《げだつ》上人貞慶《じょうけい》（一一五五～一二一三）であった。貞慶の信仰は元来、仏教世界で説かれる仏菩薩はこれを斉《ひと》しく尊崇するという精神がベースになっているが、そのなか、仏教を創唱した釋尊を「本師」と位置づけており、その意味で、釈迦信仰が基本になっていることは疑いない。ただ、釋尊は過去仏でいかんともし難く、目を未来に転ずれば、当来仏といわれる弥勒が大きく浮上してくる。加えて、貞慶の教学的立場の法相宗《ほっそう》の唯識教義はこの弥勒を祖とする伝承があり、尊崇の念は一入であったろう。こうした釈迦と弥勒という信仰軸がまず考えられるが、同時に、貞慶には明確で強烈な神国意識があり（たとえば、『春日大明神発願文』に、「葦原の中つ国は、本是《もとこれ》神国なり。云々」とある）、天照大神（伊勢神宮）をはじめとする大小神祇への尊崇が見逃せない。そうした神祇のなか、すでに承平七年（九三七）おりから春日社参の興福寺勝円たちに、自らを「慈悲万行菩薩」と託宣したという春日明神は、また「法相擁護の春《しゅん》日権現《にちごんげん》」（法相宗の唯識教義を擁護する春日の神）とも称せられるから別格であろう。つまり、貞慶の信仰世界は、さきの釈迦――弥勒を縦軸にとれば、こうした神祇の天照大神――春日明神が横軸としてクロス・オーバーするものと考えられる。

このなか、春日明神であるが、本社四宮と若宮社の五所明神で、そのそれぞれの本地仏は古来諸説があるが、貞慶によれば次の通りである。

一宮　建御雷神《たけみかづちのかみ》……釈迦如来
二宮　経津主神《ふつぬしのかみ》……薬師如来
三宮　天児屋根神《あめのこやねのかみ》…地蔵菩薩
四宮　比売神《ひめのかみ》………十一面観音菩薩
若宮　天押雲根神《あめのおしくもねのかみ》…文殊菩薩

日本の神は元来、そのスガタを現さないものといわれる。その目に見えないことに「かしこきもの」（怖い存在。本居宣長）という神への感慨も生ずるのだと思われるが、それはともかく、神仏習合とりわけ本地垂迹思想の下、日本の神は本地仏のスガタによって視覚化され、その性格も徐々に変化していった。春日の神はその名も「慈悲万行菩薩」というのであるから、その好例といってよい。

やがて、春日の神々を一体として示すに、三宮の本地仏・地蔵菩薩のスガタがもっぱら用いられるようになった。その理由はおそらく、過去仏の釈迦と未来仏の弥勒の二仏の中間（つまり現在）は無仏の時代で、そうした宗教的に苛酷な状況の下、仏陀に代って衆生済度《しゅじょうさいど》（いのちあるものたちを救済）するのが地蔵菩薩と想定されていることが大きいと考えられる。この地蔵菩薩の誓願は「代受苦《だいじゅく》」、つまり、衆生の困苦を代って受けるというのだから、そうした済度はまさに慈悲万行の名にふさわしいという他はない。そこで、先に一瞥した貞慶の信仰世界でいえば、釈迦——弥勒の縦軸と天照大神——春日明神の横軸とがクロス・オーバーするまさにその交差のポイントに地蔵菩薩が位置していると理解されるであろう。

三　春日浄土としての春日山

このように中世、春日の神々を地蔵菩薩の像容で図絵・彫出することが盛行し、その信仰は近世におよんだ。これがいわゆる「春日地蔵」で、春日山や春日野にかかわる特異な地蔵菩薩だといえよう。

ここで、貞慶の信仰世界が色濃く反映しているとされる『春日権現験記絵』の、巻十六の一段（貞慶の弟子・璋円《しょうえん》の堕地獄救済譚）をみておきたい。春日地蔵のなんたるかが一目瞭然であろう。記述の表記は、神戸説話研究会編『春日権現験記絵　注解』和泉書院によった（ふりがなは引用者）。

南都に、少輔僧都璋円とて、解脱上人の弟子にて、碩学のきこえありしが、魔道におちて、或《ある》女人につきて種々の事ども申《もうし》ける中に、「わが大明神の御方便のいみじきこと、いさゝかも値遇《ちぐう》したてまつる人をば、いかなる罪人《つみびと》なれども、他方の地獄へはつかはさずして、春日野のしたに地獄をかまへてとり入《いれ》つゝ、毎日晨朝《じんちょう》に第三御殿より、地蔵菩薩の、灑水器《しゃすいき》に水を入て、散杖《さんじょう》をそへて水をそゝきたまへば、一したゞりの水、罪人の口に入《いり》て、苦患《くげん》しばらくたすかりて、すこし正念《しょうねん》に住《じゅう》する時、大乗経の要文《ようもん》・陀羅尼《だらに》などを唱《となへ》て聞せ給《たま》うこと、日々にをこたりなし。この方便によりて、漸々にうかびいでゝ侍《はべる》なり。（中略）」と語《かたり》ける。地蔵は、当所第三の御本地なり。殊《ことに》利益めでたくおはすると申《もうす》ならひたり。無仏の導師、付嘱の薩埵《さった》也。本地垂迹、いづれもたのもしくこそ侍《はべ》れ。

中世文学のテーマに、名利《みょうり》に迷った学僧が死後、魔道《まどう》（地獄の類いか）に堕ちるというのがあるが、この一段も、そうして魔道に堕ちた学僧を春日地蔵が救済する譚《はなし》である。一読ひじょうに興味深いのは、春日地蔵が罪人を、「他方の地獄へはやらないで、春日野の下に構えた地獄に取りこむ」ということであろう。これは、地蔵菩薩が他の菩薩と違って唯一、地獄に出入りできる菩薩であることがよりどころになっていると思われるが、それはともかく、この「他方の地獄」とは、実は他でもないいわゆる地獄のことである。罪人が一旦その本当の地獄に送られてしまえば、責め苦の連続で身心は疲弊し、容易に善処に浮び上がることができない。そこで、春日地蔵が「その他方の地獄へはやらないで、春日野の下に設けた地獄に取り込む」というのである。

つまり、この春日野の下の地獄は、いってみれば春日地蔵のプライベート地獄である。むろん、そこもまた苛酷な環境であろうが、罪人は早朝に一滴の清水を与えられて、ほっと一息つけるという。まさにその時、春日地蔵が罪人に大乗仏教のエッセンスを集中的に聞かせる――。春日地蔵は、そうした善導の日を重ねて徐々に救済していくのであるが、この璋円の堕地獄救済譚がそのまま描き込まれているのが、「春日浄土曼荼羅図」である。

現在、さまざまな春日宮曼荼羅図や春日社寺曼荼羅図が伝存するが、それらは概ね上部に春日山と御蓋山を描き、参道や社頭《しゃとう》（社の境内）をほぼ金泥で彩色している。これはすでに春日山界隈が非日常の清浄空間であることを示していると解されているが、いまの「春日浄土曼荼羅図」は、「春日補陀落山《ふだらくせん》曼荼羅図」（根津美術館所蔵・鎌倉時代）とともにその端的な作例といえよう。

このなか、「春日浄土曼荼羅図」は下部に春日山や御蓋山とその麓に所在する春日社の景観を描き、その上部に春日社一宮の本地・釈迦の浄土をはじめとする仏教の理想世界を精密に描き出している。浄土としての春日山を示して余りあるが、春日社三宮あたりに目をやると、そこから吹き出された雲に乗った地蔵菩薩とその後に随う一人の僧形（璋円と想定される）が見られる。璋円が春日地蔵に導かれて、春日野の下にある地獄から上昇していくこの図柄は、いみじくも春日山＝浄土を象徴するものであろう。

また、「春日補陀落山曼荼羅図」は春日山と御蓋山および春日社頭の景観の上に、大海に浮ぶ観音浄土の補陀落山を大きく描いている。その頂には春日社四宮の本地仏・十一面観音菩薩が坐し、補陀落往生を表しているのか山下の岸辺には船も描かれている。いずれにしても、このように春日山や御蓋山の界隈が清浄な空間であるという意識ないし感覚が中世の時分に確立していたことは、記憶に留めておきたい重要な文化様

春日浄土曼荼羅図
（能満院蔵・重要文化財・鎌倉時代）

相であろう。

ところで、興福寺の教義上の立場は、すでに一瞥したように法相宗の唯識仏教である。唯識とは、あらゆることがらを心の要素に還元して考える教義で、自己の肉体や自然さえも心の問題としている。そうした唯識では当然、浄土の問題も例外ではなく、「わが心の浄(土)化」こそ究極の課題であろう。こうした浄土のことを「唯心浄土」といって、浄土が外のどこかにあるのではなく、わが心の内にこそ求めるべきものと考える。一方、春日浄土は、平城京や興福寺の寺域からみて東方の春日山界隈に展開するいわば外形的な浄土である。形のない心と違って、このように方角の定まった先にあると想定される浄土を「指方立相《しほうりっそう》浄土」という。たとえば、西方極楽浄土というのは西の方角を指さし、そのさき十万億土にあると立てる浄土である。

春日社寺曼荼羅図(興福寺・鎌倉時代)

しかし、「唯心の浄土」をこそ求めなければならない唯識仏教の春日社興福寺僧徒が、著名な貞慶をはじめ、なにゆえかくも熱心に「指方立相の浄土」の春日浄土を求めたのか――。これははなはだ難問であるが、たとえば、仏教のいわゆる「真実と方便（手立て）」という枠組みを用いれば、

真実…唯心浄土
方便…春日浄土

ということになるのではないかと考える。真実とは求めるべき、あるいは、至るべき目標であるが、心の浄化ほど困難な課題はない。そこで、その増進の方便・手立てとして、すでに神聖で清浄な空間の春日山界隈を「浄土」と見立て、そこにこの身を置き、心を澄ます――。方便といえば、二次的なものと誤解する向きもあるが、そうではなく、仏教の方便は真実とセット、真実への不可欠ないわば道具立てといえるきわめて重い意義をもつものである。じっさい、「春日補陀落山曼荼羅図」の山中に端坐する一人の僧形が確認されている。その僧形の誰何は特定されていないが、篤い春日信仰の下、観音浄土に往生し、その加護によって覚《さとり》に近づくことをも祈った貞慶を想定して大過ない。

なお、春日山の尾根の東側は「花山」と呼ばれ、寺社の樒・榊や柴薪の採取が、その神聖性を冒さぬ範囲で認められた。たとえば、薪御能《たきぎおのう》の名も、この花山からの御薪《みかまぎ》（神聖な薪）の到着を興福寺で恭しく迎えた「薪迎え」に由来している。そうした宗教的営為にも活用されたほか、興福寺僧徒の花山遊覧などもしばしば史料にみえるから、かつての春日山界隈は、神仏と自然という人間を超えたものと私たち人間との実に濃密な交流の場であった。いずれにせよ、春日浄土という清浄な空間は、古代の神聖性をベースにして、中世ないし近世の奈良の神仏習合文化を育み、こんにちに至っているが、そうしたことを可能ならしめた春日山界隈は、文字通り奈良文化の源流といえるであろう。

第2章 聖なる春日山によせて
――先人が植林や治山治水に励んだ森林をまもる

中東《なかひがし》　弘《ひろし》

一　春日の地を離れて

長年奉仕しておりました春日大社を離れて七年がたちました。同社で常時目にしていた奈良の鹿は、当たり前の存在で、目が慣れてしまえば、殊更に感動はなかったものでした。当時はこの鹿に癒され、また色々な悩みの種でもありました。そんな鹿のいる春日を離れて、時たま奈良公園で目にする鹿の居る光景は、以前とは違って実に新鮮で、大きな感動を覚えるのは何故でしょうか。色々と問題を抱えているのでしょうが、自然と人と鹿とが渾然一体となって調和している姿は、この世の楽園でもあり、そこに太古が感じられるからでしょう。この長閑な姿が大いなる魅力であり、全国から奈良に足を運ばせる要因でもあります。奈良を離れて奈良の良さを一層感じているのです。

二　枚岡神社の歴史

現在生駒《いこま》山の大阪側に鎮座する枚岡《ひらおか》神社に縁あって奉仕しています。この神さまをお迎えして春日大社が創建されたので、元春日と呼ばれております。その昔カンヤマトイワレヒコノミコト（神武天皇）が、日本の国を平定するには九州では辺鄙過ぎるために、瀬戸内海を通って大阪湾に来られました。大和は青垣山に囲まれているため、水や金鉱が得られ、砦にもなり、また湿地帯であるために米作りにも適しているところから、建国に相応しい地と定めたのでしょう。当時大阪平野は生駒山の辺りまで海でありました。『記、紀』によると、今の大阪市内は八十島といってたくさんの島々があり、浪の流れが速いところから、「浪速の国」と名づけられました。当時大阪湾を取り囲む泉南や播磨の辺りまで河内一国で、河内大国と言われていたのです。奈良時代になって摂津、河内、和泉の三国に分かれました。枚岡の鳥居を出ると豊浦や松原と言う町名があり、近くには鯨の骨や貝塚が発見されて、かつて神社の近くまで海であったことを物語っています。ミコトは浪速から「青雲の白肩津」（枚岡近辺の港）に上陸し、暗がり峠から大和に入ろうとしましたが、長髄彦《ながすねひこ》に追いやられてしまいます。そこで早く国を平定したいという一念から、天岩戸を祈

枚岡神社一の鳥居

りでもって開かれた天児屋根命《あめのこやねのみこと》を、聖地「神津嶽《かみつたけ》」にお祀りし、一旦熊野に迂回して、宇陀《うだ》から橿原《かしはら》の地に建国されて今年（二〇一三）は二六七三年を数えます。その三年前に祀られたと伝承されているので、当社は二六七六年の歴史があるのです。

枚岡神社御本殿

三 「槇柏」の由緒

当社の御殿は西に向いています。太古人々はお日さまの出る東に向かって手を合わせるのが習慣でした。やがて大陸から「天子南面」の思想が入ってきます。これは北極星を中心として天体が回っているので、天子は北の位置にあるべきである、という考えから天皇さまの居られる大極殿は北から南に向いています。そのようなことから多くの神社が南向きとなりました。春日大社も御蓋山《みかさ》(三笠山)の頂上に鎮座していた時には西に向いていましたが、現在の地に移された時に南向きとなりました。全国の神社が南向きに変わってゆく中で、当社は昔通りお日さまの出る東に向かって拝礼する古い形を今に残しています。

建国以前という古い神社なので巨木がたくさんあって当然なのですが、残念ながらほとんど無いに等しいのです。生駒山は住民の生活に欠かせない山として、燃料調達の意味から、乱伐が続いたことも一因です。生駒山の西側は奈良側と違って急斜面となっているために、土砂崩れが度重なって、巨木が残る条件が悪いということもあります。そのような環境の中で、当社の御殿の西北にある「槇柏《しんぱく》」が一際人の目をひいています。直径二・一m、周囲六・五m。昭和三十六年の第二室戸台風が近

現在の槇柏

畿地方へ襲来した折に、根腐れして枯れたために、今は地上三mの高さを残して保存しています。昭和十三年には大阪府の天然記念物に指定されておりました。この木の謂れは、「白雉《はくち》元年（六五〇）、現在の地に社殿を造営し、神津嶽から祭神をお遷しした際に、神津嶽にカンヤマトイワレヒコノミコトがお手植えしたといわれる木の枝を、ご殿の前に挿し木した」と伝えられているのです。ですから樹齢は一三六〇年ということになりますが、春日大社の直会殿の屋根を貫いている同じ「槇柏」（樹齢八〇〇年）よりも数倍太いところから、二千年以上たっているのではないかと思っています。この木は枚岡神社を象徴するご神木として、太古の昔から人々に称えられ、敬愛されてきたのです。現に地元では今もこの木に手を合わす信仰が根強く残っています。

四　杜と社

社（ヤシロ）といえば建物を連想するのですが、太古は神社に建物はありません。自然が豊かな山や杜《もり》が神さまの依代《よりしろ》であったのです。奈良の大神《おおみわ》神社は今も山そのものが神さまの依代であり、昔の姿を残しています。太古は山や杜の中の特別な巨木や巨石を神様の依り代として神祭りが行われました。仏教がわが国に入ってくるとお寺の建物が出来ます。これに対抗して神社にも建物が造られるようになったと言われています。万葉集には社（ヤシロ）と書いてモリと読み、杜（モリ）と書いてヤシロと読ませています。すなわち社とは建物ではなくてモリのことであり、モリそのものがヤシロであったのです。ですから由緒ある古い神社に参拝して後ろに回ると、ご神木や磐座《いわくら》、あるいは神奈備《かむなび》山が目にはいります。これらは神社建築が出来る以前の太古の祭祀形態を物語っているのです。枚岡神社の奥にある「神津嶽」は、社殿が出来る遥か昔に、

枚岡神社境内から神津嶽を望む

神々が祀られた太古の聖地を今に留め、息づいています。人々は自然から離れて住むことは出来ません。生物は全てと関わって生かされているのですから、自然を慈しみ感謝するのは当然のことであります。豊かな森があって清らかな水や空気が得られ、心身が癒されるのです。このようなことを考えると神社は杜作りが重要です。境内に入れば千年の巨木が鬱蒼と立ち並び、遥か縄文の昔を偲ばせる、神寂びた太古の景観に心が揺り動かされる、そのような神域を作りたいと思っています。

五　森と命の水

太古の昔、私たちの祖先は水の湧き出る所に神々を祀り、感謝と祈りをささげてまいりました。生物は水が無ければ生きることは出来ませんし、また米作りにも欠かせません。太古から水は神聖で霊力があると信じられ、禊《みそぎ》が行われてきました。禊は水の霊力によって生まれ変わり、健康で清浄な心を取り戻し、内なる魂を活性化するための神事でした。黄泉《よみ》の国から帰った伊弉諾尊《いざなぎのみこと》が、川で禊をして天照大御神がお生まれになった神話は、水の霊力を物語っています。「産湯《うぶゆ》」という言葉は、この世に生まれたばかりの赤子の不安定な新しい魂を、活性化させる禊の意味があり、人が亡くなる際の末期の水も、水の霊力による再生、甦りを願う儀礼でした。このように水には不思議な力があることを、私たちの祖先は感性で捉えていたのです。

六　命の水に感謝を

今から四十六億年前に地球が出来、八億年たって一つの生命体が生まれたと言われていますが、宇宙から彗星が生命体を運んできたというのも一つの仮説です。私たちの体にある遺伝子は細胞が新しくなるたびにコピーされていますが、これが正しくコピーされないと病気になってしまいますが、これには水の働きが重要視されています。このように生物にとって命ともいえるのが水で、その水源が山や森であって、その湧き出る所に神々を祀って聖域として守ってきたのが先人の大いなる智慧なのです。そのお蔭で私たちが生かされているのですから、祖先に感謝し、自然に慈しみの心で接するのは当然なのです。その大切な命の水が、蛇口をひねれば簡単に手に入るようになりました。便利になったのは結構なのですが、その反面、水に対する有り難さや感謝の心が薄らいでしまい、水を粗末にしていることは、とても残念なことです。

二十一世紀は水が原因で戦争が起こると言われています。現に陸続きの大陸では、紛争の絶え間がありません。いかに命の水を平和的に共有出来るかが大きな課題となっています。人も自然の一部です。もっと自然にたいして感謝する心を持たなければなりません。太古から神々の領域として畏敬の存在であった山や森が、明治以降に外国から入ってきたゴルフによってレジャー化し、俗化してしまいました。上空から見るとゴルフ場がいかに多いことか。そして薬品が散布され水が汚染されるようになり、安心出来る水が少なくなってまいりました。かって日本の水は世界でも定評があったのですが、それも崩れて水の商売が盛んになっています。そこで今一度水について原点から見直して行かなければ、とんでもないことになってしまいます。

枚岡神社のご殿の周辺は絶えず水が湧き出て、池となっています。余分な水が滝となり川となって、下の町々に流れて行きます。生駒山の西側は急斜面で川は滝のように流れ、この急流に動力源として水車を設け、物作りの町として発展したのも、森から生み出される水のお蔭なのです。

七　お山は恵みの宝庫

枚岡神社のみそぎ場の滝

春日大社在職中に春日山原始林へ案内する企画をたてました。奈良から大阪湾に流れている大和川は、ワースト一とか二と言われて、恥ずかしい名を天下に晒しています。その水はどこから流れてくるのかと言えば、大和青垣山が大きな位置を占めており、その源流の一つが春日山です。その源流を訪ね、人と自然とのかかわりを知ってもらうために、五〇人限定で、年三、四回募集していました。神職が白装束で一日かけて案内いたします。春日山に入ると要所要所に湧き水があり、そのかたわらに山の神が祀られています。湧きいづる水はまさしく

春日山（前方の山は御蓋山）

「ご神水」で、この清らかな水が谷を通って水谷川となり、宜《よし》寸《き》川から佐保川、そして大和川へと流れて行きます。途中で春日大社の回廊に引き込まれて御手洗《みたらし》川となり、境内各所を流れて猿沢の池から率《い》狭《さ》川、そして佐保川へと合流いたします。ご神水だった清らかな水が社寺を通って下流へ行くうちに、取り巻く人々の心の汚れとともに汚れてゆくのです。地球の上空からはるか下の大地を見ると、網の目のように張り巡らされた川は、体の血管のようなもので、大河は大動脈であり、小さな川は毛細血管そのものです。それによって無数の生命が生かされているのです。川を汚せば私たちに病気という形で帰ってくるのです。そういった循環を知っていただくためにも、春日山原始林を巡る練成会を行っていたのです。

　日本に原生林は数々ありますが、国の特別天然記念物に指定されている原生林は三箇所しかありません。その一つは名高い屋久島であり、そして札幌の隣にある野幌と、春日山なのです。春日山は春日大社の神さまのお山であったので、承和八年（八四一）に勅令で狩猟伐採禁止令が出され、原始林として残りました。山の要所要所に山の神がお祀りされており、神前で祝詞をあげ、一日かけて自然や水についてのお話をしながら山を巡っておりました。これが評判で毎回定員を超えて、断るのが大変な状態でした。猿沢の池に采女《うねめ》が入水したのを嫌って、竜神が春日山に飛び移ったその龍王池が、今も人知れず存在し、そのかたわらに鳴雷《なるかみ》神社が鎮座しています。延喜式にも記載されている格式のある神社で、昭和の頃まで雨乞いの祈願所としても名高い神社でもありました。その周囲は巨木の切り株が点在していて、龍神の棲みかを想像するに難くない景観をとどめています。そのような春日山原始林が、市街地に隣接しているのですから、奈良市民にとっては有り難くも贅沢な存在といえるでしょう。これも神さまのお山として信仰され、また先人の森作りに対する努力の賜物なのです。

八　先人の智慧

日本人は大陸から色々な民俗がやってきて混ざり合った民族ですから、世界の遺伝子を持っています。ですから素晴らしい智慧を備えており、狭い日本列島でなんでもほかさないで使いきったのも先人の知恵の一つです。例えば神社の檜皮葺《ひわだぶ》きのお屋根は、檜の皮をある一定の間隔で、何度でもはがして使っておりますし、草で一番多い萱《かや》を捨てないで、あの尊い伊勢の神宮のお屋根に使っています。米作りで不要になった藁《わら》は縄や藁草履や壁に入れたりしました。紙や蠟燭も回収して再生しましたし、糞尿まで穴を掘り発酵させて肥料として使ったのは日本だけではないでしょうか。とにかく何でも物を大切に、「もったいない」の心をもって徹底的に使い切った日本人の智慧は、世界から称賛されています。また大陸から入ってくるあらゆる文化を拒絶するのではなく、一旦受け入れて、日本の心に合わないものは消えてゆき、合うものは更に昇華されて、日本文化が作られてきたのですから、日本の国は世界の文化と繫がっているのです。

九　神代からの森づくり

ケニアのマータイさんが二〇一一年に亡くなりました。「もったいない」という日本語を世界に広めてくれました。彼女は砂漠化する自国を案じて、どうしたらいいのか思案しました。そして自分の出来ることからやって行こうと決め、木を植える運動を起こしました。これが大きな輪となって森作りに貢献したことから、ノーベル世界平和賞を貰われたのです。ところがよくよく考えてみますと、日本の国では神代の昔から、すでに同じような事が行われているのです。『古事記』の須佐之男命《すさのおのみこと》のところを見ますと、同じようなことが出てまいります。須佐之男命がわが子の五十猛命《いたけるのみこと》に木の種を授けます。戴いたイタケルノミコトは、それを朝鮮に植えようと船出をします。ところが途中から引き返してきて、筑紫の国（九州）から大八州（日本国中）に植えて回ったその功績から、「有功（いさおし）の神」と称えられています。私たちの先人が既に太古の昔から、植林や治山治水活動に励んできたのです。そんな先人のお蔭で豊かな森を享受して来れたのですが、それを今は簡単に破壊し、食い潰しているのですから、子や孫に申し訳ないのです。

一〇　森の国〈日本〉

先進国となった日本の森林率は、今も六七％を誇っています。わが国より多いのはフィンランドで、七〇％を越えています。日本列島は上空へ行けば行くほど見えるのは森だけです。だんだん下りてくると里が見え、更に民家が見えてきます。日本はまだまだ森の国なのです。ちなみに同じ島国であるイギリスの森林率は一〇％しかありません。わが国に森が多いのは、自然の中に神が宿り、木にも神がやどっているという縄文時代の信仰が神道の中に残っているからでしょう。自然の中の不可思議で神秘な力を神と称して、敬虔な気持ちで感謝してきた祖先の次元の高い感性を、学ばなければなりません。平成元年に行われた巨木調査では幹回り三m以上の木が五五、八〇〇本、その後の調査で更に一五、〇〇〇本あることがわかりました。そしてこれらが全国八万もある鎮守の森が大きく影響しているのです。春日山に入ると鬱蒼とした巨木があちらこちらに目に入ります。中でも春日山を代表する大杉は人の目につかない所に堂々と聳えています。崖を下りて近づくとその太さ（周囲一二m余）に圧倒され、思わず自然の偉大さにひれ伏し、手を合わせて敬意を表したものでした。

今や日本人は先人の培ってきた智慧を忘れ、目に見える物と金しか信じない、次元の低い民族になりさがったような気がします。そして素晴らしい歴史や伝統、大切な森の文化を忘れて、根無し草のように漂い、不安定で全ての面で行き詰まっています。

今年（平成二十五年）は、奇しくも伊勢の神宮と、出雲大社のご遷宮が斎行される、わが国にとって実にめでたい蘇りの年を迎えたのです。これを契機に先人の智慧が盛んに世に発信され、日本の国が良い方向に甦って行かなければなりません。今私たちは大事な節目にいるのです。

第3章

大和の神奈備山

――神が籠り坐す大和の森や山

和田《わだ》　萃《あつむ》

一　はじめに

日本の古代には、神が籠《こも》り坐《いま》すと観念された森や山を、神奈備《かむなび》（神名火）・神奈備山と称して神聖視していた。日本神話が形成されていく過程で、天空に天《あま》つ神が住む高天原《たかまがはら》があるとされ、天照大神の孫であるニニギ命《のみこと》が多くの天つ神を従えて、葦原の中《なか》つ国に降臨したと伝える。一方、もともと葦原の中つ国に坐すとされた国つ神は、低い山や人々が暮らす集落に近い丘にも、籠り坐すと観念されていた。

天平五年（七三三）二月三十日に成った『出雲国風土記』は、現存する五つの風土記（常陸《ひたち》・播磨・出雲・肥前・豊後国風土記）の内、唯一の完本であり、他のものには脱落や省略がある。『出雲国風土記』には、「神名樋野《かむなびの》」や「神名火（備）山」がみえ、注目される。

加藤義成校註の『出雲国風土記』（注1）によれば、意宇《おう》郡にみえる「神名樋野」は、出雲国庁に近い松江市山代町の茶臼山（標高二三〇ｍ）を指し、神名樋野は「神の隠れる草山の意」である。
また『出雲国風土記』には、「神名火山」が秋鹿《あいか》郡・出雲郡・楯縫《たてぬい》郡にみえている。秋鹿郡の神名火山は、今の朝日山（標高三四一・六ｍ）かと推定されており、「佐太大神の社は、即ち彼の山の下なり」とする。出雲郡の神名火山は、同郡斐川町神氷《かんび》の仏経山（標高三六六ｍ）とされ、「曽支能夜社《そきのやのやしろ》に坐す伎比佐加美高日子《きひさかみたかひこ》命《のみこと》の社、即ち此の山の嶺にあり」と記す。楯縫郡の神名樋山は、平田市多久町の大船山《おおぶねさん》（標高三五四・五ｍ）とされ、「嵬《みね》（高く険しい岩山）の西に石神あり、高さ一丈、周り一丈。径《みち》の側に小石の神百餘許《ばか》りあり」と記す。

　こうしてみると、『出雲国風土記』にみえる神名樋野や神名火（樋）山は、標高二三〇〜三七〇ｍ前後の山であり、村落所在地との比高差を勘案すると、比較的低い山々が神名樋野・神名火（樋）山と称され、神の籠り坐す山とされていたことが判明する。

　以下、大和の神奈備や神奈備山について述べるが、大和と出雲を比較すると著しい違いがある。天平五年の『出雲国風土記』巻頭の「総記」に、出雲国内の神社を三九九所と記し、一八四所は神祇官《じんぎかん》の神名帳に登録された官社であるのに対して、二一五所は出雲国庁《こくちょう》の神名帳に登録された国社であると記す。したがって出雲国では、三九九所の祭神が全て国つ神として祀られていたのである。

　延長五年（九二七）に藤原忠平らが奏進した『延喜式《えんぎしき》』は、康保四年（九六七）に施行されたが、出雲国の式内社《しきないしゃ》を一八七座としており、天平五年のそれに三座が加わったにすぎない。一方、大和国では『延喜式』の神名帳に二八六座がみえ、その内には祭神を天つ神とする神社も多い。出雲国では、国内の全ての神が国つ神とされているところに、際立った特色があると言えよう。

　後に述べるように、『延喜式』巻八にみえる「出雲国造神賀詞《いずものこくぞうかんよごと》」では、大和における代表的な神奈備山である三輪山の神（大物主神《おおものぬしのかみ》）や、葛城《かつらぎ》・飛鳥の神々、さらには吉野の大名持神《おおなもちのかみ》などを出雲系の国つ神とし、神奈備に籠り坐すとみえ、注目される。その歴史的背景の解明が今後の重要な研究課題となる。

二　神体山と神体島

神奈備や神奈備山に関連して、神体山《しんたいさん》や神体島にふれておきたい。

昭和五十四年（一九七九）に刊行された『宗像 沖ノ島』（注2）の報告書において、考古学研究の立場から神体山や神体島の概念が提示された。神体山とは、「祭祀の対象となった重要な山地」や「祭祀遺跡のある山」を指すとされている。

前者の事例として、阿蘇山、石鎚山、大山、弥山《みせん》、朝熊山《あさまやま》、白山、富士山、駒ヶ岳、筑波山、弥彦山、月山、羽黒山、岩手山、岩木山、後者の事例として、宝満山、開聞岳、剣山、御蓋山《みかさやま》（三笠山）、三輪山、三上山、伊吹山、本宮山、三倉山、蓼科山、赤城山、男体山、建鉾山《たてほこやま》、磐悌山《ばんたいさん》、安達太良山が挙げられている。

この内、前者の「祭祀の対象となった重要な山地」の項で、奈良県内では弥山が挙げられている。奈良県吉野郡天川村《てんかわ》に所在する弥山は標高一八九五mで、奈良県内では八剣山（標高一九一五m）に次ぐ高峰であり、古来、天川村坪内《つぼのうち》に鎮座する天川弁財天社の奥宮として信仰されてきた。明治末年には、弥山の山頂から三鈷杵・火打鎌・鉄剣などが発見されており、近年にも山頂の弥山神社付近から祭祀遺物が出土した。

弥山は一九〇〇m近くの高峰で、祭祀の対象となった重要な山地であるが、坪内集落からは遠く離れており、神奈備や神奈備山の概念には含めにくいように思われる。前者の事例で神奈備山の概念に含まれるのは、伊勢神宮に近い朝熊山《あさまやま》（標高五五五m）ぐらいであろう。

後者の「祭祀遺跡のある山」として、宝満山以下の山々がみえる。高山が多いが、大和の御蓋山（三笠山とも。標高二八三m）と三輪山《みわやま》（標高四六七m）、近江の三上山《みかみやま》（標高四三二m）は、標高は三〇〇～四七〇mほどで集落にも近く、神奈備山と呼ぶにふさわしい。大和の神奈備山である三輪山と御蓋山については以下で取り上げるので、ここでは近江富士と称される三上山について、簡略に言及しておく。

三上山の西麓に御上《みかみ》神社（滋賀県野洲《やす》郡野洲町大字三上）が鎮座する。同社は『延喜式』の神名帳《じんみようちよう》に名神大《みようじんたい》社《しや》とみえ、祭神は天之御影命《あめのみかげのみこと》。『古事記』の開化《かいか》天皇段によれば、開化は近淡海《ちかつおうみ》の御上祝《はふり》が齋《いつ》く天御影神の女《むすめ》、息長《おきなが》水依比売を娶《めと》り、五柱の皇子女を儲《もう》けたと伝える。三上山の北側に続く大岩山の山麓（野洲町小篠原）から、これまでに計十四口の銅鐸が出土しており、注目される。野洲の地は安国造《やすのこくぞう》の本拠地でもあり、三上山は天《あま》つ神である天之御影命が籠り坐す神奈備山として、古来、信仰されてきたのである。

三　三輪山

大和の神奈備山としてよく知られているのは、三輪山《みわやま》と御蓋山《みかさやま》である。他にも、かつて神奈備山であったものが、今ではほとんど記憶されていない事例も多い。ここではまず三輪山をとり上げ、その後に御蓋山以下の神奈備山について言及したい。

三輪山（標高四六七m）は、奈良盆地を巡る青垣の山々のうち、東の青垣のほぼ中央に位置している。なだらかな美しい稜線をもつ円錐形の山で、古来、「御諸山《みもろやま》」「三諸《みむろ》の神奈備」と称し、「神の山」あるいは「大物《おおもの》主《ぬし》神の籠り坐す山」として信仰され、現在に至っている。

平成十年（一九九八）九月二十一日の午後二時半頃、奈良県中・南部を襲った台風七号の強烈な風により、三輪山頂上近くの樹齢三百～四百年の杉の巨木が数多く倒壊した。新聞報道によれば、北葛城郡新庄町（現、葛城市新庄町）の消防署の風速計では、瞬間最大風速五九・六mを計測している。その直後の状況は惨憺《さんたん》たるもので、国中《くんなか》の田原本《たわらもと》で育ち幼い頃から三輪山を眺め続けてきた者として、涙せざるを得なかった。それから十五年を経て樹木も生長しているが、稜線は今も鋸の歯のようであり、見るたびに心が痛む。

現在の三輪山（檜原神社付近から望む）

三輪山に籠り坐す大物主神は、大いなる霊力をもつ神とされ、『古事記』や『日本書紀』には、麗しい男性として出現することもあれば、ヲロチ（大蛇）や小さな紐蛇《ひもへび》に変じて出現したとも伝えている。古来、日本の神々は、あらゆる姿をとって示現《じげん》する存在とされる。見方を変えれば、実態の定まらぬ存在であり、一定の領域を支配すると共に、峻厳な存在でもあった。

『古事記』や『日本書紀』に、三輪山や三輪山の神についての伝承がいくつか見えている。『古事記』にみえる伝承を紹介しよう。美和（三輪）の大物主神は、摂津・三嶋のセヤダタラヒメ（三嶋湟咋《みしまのみぞくい》の女《むすめ》）を娶ってイスケヨリヒメを儲《もう》け、イスケヨリビメは初代の神武天皇の皇后となった（神武天皇段）。

第十代の崇神《すじん》天皇の時代に疫病が流行し、多くの人々が亡くなった。それを憂えた崇神天皇の夢の内に大物主神が現れ、それは我が心に基づくことであり、オホタタネコ（意富多々泥古）に我を祀らせるならば、国も安らかになるだろうと教えた。それでオホタタネコを捜させると、河内の美努《みの》村で見付かり召し出される。崇神が名を問うと、大物主神が河内の美努村のイクタマヨリビメ（陶津耳命《すえつみみのみこと》の女）との間に儲けた子の後裔（四世孫）であることが判明、それでオホタタネコを神主とし、御諸山（三輪山）に大物主神を祀らせたところ、国が安らかになったという。

またオホタタネコが美和《みわ》山の神（大物主神）の子である謂《いわ》れとして、大物主神がイクタマヨリビメの許《もと》に通った際、大物主神の衣の袖に着けられた麻《お》が「三勾《みわ》」残ったことから、美和（三輪）の地名が生じたとの伝承もみえている（崇神天皇段）。

一方、『日本書紀』では、三諸山《みもろやま》と記されることが多い。巻第一の神代上の宝剣出現段では、大国主神のまたの名を大物主神とし、「日本国《やまとのくに》の三諸山に鎮座する大三輪の神」とする（第六の一書）。

第十代の崇神天皇は、後継者を決定するため、兄の豊城命《とよきのみこと》と弟の活日尊《いくひのみこと》（後の垂仁《すいにん》天皇）に命じて夢占《ゆめうら》をさせたところ、二人は共に「御諸山《みもろやま》」に登った夢をみる。二人のみた夢はそれぞれに異なり、活日尊が即位するが、この伝承では御諸山が舞台となっており、三輪山祭祀が王権と深く結びついていたことを示していて興味深い（崇神四十八年正月条）。

第十二代の景行天皇の時代に、御諸山の辺りに置かれていた蝦夷《えみし》らが神山《みわやま》（三輪山）の樹を伐採したり、大声をあげて近隣の人々を脅かした。それで景行の命により、蝦夷らを播磨・讃岐・伊予・安藝《あき》・阿波の五国に移したと伝える（景行五十一年八月条）。伝承の域を出ないが、三輪山の樹木が伐採されることもあったらしい。

雄略七年七月条にみえる少子部連贏《ちいさこべのむらじすがる》の伝承はよく知られている。雄略天皇は「三諸岳（三輪山）の神の形《かたち》」

を見たいと思い、強力のスガル（蠃）に自ら赴いて捉《とら》えて来るように命じた。スガルは「三諸岳」に登り、ヲロチ（大蛇）を捉えて雄略に示したが、雄略は斎戒していなかったので、ヲロチは雷鳴を轟かせ稲光りを放ち目を輝かせた。雄略は目を塞ぎ殿中に退き、スガルに命じてヲロチを三諸岳に放たせたという。

継体七年（五一三）九月条にみえる春日皇女（春日山田皇女。後の安閑《あんかん》天皇々后）の歌に、「…御諸が上に　登り立ち　我《わ》が見《み》せば　つのさはふ　磐余《いわれ》の池の…」とみえる。この歌から、御諸山（三輪山）に登拝することがすでに行われていたことがわかる。

敏達《びたつ》十年（五八二）閏二月、数千の蝦夷らが辺境を侵したので、敏達天皇は首長の綾糟《あやかす》らを召し、叱責して誅殺せんとした。驚いた綾糟らは恐懼して泊瀬《はつせ》川に下り、三諸岳（三輪山）に向かって、「今より後は子々孫々、清らかな心で天皇に仕える」ことを誓い、「もし誓約に違えば、天地の諸神および天皇の霊《みたま》は蝦夷を絶やすだろう」と言上した。

「天皇霊」は、天皇号が成立した七世紀後半以後の表現であり、もともとは「大王霊」とされていたのだろう。「大王霊が三輪山に籠り坐す」と観念されていたことは、まことに重要である。その実態は未詳であるが、歴代の王宮の多くが三輪山を仰ぎ見る地に営まれていたことと深く結びついていたかと推測される。用明《ようめい》元年（五八六）五月に、敏達天皇の寵臣であった三輪君逆《さかふ》は穴穂部《あなほべ》皇子に追われ、「三諸の岳」に隠れるが、同族の白堤と横山の密告により物部大連守屋《もののべおおむらじもりや》の兵に殺害された。

右にみた崇神紀四十八年正月条、雄略七年七月条、継体七年九月条、用明元年五月条などの記述から、古代においても三輪山を遥拝《ようはい》すると共に、三輪山に登拝することが行われていたと推測される。とりわけ崇神四十八年正月条では、御諸山（三輪山）の頂上がかつて王権祭祀の場であったことを伝えており、まことに重要な伝承である。三輪山々麓の磯城《しき》・纏向《まきむく》・泊瀬《はつせ》・磐余《いわれ》を中心とした一帯に、歴代王宮の多くが営まれたとの伝承は、大物主神の籠り坐す神の山、三輪山に近い一帯を「ヤマト」と称し、また三輪山の麓を縫う道を「山辺《やまのべ》の道」と称した由縁でもあろう。

四　御蓋山

春日大社のすぐ東方に御蓋山《みかさやま》（標高二九七ｍ）があり、古来、神の籠り坐す神体山《しんたいさん》として信仰されてきた。飛火野《とびひの》の辺りから東方を望むと、春日奥山の手前に、なだらかな稜線をもつ円錐形の美しい山がある。それが御蓋山（三笠山）であり、山頂に本宮神社が鎮座する。

春日大社本宮

なお御蓋山は、その北方約一・一kmにある若草山とよく混同されるので一言しておく。若草山は奈良を訪ねる人々の多くが憩う観光名所となっている。芝草が広がる三層の山で、もと葛《つづら》尾山《おやま》と称されていた。近世には俗に三笠山とも称され、今日に至っている。若草山の頂上には、鶯塚《うぐいすづか》古墳（全長一〇三ｍの前方後円墳）があって、葺石《ふきいし》が厚く葺《ふ》かれ、各所で円筒埴輪が確認されており、五世紀前半の築造と推定されている。

藤原氏の氏社《うぢのやしろ》である春日大社は、神護景雲《じんごけいうん》二年（七六八）に御蓋山の西方域に創建された。それ以前のことであるが、『続《しょく》日本紀』の霊亀《れいき》三年（七一七）二月一日条に、「遣唐使、神祇を蓋山《かさやま》の南に祠る」とみえ、また正倉院に伝わる天平勝宝八歳（七五六）の「東大寺山界四至図《さんがいしいしず》」には、御蓋山の西方域、現在の春日大社の境内地に「神地《しんち》」と記されている。発掘調査により、「神地」をさらに「コ」の字型に囲む築地《ついじ》遺構の南辺が検出され、出土した瓦から八世紀初め頃の築造であることが判明した(注3)。

春日大社創建以前にあっては、御蓋山は阿倍氏・大神《おおみわ》氏や平城京に住む人々にも信仰されていたらしい。遣唐留学生として渡唐した阿倍仲麻呂の人口《じんこう》に膾炙《かいしゃ》する歌、「天の原ふりさけ見れば春日なる三笠の山に出でし月かも」(『古今和歌集』)は、そうした消息を微かに伝えている。また奈良市本子守町に鎮座する率川《いざがわ》神社は、古来、大神《おおみわ》神社の摂社であり、『延喜式』の神名《じんみょう》帳に率川 坐《いざがわにいます》大神神御子神社二座とみえ、「大神《おおみわ》の神」の御子神二座を祀っている。平城遷都前後に、すでに三輪山から勧請《かんじょう》されて祭祀されていたとみてよい。

五　その他の大和の神奈備

これまで大和の代表的な神奈備山として、三輪山(御諸山)と御蓋山(三笠山)を取り上げ検討を加えた。以下、これまで余り言及されることのなかった神奈備山を検討する。

『延喜式』巻九の神名帳に平群《へぐり》郡の神岳《かみおか》神社がみえ、金剛寺所蔵本の『延喜式』では、神岳神社の神岳に「カムヲカ」と傍訓を付している。現在、竜田《たつた》川左岸の三室山《みむろやま》中腹に神岳神社(生駒郡斑鳩町大字神南《じんなん》字上ノ堂)があり、須佐之男命《すさのおのみこと》を祀っている。「ミムロ(御室・三室)」は、「ミモロ(御諸)」にも通じるから、神が籠り坐す神奈備山であったとみてよい。

『万葉集』巻第三の三二四・三二五番歌に、山部宿禰《やまべのすくね》赤人《あかひと》が飛鳥の「神岳《かむおか》」に登って作った有名な歌がみえている。この歌は、聖武天皇の芳野《よしの》宮行幸に従駕した赤人が、往来の途次、飛鳥の「舊《ふる》き京師《みやこ》」に所在する「神岳(三諸の神奈備山)」に登って作ったものであり、人口《じんこう》に膾炙《かいしゃ》する。

神岳《かむをか》に登りて、山部宿禰《やまべのすくね》赤人の作りし歌一首 短歌を并せたり

みもろの　神奈備山に　五百枝《いほへ》さし　しじに生《お》ひたる　栂《つが》の木の　いや継ぎ継ぎに
玉葛《たまかづら》　絶《た》ゆることなく　ありつつも　やまず通《かよ》はむ　明日香の　古き都は　山高み
川とほしろし　春の日は　山し見がほし　秋の夜は　川しさやけし　朝雲に　鶴《たづ》は
乱れ　夕霧に　かはづはさわく　見るごとに　音《ね》のみし泣かゆ　古《いにしへ》思へば

反歌

明日香川川淀去《さ》らず立つ霧の思ひ過《す》ぐべき恋にあらなくに

聖武天皇の芳野宮《よしの》（芳野離宮）行幸《ぎようこう》は、『続日本紀《しよくにほんぎ》』に神亀《じんき》元年（七二四）三月一日～五日、天平八年（七三六）六月二十七日～七月十三日とみえている。また『続日本紀』にはみえないが、『万葉集』巻六の九二〇～九二一の詞書《ことばがき》に、「神亀二年（七二五）乙丑《いつちゆう》五月、芳野離宮に幸《みゆき》しし時、笠朝臣金村《かさのあそんかなむら》の作れる歌一首并に短歌、山部宿禰赤人の作れる歌二首并に短歌」がみえている。金村は離宮の所在した宮滝付近の景観を、赤人は象山《きさやま》や象の小川を歌っている。赤人が飛鳥の神丘《かむおか》（三諸の神奈備山）を訪れたのは、三二四番歌で「明日香河川淀さらず立つ霧」と歌っていることから、季節は秋で、天平八年六月二十七日～七月十三日の行幸の途次、おそらく帰路でのことだったかと思われる。

三諸の神奈備山については、従来、雷丘《いかづちのおか》、甘樫丘《あまかしのおか》、南淵山《みなみふちやま》の一峰とみる説などがあった。私的なことに及んで恐縮であるが、昭和四十五年（一九七〇）の夏、京都大学大学院博士課程に在籍していた

私は、当時『新 明日香村史』の編集委員でもあった恩師の岸 俊男先生（京都大学教授）から、明日香村の小字《こあざ》名を調査するように指示を受け、一夏、明日香村教育委員会の一室でその作業に従事した。その過程で、橘寺のすぐ南にある山の頂上近くに、小字「ミハ山」があることを見出し、その呼称は三輪山と共通することから、飛鳥の神奈備山を指すと直感、岸先生に報告した。

現地踏査をすることになり、当時、建設中であった飛鳥保存財団の祝戸《いわいど》荘の場所から、道無き道を登って西側の稜線に達し、そこから北へ迂回して香具山を真北に望む所に至った。そこには高さ六〇センチほどの石が立ち、周囲には白い小石が敷きつめられていて、かつて祭祀の庭であったことを示していた（その後、立石や小石は消失）。東へ少し下ったフグリ山の頂上には巨石群があり、一帯が古代の神奈備山であることを確認したのである（フグリ山の巨石群は現存）。踏査の成果を踏まえ、岸先生は「萬葉歌の歴史的背景」を『文学』の三九巻九号に発表された（『宮都と木簡―よみがえる古代史―』に所収。吉川弘文館、昭和五十二年）。今日では、「ミハ山」が飛鳥の神奈備山であることが定説として、ほぼ確立している。

ミハ山は、飛鳥・奈良時代を通じて飛鳥の神奈備山として信仰されたが、天長六年（八二九）三月十日、神の託宣により大和国高市郡賀美郷甘南備山《かみごうかんなびやま》の飛鳥社は、同郡同郷の鳥形山《とりがたやま》に遷された（『日本紀略』）。現在、明日香村大字飛鳥小字神奈備に現存する飛鳥坐《あすかにいます》神社であり、祭神は事代主神・高皇産霊命《たかみむすびのみこと》・飛鳥三日比売命・大物主命である。

六　出雲の神々と大和の神奈備山

問題となるのは、『延喜式』巻八にみえる「出雲国造神賀詞《いずものこくぞうかんよごと》」の記述である。

大穴持命《おほあなもちのみこと》の和魂《にぎみたま》を八咫鏡《やたのかがみ》に取り付け、倭大物主櫛𤭖玉命《やまとのおおものぬしくしみかたまのみこと》と名を称して大御和《おおみわ》の神奈備（三輪山）に、大穴持命の御子である阿遅須伎高孫根命《あぢすきたかひこねのみこと》の御魂《みたま》を葛木の鴨の神奈備（高鴨《たかがも》神社）に、大穴持命の御子である事《こと》代主命《しろぬしのみこと》を宇奈提《うなて》（橿原市雲梯《うなて》町に所在した曽我川沿いの森）に、賀夜奈流美命《かやなるみのみこと》の御魂《みたま》を飛鳥の神奈備に、それぞれ坐せて、皇孫命《すめみまのみこと》（天皇）の近き守り神として貢ぎ置いたとみえる。

「出雲国造神賀詞」にのみ伝える独自の伝承であり、『古事記』や『日本書紀』にはみえない。しかし『延喜式』巻九の神名帳には、大和国城上《しきのかみ》郡に大神大物主神社とみえ、現在では倭大物主櫛𤭖玉命を主祭神とし、大己貴《おおなむち》神・少彦名《すくなびこな》神を配祀していることは、出雲系の神々との密接な関わりをうかがわせ、留意すべきことと思われる。

出雲国内の神社について、天平五年（七三三）の『出雲国風土記』では、「百八十四所神祇官にあり」と記す。一方、『延喜式』巻八の「出雲国造神賀詞」では、「かぶろき熊野大神櫛御気野命《くしみけぬのみこと》」と「国作り坐《ま》しし大穴持命」の二柱を筆頭に、百八十六社に坐す皇神《すめがみ》等を挙げている。『延喜式』所載の出雲国の社数は百八十七社である。したがって『延喜式』にみえる「出雲国造神賀詞」の成立時期は、天穂日命《あめのほひのみこと》神社が官社となった天安元年（八五七）以降であると考えられる。

社数に基づけばその域を出ないが、「出雲国造神賀詞」には、葛木の鴨の神奈備、宇奈提、飛鳥の神奈備、大御和《おおみわ》の神奈備を、皇孫命《すめみまのみこと》の近き守り神としたとみえる。あたかも飛鳥浄御原宮《きよみがはらのみや》や藤原宮・藤原京を守護するかのように、四ヶ所の神奈備が置かれている。したがって出雲国造神賀詞は、天武・持統朝段階にすでにその原型が成立していたとみてよい。

「出雲国造神賀詞」にみえる阿遅須伎高孫根命《あぢすきたかひこねのみこと》や事代主命は、出雲の大穴持命（大国主神）の御子神である。賀夜奈流美命《かやなるみのみこと》の神統譜は未詳。問題は、大御和（大三輪）の神奈備に坐せたとする倭大物主櫛𤭖玉命であろう。

御諸山（三輪山）の神は、『古事記』や『日本書紀』に大物主神とみえる。『古事記』の大国主神による国作り条に、海上から依り来た御諸山の上に坐す神や、『日本書紀』には大国主神の亦の名の一つに大物主神がみえている（神代紀八段第六の一書）。まことに難解であるが、『古事記』や『日本書紀』には、三輪山の神を大物主神としており揺らぐことはない。むしろ倭大物主櫛𤭖玉命の表現に手がかりがあるように思われる。この神名は、三輪山の大物主神と、玉造りの地として知られた出雲の櫛𤭖玉命を結びつけた神名であり、大和の葛城や吉野にまで進出した出雲の勢力を反映しているかと考える。

先にみた飛鳥の神奈備山は「ミハ山」であるが、祭神は未詳。「出雲国造神賀詞」によれば、賀夜奈流美命の御魂を、飛鳥の神奈備に祀ったとあるが、現在の飛鳥坐《あすかにいます》神社の祭神には加えられておらず、問題を残している。

なお吉野郡吉野町大字《おおあざ》河原屋に所在する妹山《いもやま》にも、神奈備の要素が色濃く漂う。妹山の南麓に鎮座する大《おお》名持《なもち》神社は、貞観元年（八五九）正月二十七日に正一位の神階を授けられている。大和国では春日神社に次ぐものであり、著しく神階が高かった。大名持神は出雲の大己貴神とみてよく、出雲の信仰が吉野や奈良盆地中・南部にも及んだことが注目される。

〔註〕

1　加藤義成『出雲国風土記』松江今井書店、一九六五年。
2　宗像大社復興期成会『沖ノ島』、一九七九年。
3　上田正昭監修『春日大社』角川書店、一九九五年。

II　春日山原始林の自然誌

第4章
春日山原始林の植生
――植物と動物のいのちをつむぐ照葉樹林

前迫《まえさこ》　ゆり

一　はじめに

春日山原始林が一九九八年に世界遺産に登録されて以来、日本人はもちろんのこと、この森林を訪れる海外からのツーリストが多くなった。調査から帰る途中、山道を歩く海外からの女性ツーリストに出会った。陽も沈みかけていたので、送りましょうかと声をかけたが、森がすばらしいので歩いていく……と、森を心から楽しんでいる様子であった。確かに春日山原始林には悠久の時間が育んだ地域固有の森林生態系が残されている。市街地から歩いて数十分の地に、よくこれだけの照葉樹林が残されたものだとあらためて感じ入る。

本章では、春日山原始林の多様な植物と生態、さらにはそれらが織りなす地域景観を紹介しながら、特別天然記念物（一九五五年に指定）でもある春日山原始林（本章では春日山原始林域の照葉樹林を春日山照葉樹林と称する）の多様性と脆弱性[1]について紹介したい。

二　春日山原始林と奈良のシカの歴史性

春日山原始林は、多様な動植物を擁する森林として二九八・六三haが一九五六年に国の特別天然記念物に指定されている（C1）。ここでいう「春日山原始林」とは特別天然記念物指定域をさすが、そこには自然植生としての照葉樹林が成立している（C1）。照葉樹林は東アジアの限られた範囲に分布する森林であるが、日本の暖温帯域に成立する照葉樹林は人間活動によって分断と消失が著しく、全植生の一・六％にも満たない。[2]

春日山原始林はかつて春日大社（創立七六八年）の神域として八四一年に狩猟や伐採を禁止された。明治以降、奈良公園に編入され、奈良県が管理するようになったが、春日大社の信者は一年に一度、春日山に入山し、末社に参拝している。春日大社神域としての意識は今なお引き継がれており、文化を背景に今に残された森林といえる。[3]奈良の人々もまた、春日山原始林を「春日さんの森」と親しみをもって呼ぶ。そうした人々の春日山原始林に対する敬意と親しみの念は、この森林を保全するうえで重要なものであり、照葉樹林が二一世紀の今に残る所以でもある。

天然記念物「奈良のシカ」はいったいいつ頃から奈良公園一帯に生息していたのだろうか。万葉集には「春日野に粟蒔けりせば鹿《しし》待ちに継ぎて行かましを社《やしろ》し恨めし　佐伯宿禰赤麻呂作」（春日野にいるシカと同じくらいあなたにも会えればいいのに、なかなか会えない……という意味らしい）と詠まれており、奈良時代から春日野一帯に多くのシカがいたことを伺わせる。さらに、九〇〇年代当時の春日大社の効験を集成した鎌倉時代の絵巻「春日権現験記」(C2)にもシカが描かれており、春日山原始林とシカの関係は悠に一〇〇〇年以上に及ぶ。

春日山原始林と奈良のシカは長い歴史と文化を背景に共存してきたといえる。しかし近年、照葉樹林とニホンジカとの葛藤が顕著となり、世界遺産の森林が未来に継承されないことが危惧される。

三　春日山原始林の地域景観と地域生態系

奈良市の市街地東部に位置する春日山原始林(34°41′N、135°51′E)は一九九八年に世界文化遺産に登録

コジイの花咲く春日山原始林(2001年5月12日)

冬の春日山と若草山

興福寺から望む春日山(矢印)

されたが、それは春日大社、興福寺、東大寺といった世界文化遺産の寺社群と一帯をなす文化的景観としての指定であり、特別天然記念物とは異なる意義を持つものである。

春日山原始林の最高峰花山は、標高四九八メートルと高くはないが、遷都一三〇〇年を迎えた奈良平城宮跡をはじめ奈良市街地のあらゆるところから照葉樹林を眺めることができる。春日山原始林の「照葉樹林」と若草山の「シバ・ススキ草地」というまったく異質な植生の対比は見事である。それらは奈良公園の緑地そして寺社とともに都市と自然景観とが調和した地域固有の植生景観を創出している。明治時代に築造された奈良公園荒池から望む屏風状に広がる春日山原始林とその前に美しい稜線を描く御蓋山は、まさに神奈備と呼ぶにふさわしい文化的景観である。春夏秋冬、季節とともに春日山原始林の景観は変化する。地域と調和する春日山原始林は地域景観の要《かなめ》ともいえる（C2）。

七五六年に作成された「東大寺山堺四至図」（三ページ参照）には若草山に樹木が描かれており、かつては春日山原始林と同様の森林が広がっていたと推察される。歴史の中で草地となった若草山草地の山焼きは、奈良の冬を代表する風物詩であり、植物群落の遷移の進行を止めるものでもある。草地を維持することによってシカの採食場の確保につながることから、生態系においても必要不可欠な火入れである（C3）。シカにとっては重要な餌場となるこの若草山の植生景観に、この数年、異変が起きている。シバ地でありながら、秋になると若草山が紅葉するのだ。紅葉の正体は「ナンキンハゼ」である（C3・9）。ナンキンハゼはいわゆるパイオニア種であるが、シカが食べない。そのために光条件と水分条件が整えば、どこでも発芽する。ナンキンハゼが植栽されている奈良公園はもとより、市街地、若草山の草地そして春日山原始林の林冠ギャップ下にもいち早く侵入する。外来種ナンキンハゼが奈良公園や市街地だけでなく、春日山原始林にも拡散している。このことについては、第10章で詳しく述べる。

春日山原始林が地域固有の文化的景観として世界遺産に登録された意義は、この森林が地球のいのちをつなぐ生態系であることをも意味する。春日山原始林一帯に生じている景観の変容や生物多様性の劣化は、「生態系サービス」（生物多様性の恵み）が失われるという黄色信号でもある。

四　春日山原始林の植物相《フロラ》は今

春日山の微地形はひじょうに複雑で、多くの谷と尾根が繰り返す。佐保川源流にあたる春日山原始林内の鶯の滝から水が勢いよく流れ落ちるさまは、春日山の照葉樹林を支えているのが豊かな水系であることを感じさせる。あるいは森林があるからこそ、豊かな水系があるのだともいえる。

春日山原始林のフロラ研究は一九〇〇年代初頭の「春日山原始林植物調査報告」に始まる。一九二〇年代に春日山原始林の保護を訴え、春日山原始林のフロラ調査を行った奈良女子高等師範学校（後に、京都大学理学部嘱託）の岡本勇次は、「春日山原始林植物調査報告」に高等隠花植物九二種、裸子植物一二種、単子葉植物八九種、双子葉植物三七五種、計五六八種を記録し、春日山原始林のフロラが多様であると綴っている。(4)そこには、現在、レッドリストにあげられている種(5)も多く含まれている。

一九二〇年代後半に植物学者吉井義次や三好学は、暖温帯および亜熱帯植物として、ホンガウサウ、マツバラン、カギカヅラ、ナギ、ヤマモモ、コジイ、アラカシ、ツクバネガシ、イチイガシ、カゴノキ、ナチシ

ホンゴウソウ（ホンゴウソウ科　a 集合果、b 茎、c 根、2003年 8 月28日）

ダ、オオバノハチジョウシダなど、温帯植物としてホオノキ、ウラジロノキ、タラノキ、リョウブ、クマノミズキ、タカノツメなどが春日山に生育することをとりあげ、分布上きわめて興味深く、天然記念物に値するとしている。さらにこのような種を含む原始林が奈良市の景観上、重要であるとも述べている。[6・7]その後、一九六〇年代に文献調査などからシダ植物以上一九一科一二七七種が記載されているが、[8]当時の春日山原始林の植物相を明らかにする植物標本は残念ながらほとんど残されていない。

かつての文献にはフウラン、カヤラン、マツラン、クモラン、ヨウラクラン、マメヅタランおよびセッコクといった着生植物が記載され、春日山原始林の湿潤な林内環境が伺える。近年の調査で常緑カシ類に着生するフウランとカヤランを確認しているが、岡本の調査から一〇〇年を待たずに、多くの植物が春日山原始林から消えた可能性もある。現在の春日山原始林の植物相の全容はまだ明らかにされていない。

コジイ林

五　絶滅危惧種ホンゴウソウ

一九〇〇年初頭の岡本の調査記録に、春日山のマツバランは「絶滅?」とされているが、「ホンガウサウ」については一九一二年一〇月六日に春日山で採集し、奈良女高師に保存したと記載されている。その後、春日山原始林でホンゴウソウの生育は不明であったが、二〇〇三年八月二八日にホンゴウソウ *Andruris japonica* (Makino) Giesen (Triuridaceae) の生育を確認することができた。[9]

ホンゴウソウは、標高三二七mのコジイ疎林下の落葉に埋もれて生育していた。本種は単子葉植物であるが、緑葉をもたない腐生植物（腐植土中の有機物を摂取するため、生態系においては分解者として重要な役割を果たす）である。七－一〇月に地上茎を出し、枝先の総状花序の上方に雄花を、下方に雌花をつける。八月に確認した際には、雄花はすでに落花していた。雌花は果実になっており、二㎜程度の球状の集合果を三－七個つけていた。

本種は近畿地方のレッドデータブックにおいて絶滅危惧種としてリストされ[10]、全国レベルでも絶滅危惧ⅠB類（EN）、近い将来における絶滅の危険性が高い種とされている。日本固有種でありながら、本来の生育地である照葉樹林の減少によって、その生育が危機的状況にある。ホンゴウソウが約九〇年ぶりに春日山照葉樹林で確認されたことは、この森林がまだ豊かであることを期待させるものでもある。

六　ブナ科植物の多様性

春日山照葉樹林（C1）にはコジイ－カナメモチ群集に代表されるように、ブナ科の常緑広葉樹が優占する照葉樹林が成立しているが、その面積は特別天然記念物指定域の約三〇〇haを下回る。照葉樹林の周辺はスギ・ヒノキ林、アカマツ・コナラ二次林そして人間の生活領域に囲まれた、いわゆる「孤立林」であり、きわめて脆弱な森林である。

二〇〇三年に行われた春日山原始林全域の巨木調査によると、胸高直径一m以上の樹木として、モミ（二一四本）、ツガ（二八本）、ウラジロガシ（八七本）、コジイ（七五本）、アカガシ（四一本）、ツクバネガシ（四八本）、イチイガシ（四五本）、ヤマザクラ（八本）、イヌシデ（六本）など二八種が確認されている。秀吉時代に補植されたと考えられるスギは九〇二本にのぼる。(11) これらはこの森が育まれてきた時間の長さを物語っている。

二〇一一年に春日山照葉樹林約八九・四三haにおいて、奈良県が胸高直径八〇cm以上のブナ科樹木と一m以上の落葉広葉樹を対象に分布調査を実施し（C3）、ブナ科常緑広葉樹のウラジロガシ（六〇本）、コジイ（九本）、アカガシ（二三本）、ツクバネガシ（四〇本）、イチイガシ（三六本）、アラカシ（一本）のほか、クスノキ（一本）、カゴノキ（一本）、ヤマモモ（一本）、ヤマザクラ（一本）、ムクノキ（一本）を確認している（常緑針葉樹は調査対象から除外）。二〇〇三年の全域調査においてコジイは、ウラジロガシについで多くの巨木が生育していたが、このエリアではわずか九本であった。奈良県は全域調査を予定しており、巨樹・巨木の全容解明はこの森林の動態と未来に向けての貴重な資料となるだろう。

春日山照葉樹林に生育するブナ科常緑広葉樹の群落は実に多様である。ブナ科常緑広葉樹の大径木の分布図を描くと、照葉樹林の骨格をなすブナ科樹木は、それぞれの生活史や生態に適した立地で分布している（C3）。たとえば、ウラジロガシは、ブナ科のなかでは傾斜が急な立地に生育し、標高一五六mから四六九mの広い範囲に分布しているが、イチイガシは傾斜がゆるやかで、御蓋山に近い標高が低い地域（標高平均二〇〇・六±

アカガシ

ツクバネガシ林

三二・六m）に分布の中心をもつ（表1）。コジイはもっとも広域に生育している。アカガシは、標高の高い地域（標高平均三七六・四±七九・九m）に分布している。アカガシ群落にはタムシバ、ホオノキ、ウラジロノキ、さらにはイヌブナといった温帯性落葉広葉樹が生育しており、かつて三好、吉井らが指摘した分布特性は健在ともいえる。ツクバネガシはウラジロガシやコジイと混生して分布していることも多い。両種に比べると標高はやや低く、傾斜がゆるやかな斜面や尾根付近に分布する。アラカシは遷移の途中相に出現する種であり、ほかのブナ科樹木に比べると大径木になることは少ない。調査地域でも谷に近い斜面下部で一本確認されたのみである。

高さ一・三m以上のツクバネガシの分布を特別天然記念物エリアで調査したところ、後継樹は緩傾斜あるいは谷沿いの河岸上部に分布する傾向がみられた。次世代の照葉樹林を引き継ぐ実生や稚樹が生育しているのかどうか、さらに生態情報を集積する必要がある。

春日山原始林をとりまく危機がもうひとつある。近年、春日山原始林周辺の高円山や若草山周辺の二次林で、落葉広葉樹のブナ科植物コナラの枯死が進行していることだ。カシナガキクイムシによるいわゆる「ナラ枯れ」である（C4）。現在、奈良県はナラ枯れの防除を進めているが、春日山原始林のツクバネガシ（胸高直径五六cm）が、ついに枯死した（C4）。ほかにコジイ、ウラジロガシへのアタック（穿入孔）も確認されており、早急に防除する必要

表1　春日山照葉樹林におけるブナ科大径木の分布（2012年度奈良県報告書より算出）

種　　名	標高（m）				調査本数
	下限	上限	平均	標準偏差（±）	
イチイガシ	163.1	304.6	200.6	32.6	36
ツクバネガシ	182.0	444.5	290.2	65.3	40
ウラジロガシ	156.0	468.8	302.4	52.4	60
コジイ	227.3	388.1	313.6	52.4	9
アラカシ	—	—	353.5	75.6	1
アカガシ	187.0	485.7	376.4	79.9	23

春日山原始林の自然誌

植物

季節とともに動く照葉樹林。春日山原始林には多様な植物が生育している。

カシ、シイ類の花が咲き、展葉期を迎える5月の春日山原始林（2009年5月17日）

シバ草地に広がる若草山のナンキンハゼ（トウダイグサ科）。遠くに御蓋山を望む（2009年11月8日）

標高がやや高い春日山原始林の北から東側に成立するアカガシ林

イチイガシの展葉と雄花（2011年5月12日）

日当たりのよいところで開花するイヌガシ（クスノキ科）（2012年3月29日）

アセビ（ツツジ科）（シカの不嗜好植物）（2012年3月29日）

レモンエゴマの群落（シカの不嗜好植物）

展葉期のイヌガシ（シカの不嗜好植物）（2009年5月17日）

ムクロジの果実（2011年11月4日）

シカの採食によって10年で縮小したクリンソウ群落（右）、かつて不嗜好植物とされたクリンソウも近年採食されている。（左）2001年5月、（右）2011年5月

ナガバヤブマオ
（不嗜好植物）

ツクバネガシの
当年生実生

ウラジロガシの
当年生実生

樹皮剥ぎされたケヤキ（後方）と
シカ（雄）（水谷川沿い）

水谷川沿いのイロハモミジ（植栽）の紅葉（2008年11月19日）

クサギ（クマツヅラ科）
（水谷川沿い、2012年9月2日）

エゴノキ（エゴノキ科）
（水谷川沿い、2009年5月17日）

日本固有種のカミガモシダ
（ナギ林に生育）

ムラサキシキブ（クマツヅラ科）
（2008年12月8日）

シキミ（シキミ科）（2012年4月30日）

シソバタツナミ（シソ科）
（2010年6月13日）

トウゴクサバノオ（キンポウゲ科）
（2008年4月21日）

ヤブツバキ（ツバキ科、2012年3月29日）。ヤブツバキはシカの大好物のため稚樹や高木は少ない。これはシカが採食しにくい立地に生育しているため残った

オオモミジ（カエデ科）
（2009年5月17日）

ツクバネガシ、コジイなどが混生する春日山原始林

サカキ
（2012年6月23日）

遊歩道沿いの日当たりのよい
立地に咲くタチツボスミレ
（2008年4月21日）

ギャップに生育するクライマーのウドカズラ（ブドウ科）
（2012年9月15日）

イチイガシ（ブナ科、真ん中）林の下層に生育するナギ（マキ科）

鹿が採食しないジャケツイバラ(マメ科)
日当たりのよい林縁に生育
(2008年5月10日)

春日山原始林内の春日大社末社

ジャケツイバラの莢果
(2012年9月10日)

春日山原始林の小河川沿いに生育するホソバタブ

春日山原始林に隣接する100年生の春日奥山のスギ植栽林

鳥類

サンコウチョウ（山懸正幸氏撮影）

オオルリ
（岩崎弘典氏撮影）

昆虫

ヒルの卵

（ヒメハルゼミとヒルの卵は
伊藤撮影）

ヒメハルゼミの羽化

奈良のシカ

春日山のシカは飛火野などでのんびりしたシカとは全く違う動物のようだ。人に対しての警戒心は強い。角を切られたオスシカは、秋になると春日山から平坦部へ移動している証拠になる。

メスシカ（鳥居撮影）

ナンキンハゼを食べるシカ（鳥居撮影）

がある。ナラ枯れについては第13章に詳しい。

七　クリンソウ群落の消失——シカは食べる植物を増やしている？

シカが好んで摂食する植物は栄養価が高く、下顎による摂食行動に適したシバなどのグラミノイド草本である。しかし奈良公園一帯のシカの高密度を反映して、春日山原始林においてもシバ以外の植物に対するシカの摂食行動は盛んであり、奈良公園同様、ディアラインが形成されている。

シカが好まない木本植物としてアセビ、ナギ、イヌガシ、イズセンリョウ、シキミ、ナンキンハゼなどが、草本植物では、ナチシダ、イワヒメワラビ、マツカゼソウ、レモンエゴマ、イラクサ、ナガバヤブマオ、クリンソウなどが不嗜好植物として生育している（C4・10）。しかし二〇〇〇年以降、奈良公園と春日山原始林でイズセンリョウに対する強度の採食が確認され[12]、またイラクサ、シキミ、イヌガシにおいても部分的な採食が確認されるようになった。

シカの嗜好性は地域によって異なる

クリンソウに対する採食（2012年６月23日）

採食されたイズセンリョウ。2003年頃から採食頻度が高くなり、2006年にはイズセンリョウ個体群が激減した。

が、クリンソウは全国的にもシカが食べない。谷部や小河川の氾濫原のやや明るい光環境のもとで生育している。二〇〇一年頃に開花が旺盛であったが、二〇一〇年にはいくつかのクリンソウ群落が著しく縮小した（C11）。クリンソウにはシカと思われる食痕がある。ついにクリンソウまで食べるとは、シカも食べることに必死であることが伺える。化学的防衛戦略や物理的防衛戦略[13]に対抗して自らの採食戦略を変化させながら、高密度個体群のなかで生き延びる戦略をとっているのかもしれない。一方、シカの採食圧に適応する戦略をとっている植物もいる。[14]植物の適応戦略については第12章を参照いただきたい。

イワヒメワラビ（コバノイシカグマ科）とイラクサ（クワ科）（2009年7月）。シカが採食しない植物であったが、時折採食されるようになった

八　種子と実生のゆくえ

春日山照葉樹林はおよそ一八〇年という森林回転率[15]（台風などの風倒によって生じるギャップが閉鎖して、またつぎのギャップが生じるまでの時間）で動いている。つぎの世代の第一歩は、種子植物であれば、「実生」と呼ばれる個体であり、それはやがて稚樹、そして成木となる。

春日山照葉樹林四五haを踏査して木本実生の種類を記録したところ五七種の当年生実生が確認され、ベルトトランセクト調査（二〇m×二mの調査区を二四カ所に設置）でも、モミ、クロバイ（二〇〇個体以上発生）、コジイ、ヒサカキ、ツタ、ウドカズラ、ヤマウルシであった。エノキ、ムクノキ、イヌシデ、アカシデ、カゴノキ、ウラジロガシ、イチイガシ（一〇〇個体以上発生）など、将来、林冠形成する当年生実生が確認された。[16]

実生個体群は次の世代の森林を引き継ぐ重要な存在であるが、それらは成長過程で虫害、菌害、獣害、病気、乾燥などによって高木になる前に消失する。天然生ミズナラ林で調査された生残率をみると、稚樹期（樹高二m未満）から下層木期（樹齢五〇〜八〇年）までが〇・七％、上層木期（一八〇‐二〇〇年）までが〇・一％、樹齢四二〇年以上になると、生残率は〇・〇五％にすぎない。実生期から稚樹期までの生残率は九・八％である[17]。照葉樹林と温帯林では生残率に差はあるものの、実生から高木にいたるまでに九九・九％は枯死する。しかしその〇・一％の生残率にひじょうに大きな意味がある。

春日山照葉樹林において実生は確保されているが、稚樹はきわめて少ない。シカが採食するためだろうか。それを検証する実験を二〇〇七年から開始している。調査途中ではあるが、木本実生の生残とシカの関係は第17章に述べる。

イチイガシ

春日山照葉樹林のギャップ林冠

九　春日山照葉樹林の多様性——森を歩いて楽しむ

若草山に近い春日山原始林西側では森林内にいるシカをよくみかけるが、原始林中心部で昼間にシカの姿をみることはあまりない。ときおりシカが人をみつけると高い警戒音を発しながら駆けていく。森林内のシカと奈良公園で人に馴染んでいるシカ個体群はどうやら違うようだ。春日山原始林内への立ち入りは奈良県奈良公園管理事務所の許可が必要で、一般には立ち入ることはできない。しかし周遊道路を歩いて照葉樹林を楽しむことはできる。つぎに周遊道路から観察できる植物と森の生態を紹介する。

冬のシカ（落ち葉を食べている）

ムクロジとシカ

水谷川沿いのイヌガヤ（雄花）
（2009年５月15日）

春日山原始林へのアプローチ――水谷川沿いの大きなムクロジ

春日大社境内の北側を流れる水谷川に沿って春日山原始林をめざすと、若草山に続く道に沿って水谷川が流れている。このあたりにはイロハモミジが植栽されており、一一月中旬頃に紅葉はピークを迎える。水谷川周辺にはニホンジカがいつも集まり、人からの採餌を受けているが、水谷川沿いの大木のケヤキにはかつてシカが樹皮剥ぎした跡が残っている（C11）。春日山原始林域に入る手前にひときわ大きい偶数羽状複葉のムクロジが生育している。胸高直径一一八㎝のムクロジは空洞化しているが、春夏には特徴的な偶数複葉が、秋にはかつて羽根突きのおもりに使われたとされる黒くて堅い種子が果皮に包まれて枝に鈴なりに実っている。落果するとほとんどはシカに食べられてしまう。春日山原始林ではシカによるムクロジの種子散布が確認されている(18)。シカは森林生態系において貴重な散布者でもある。

五月にはさまざまな植物が開花する。エゴノキの白い花、開花時に多数のチョウが訪れるクサギ、イヌガヤ、ムラサキシキブなど、水谷川沿いはにぎやかである（C12）。

イチイガシ林と外来種

水谷川沿いに周遊道路を登っていくと、若草山と春日山原始林方面の分かれ道に「右　鷲の滝　左　二月堂」という石碑がある。そのあたりが特別天然記念物春日山原始林域の西端にあたる。

明るい水谷川の河岸には、棘《とげ》をもつカラスザンショウ、ナンキンハゼ、ナチシダ、イラクサといったシカの不嗜好植物が生育している。これらは数年前、高木のウラジロガシが倒れた後に成立した植物群落である。

水谷川左岸には御蓋《みかさ》山が広がっており、天然記念物ナギ群落が生育している。常緑針葉樹のナギはもともとは奈良県に自生している種ではなく、八〇〇年代に春日大社に献木されたことに由来する。奈良の温暖な気候条件が中国、

右月日亭、左手向山と記す分かれ道の石碑

カラスザンショウ

カゴノキ

四国地方以南に生育するナギの生育に適しており、シカが食べないことや、ほかの種の生長を抑制するアレロパシー作用などにより、一〇〇〇年以上の時間をかけて純群落に近いナギ群落を形成していったと考えられる。

ナギ林には、樹皮に鹿の子模様があるクスノキ科のカゴノキ、イヌガシ、シキミ、アセビ、イズセンリョウといった、シカが採食しない植物が多く生育している。周遊道路から見つけることは難しいが、日本固有種のカミガモシダも生育している（C6・12）。

若草山と春日山原始林との境界付近には胸高直径一mを超す大きなイチイガシやモミが生育している。現在、このあたりにイチイガシの大径木は数本、生育する程度であるが、かつてはイチイガシが優占する照葉樹林であったと考えられる。イチイガシ林に代わって今はナギ群落が成立している。若草山や奈良公園に近いこともあり、このあたりはとくにシカの採食圧が高い。倒木により、林冠ギャップができると、それを埋める後継樹はイチイガシではなく、シカが採食しないナギである。高木のイチイガシを取り囲むようにナギの稚樹が生育している（C6）。

林床にはシカが採食しないナチシダとイワヒメワラビ、フジの太いツルが林床を匍《は》っている。よくみると、小型化しているが、周遊道路沿いにシソバタツナミ、ミヤコアオイといった林床植物が生育している。このあたりは適湿地であり、シカの影響を除くと多様な林床植生が回復する（防鹿柵実験については第17章に詳しく述べる）。

水谷川沿いの適湿立地には、ジュウモンジシダ、イノデ、ベニシダ、オオバノイノモトソウ、タチシノブといったシダ植物群を観察することができる。ヤマトウバナ、タニギキョウ、トウゴクサバノオ、チャルメルソウ、ハナイバナ、ミヤマハコベ、シソバタツナミなども少し湿った道沿いや法面に生育している（C13）。さらに進むと、コシアブラやカナメモチなど数種の植物が着生している大きなツクバネガシ（胸高直径一二七cm）がある。安全上の理由からか、一－二年前に側枝が伐られて樹形が大きく変化してしまった。

イチイガシ

ナギとフジ

照葉樹林の劣化

周遊道路に沿ってイロハモミジが植栽されているが、そのほかにアカシデ、イヌシデ、ムクノキ、ケヤキ、オオモミジ)、アサダといった落葉広葉樹が生育し、秋の紅葉を彩っている。シカが通りにくい周遊道路下の谷壁斜面には採食を逃れた常緑広葉樹のヤブツバキが生育している(C13)。

コジイ、ツクバネガシ、ウラジロガシなどのブナ科樹木の照葉樹林が広がるが(C13)、下層にはイヌガシ、サカキ(C14)、アセビ、シキミなど、シカが食べない植物が目立つ。林床が明るい場合にはイワヒメワラビが繁茂し、暗い場合にはベニシダがわずかに生育する。五月頃になると、周遊道路沿いの斜面や林床にギンリョウソウが現れる。別名ユウレイタケと称されるように、透けるような白さの腐生植物ギンリョウソウの突然の出現は、何度みても足が留まる。常緑広葉樹よりもひときわ樹高が高い針葉樹はモミ、ツガ、カヤである。モミやカヤはあまり採食されず、稚樹も生育している。

シカが幹を全周にわたって樹皮剝ぎすると枯死するが、部分的な樹皮剝ぎの場合、枯死を免れる。モチノ

チャルメルソウ

側枝が伐られる前の遊歩道沿いのツクバネガシ

キ科の樹木はシカの好物で、繰り返し樹皮剝ぎされたタマミズキやクロガネモチを目にする。タマミズキはギャップに定着し、いち早く高木層に達する。繰り返す樹皮剝ぎをうまく乗り切って高木に成長すると、秋には赤い実を樹冠いっぱいにつける。

コジイ、ツクバネガシ、ウラジロガシといったブナ科の樹木は混生していることもあれば、いずれかの種が優占していることもある。コジイ林に侵入したナギ群落の林床は暗く、コジイの実生、ベニシダ、イヌガシ、シキミがわずかに生育するにすぎない。ナギの種子は重力散布型と思われていたが、春、成熟した種子は「奈良の季節風」によって散布された可能性もあり[19]、ナギの拡散は春日山原始林の中心部に及んでいる。ナギについては第Ⅲ部に詳しい。

谷沿いのシデ林

アサダ

樹皮剝ぎされたクロガネモチ

若草山頂上から望む春日山原始林

周遊道路入り口から植物を観察しながらゆっくり歩いて、二時間ほどで若草山頂上に到着する。奈良公園の飛火野《とびひの》同様、若草山山頂にはたくさんのシカがいる。若草山草地で音をたてながらシバをはむシカに、これこそあるべき姿……と安堵する。若草山山頂から奈良市街地、御蓋山、そして春日山原始林が一望できる。上部の芳山《ほやま》あたりにはスギ林が植栽され、照葉樹林の尾根筋にはモミが生育している。照葉樹林は春四月から五月にかけてもっとも賑わいをみせる。カシ・シイ類の雄花が咲き始めるからだ。山は深い緑から、もこもことした黄色に、さらに展葉期には黄緑色、褐色そして緑色と多彩になり、夏にはまた深い緑色へと変化する。目の前に広がる照葉樹林はじつに壮大で美しい（C9）。

若草山山頂から春日山を望む

暖帯要素と温帯要素からなる森林

若草山山頂付近の照葉樹林の一部は伐採され、スギなどが植栽されている。高木が欠如した明るい場所には鳥が種子散布し、ナンキンハゼ群落が成立する。明るい若草山のシバ地にも年々、ナンキンハゼは広がっている（C6）。

若草山から奈良市内の眺望を楽しんだ後、そのまま若草山のシバ地を歩くのもよいが、戻って鎌研《かまとぎ》交番から、高円山ドライブウエーに続く林道を歩く。鶯の滝、大原橋、首切地蔵、芳山交番を通過して、妙見宮から高畑町のバス停へと向かうルートはほぼ一日かけて春日山原始林を歩くことになる。

大原橋を過ぎると、途中、植栽後一〇〇年を経過したスギ林（奥山国有林）がある（C15）。スギ植栽林は特別天然記念物エリアではないが、道路沿いにも胸高直径二mのスギの大木が生育している。芳山交番近くから、ふたたびブナ科樹木が優占する照葉樹林となる。そのあたりの標高は三〇〇mを超えるため、冬季にはわずかではあるが雪が積もることもある。コジイ林に混じって、あるいは優占してアカガシが生育している。周遊道路からはみえないが、温帯性のイヌブナも生育している。ほかにホオノキ、タムシバ、ウラジロノキといった温帯性落葉広葉樹が多く生育している。このあたりにはクスノキ科のカナクギノキやホソバタブなども生育している。

照葉樹林を歩く楽しさ

芳山交番から妙見宮を経て南部交番に至る道は少々長く感じるが、途中、春日大社末社（C15）などもあり、静かな春日山原始林を味わうことができる。道沿いの岩床には水がしたたり、コケ類・シダ類も比較的豊富である。少し乾いた岩場にはタチツボスミレが可憐である（C14）。アサギマダラの

南部交番

ムクロジの洞《ろう》に発芽したムクロジの実生（矢印）

食草でもあるキジョランがほそぼそとではあるが、生育している。

　春日山原始林域南西端の標高二〇〇mあたりの周遊道路沿およびその周辺の御蓋山には胸高直径一mを超えるイチイガシの大木が多く生育している。周遊道路から照葉樹林をみると、光が差し込むような樹木には木本の「クライマー」、つまりツル植物が多く生育している（C14）。照葉樹林ではクライマーの名の通り、直径一〇cmもある太いツルが樹木を登っている。カギカズラ、ジャケツイバラ（C15）、テイカカズラ、イタビカズラ、フジ、サルナシといった木本性ツル植物が生育するさまは、さながら熱帯林のようでもある。常緑性のクライマーはツルの途中に葉をつけていることもあるが、落葉性のものはたいてい光条件の良い樹冠に到達するまで葉を出さない。

　林床に落下した果実などはシカやネズミに食べられてすっかりなくなっているが、運良く樹木の洞（うろ）に落ちて実生が発芽していることもある。そうした植物の生き残り戦略をみつけるのも森を歩く楽しみのひとつである。

　春日山原始林を一周して高畑町バス停に向かう道路に近づくにつれて、春日山原始林域に生育するナンキンハゼが多くなる。周遊道路前方の車道の両側には生長した街路樹ナンキンハゼが待ち受けている。市街地に隣接しながら息づく世界遺産・特別天然記念物春日山原始林の未来は前途多難である。

　春日山原始林には悠久の時間が育んだ原生的な照葉樹林が息づいている。それは植物と動物が相互に育んだ「いのちのつながり」ともいうべきものである。長期にわたって高密度シカ個体群に適応し、共生してきた森林の歴史をもちながらも、今、この森林生態系はいくつもの大きな危機に直面している。未来にこの森林を繋ぐために何ができるのか、あらためて考えながらこの章を終えたい。

第5章
春日山原始林の鳥
——森林の変化による鳥類への影響は？

小船《こぶね》　武司《たけし》
川瀬《かわせ》　浩《ひろし》

一　神の座す森の変化

天の原ふりさけみれば春日なる
　御蓋の山に出でし月かも

このよく知られている歌は、阿倍仲麻呂が遠く唐の国において詠んだ望郷の歌と解されている。しかし、これは激しい祈りの歌だという(1)。

春日山。それは前面に秀麗な御蓋山《みかさやま》、その背後に春日山他が南北につらなるこれらの山地の総称である。平城京や奈良の町に暮らす人々は、日々この森から登る日の出を拝し、様々な願いを祈ってきた。また重要な水源の森でもあった。春日山は太古から「神の座《おわ》す森」として崇《あが》められてきた。奈良時代に春日社が創建されて以後、春日山は春日社の神域として狩猟伐木が禁止され厳重に保護されてきたのである。また台風等で樹木が多数倒れたり枯れたりすると補植、撫育をおこない、森の保護保存が図られてきた。

このようにして春日山原始林が温存され、そのうちの最も重要な地域約三〇〇haが大正十三年（一九二四）に天然記念物、昭和三十一年（一九五六）に特別天然記念物に指定されている。また平成十年（一九九八）には世界遺産にも登録された。

このように高い評価を受けてきた春日山原始林は、今急激に変化しており、多数の研究者による調査はすべて森林の質の悪化と危機的な状況が報じられている。そしてその原因はシカの採食による植生への影響であるとされている。

シカによる原始林の植生への影響がいつ頃から始まっていたのかは判らないが、一九六〇年代末には顕在化していた(2)。

その後、原始林の植生への影響は徐々に大きくなり(3)、「山ジカ」の生息も確認されている(4)。

このような森林の変化は当然その環境に生息するすべての生物に影響を与えていることになる。

二　生息鳥類の変化

春日山原始林の鳥類について筆者たちは昭和二十七年（一九五二）頃から観察するようになった。すでに春日山周遊道路は開設されていて、そこを途中まで進むか、あるいは一周するのが常であった。その頃の原始林は、腐植層は湿潤で、小さな谷は常に流れていて、道端の茂みではヤブサメがさえずり、ヤマドリ（C5）の「ホロ打ち」(注1)もよく聞こえていた。水系や腐植層の小動物を餌とする、原始林のシンボルともいうべきミゾゴイ（C5）や、大きなくちばしと身体全体が赤という外見で、「キョロロロ〜」と口笛のような美しい鳴き声、一度見聞きしたら忘れることのないアカショウビン（C5）も生息していた。「山ジカ」が生息していたとしてもその痕跡には気付かなかったし、その影響も顕在化していなかったと思われる。

その後昭和四十二年（一九六七）に「日本野鳥の会奈良支部」が発足し、各観察会の確認種類を記録するようになり、その一つの「春日山一泊探鳥会」(注2)の昭和五十二年（一九七七）〜平成二十年（二〇〇八）の記録を整理（表1）すると、シカの植生への影響が大きくなり、環境の変化が生息鳥類の変化に及んだことが読み取れるのである。なお、この記録は探鳥会として確認した種を記録しているもので、数の把握はしていないので種の生息数の増減は判っていないが、出会える頻度の増減の三十二年間の記録は、如実に種の消長を示していると思われる。

先ずミゾゴイは昭和六十年（一九八五）から、アカショウビンは平成二年（一九九〇）から観察されていないのである。これは腐植層の乾燥、保水力の低下を示すものと考えられる。

次にコジュケイ、ヤマドリ、キジの確認が一九八〇年代後半から激減している。これらの鳥の主な生活場であり、緊急時の隠れ場所としても重要な下層植生や腐植層の貧弱化を示していると考えられる。他にも減少傾向の種が多くあり、確認種数は八〇年代後半から減少し、その後横ばい状態になっている。

三　緊急調査（一九七三〜七四）と比較調査（二〇〇〇〜〇一）

次に昭和四十八年（一九七三）〜四十九年にかけて行った調査(3・5)（以下緊急調査と称す）と平成十二年（二〇〇〇）〜十三年にかけて行われた調査(6)（以下「比較調査」と称す）を検討したい。緊急調査では春日山原始林全域の鳥類相を把握するため、環境の違いや地域を考慮して、林内の五箇所に調査定線（延長一km・面積換算五ha）を設け、月一回（周年一二回）の定線調査を行った。

　この定線調査は実施する時の諸条件の違いや鳥との出会いの偶然性から一回の調査結果をもって過大に評価することは出来ないが、対象区域の五箇所を周年一二回調査するこの方法で、ほぼ現状を把握できたと考えている。比較調査では緊急調査との対比をみるため、同じ場所を同じ方法で行った。この二つの調査のうち緊急調査は鳥類相が顕著に変化する時期よりほぼ一〇年前、比較調査は変化の時期からほぼ一〇年後となり、比較に適したタイミングとなっていて、その結果は大変興味深いものとなっている（表2）。

　この調査では、生息密度（一ha当たりの生息羽数）という数字で表されている。二つの調査で記録された野鳥各種の生息密度の増減をその種の変化とすると、留鳥では、渓流でトビケラやカワゲラの幼虫を捕食するカワガラスが全く記録されていない。表1で減少しているとしたコジュケイ、ヤマドリはどちらも二〇分の一になっており、下層植生や腐植層の崩壊を示していると考えられる。また理由は判らないが、興味深い

98	99	00	01	02	03	04	05	06	07	08
			○							
○										○
		○				○				
								○		
		○								
				○						
			○					○		
○		○	○	○	○	○	○	○	○	○
		○	○	○	○	○	○	○	○	○
○					○					
	○									
○	○	○		○		○	○	○	○	○
	○			○	○	○	○	○	○	○
○	○	○	○	○	○	○	○	○	○	○
	○					○	○	○	○	
	○				○		○			
○	○	○	○	○	○	○	○	○		○
				○	○					
			○							
○	○	○		○	○		○		○	
○	○	○	○							
○	○	○	○	○	○			○	○	
				○				○		
					○					
				○				○	○	○
					○		○		○	
○	○	○	○	○	○	○		○	○	○
			○			○	○		○	○
○	○	○	○	○	○	○	○	○	○	○
○	○	○	○	○	○	○	○	○	○	○
	○									
	○	○	○							
○	○	○	○	○	○	○	○	○	○	○
○	○	○	○	○	○	○	○	○	○	○
○	○	○	○	○	○	○	○	○	○	○
	○	○	○	○	○	○	○	○	○	○
			○		○			○		
25	29	28	29	29	30	26	27	30	28	25

表1　春日山原始林における1977年～2008年の繁殖期の野鳥観察会の確認種の記録
（○印は確認を示す）

番号	種名	77	78	79	80	81	82	83	84	85	86	87	88	89	90	91	92	93	94	95	96	97
1	ミゾゴイ		○	○	○		○		○													
2	ハチクマ				○				○	○	○				○							
3	トビ	○			○	○				○	○											
4	オオタカ																					
5	ツミ								○													
6	ハイタカ		○			○										○			○			
7	サシバ	○	○	○		○		○		○	○	○		○		○		○				
8	クマタカ			○		○																
9	ヤマドリ	○		○		○		○						○								○
10	キジ	○		○	○	○	○		○	○												
11	キジバト	○	○	○	○	○	○	○	○	○	○	○	○		○	○	○	○	○	○	○	○
12	アオバト	○		○		○	○	○	○	○	○	○			○		○			○		
13	カッコウ								○													
14	ツツドリ					○																
15	ホトトギス	○		○	○	○			○	○	○	○		○			○					
16	アオバズク		○	○	○	○	○		○	○				○	○	○	○	○		○	○	○
17	フクロウ			○		○	○		○	○	○	○		○	○		○					
18	アマツバメ								○	○							○	○			○	
19	アカショウビン	○	○	○		○	○	○	○	○		○	○	○								
20	ブッポウソウ							○		○												
21	アオゲラ	○	○	○	○	○	○	○	○	○	○	○		○	○	○	○	○		○	○	○
22	アカゲラ			○			○	○										○				
23	オオアカゲラ	○			○	○		○				○	○							○		
24	ツバメ	○	○	○	○	○	○	○	○	○	○	○	○	○	○	○	○	○	○	○	○	○
25	コシアカツバメ				○			○	○	○	○	○	○	○	○	○						○
26	イワツバメ													○		○						
27	キセキレイ	○	○		○	○	○	○	○	○	○	○		○	○	○		○		○	○	○
28	セグロセキレイ	○	○			○	○	○	○									○	○	○	○	○
29	サンショウクイ	○	○	○	○	○	○	○	○	○	○	○	○	○						○	○	
30	モズ					○				○					○							○
31	マミジロ			○																		
32	トラツグミ	○													○		○					
33	クロツグミ	○	○	○		○			○													○
34	ヤブサメ	○	○	○	○	○	○	○	○	○	○	○	○	○	○	○	○	○		○	○	○
35	メボソムシクイ	○				○			○	○												
36	センダイムシクイ					○	○	○													○	
37	キビタキ	○	○		○		○	○	○	○	○	○		○	○	○	○	○	○	○	○	○
38	オオルリ	○	○	○	○	○	○	○	○	○	○	○	○	○	○	○	○	○		○		○
39	コサメビタキ	○	○		○	○	○	○			○	○						○	○			
40	サンコウチョウ	○		○	○	○	○	○	○	○		○						○	○	○		
41	エナガ	○	○	○	○	○	○	○	○	○	○	○		○	○	○	○	○	○	○	○	○
42	ヒガラ	○	○	○	○	○	○	○	○	○	○	○	○	○	○	○	○			○	○	○
43	ホオジロ	○	○	○	○	○	○	○	○	○	○	○	○	○	○	○	○	○	○	○		○
44	カケス	○	○	○	○	○	○	○	○	○	○	○	○	○	○	○	○	○		○		
45	コジュケイ	○	○	○	○	○	○	○	○		○				○				○	○		
	種類数　55	37	31	35	33	42	34	35	39	37	31	31	21	29	29	26	26	27	20	28	23	26

＊上記表では毎年確認されている留鳥10種（コゲラ、ヒヨドリ、ウグイス、ヤマガラ、シジュウカラ、メジロ、カワラヒワ、イカル、ハシボソガラス、ハシブトガラス）は省略している。ただし、最下段の種類数合計は留鳥10種を含んだ数字である。

変化として、平地・低山の森林に多数生息するシジュウカラが減少し、同じシジュウカラ科のヤマガラが約六倍に増加した結果、生息数が逆転している。ジャージャーという警戒声を発し姿の美しいカケスは、ごく普通に出会える鳥だったが、約九分の一と激減している。キツツキの仲間のコゲラは変化がないのに、アオゲラ、アカゲラは大きく減少している。他にもいくつかの種が増減しているが、その理由は推測の域を出ていない。

夏鳥ではヤブサメ、オオルリ、キビタキの比較調査時の密度がほぼ○・一となっており、これらは生息数の多い鳥ではないが、その独特のさえずりを識別することによって、遠くからでもその存在を知ることができ、表1ではほぼ毎年確認されている。同じ夏鳥ではサンショウクイ、サンコウチョウが減少している。コサメビタキにいたっては比較調査時に記録されていない。ここで興味深いのは緊急調査では記録されていなかったキビタキが比較調査では一挙に密度○・○九となっている。今後の推移をみたいと考えている。冬鳥ではシロハラが減少している。この

表2　1973年と2000年との生息密度の比較

留鳥（周年生息）					
種名	1973年調査		2000年調査		増減
	生息密度	密度順	生息密度	密度順	
ヒヨドリ	2.920	1	1.660	2	減
メジロ	2.167	2	2.637	1	
シジュウカラ	1.540	3	1.003	5	減
エナガ	1.043	4	1.267	4	
カケス	0.627	5	0.073	15	激減
ウグイス	0.483	6	0.253	10	減
コゲラ	0.477	7	0.497	6	
キジバト	0.277	8	0.090	13	減
アオゲラ	0.273	9	0.130	12	減
イカル	0.257	10	0.273	8	
ヒガラ	0.243	11	0.373	7	増
ヤマガラ	0.227	12	1.290	3	激増
ハシブトガラス	0.213	13	0.270	9	
アカゲラ	0.137	14	0.037	17	激減
ホオジロ	0.100	15	0.070	16	
カワラヒワ	0.087	16	0.137	11	
コジュケイ	0.077	17	0.003	24	激減
モズ	0.073	18	0.020	19	減
ヤマドリ	0.063	19	0.003	22	激減
スズメ	0.043	20			
トラツグミ	0.030	21	0.017	20	減
カワガラス	0.013	22			
キセキレイ	0.010	23	0.003	23	
オオアカゲラ	0.007	24	0.023	18	
トビ	0.003	25			
ハシボソガラス			0.083	14	
オオタカ			0.007	21	
密度計	11.390		10.219		

（密度は調査地５箇所の12ヶ月平均値・ha 当たり）

夏鳥（4月～9月生息）					
種名	1973年調査		2000年調査		増減
	生息密度	密度順	生息密度	密度順	
ヤブサメ	0.147	1	0.090	2	減
サンショウクイ	0.143	2	0.020	5	激減
サンコウチョウ	0.047	3	0.013	8	減
オオルリ	0.040	4	0.097	1	増
クロツグミ	0.017	5	0.027	4	
ツバメ	0.013	6	0.010	7	
サシバ	0.010	7			
コサメビタキ	0.007	8			
ツツドリ	0.003	9			
ホトトギス	0.003	10	0.017	6	
センダイムシクイ	0.003	11	0.007	9	
キビタキ			0.090	3	激増
密度計	0.433		0.371		

冬鳥（10月～4月生息）					
種名	1973年調査		2000年調査		増減
	生息密度	密度順	生息密度	密度順	
シロハラ	0.397	1	0.133	1	減
アオジ	0.103	2	0.127	2	
アオバト	0.090	3	0.020	6	減
ツグミ	0.090	4	0.103	3	
ルリビタキ	0.043	5	0.040	5	
ウソ	0.020	6			
ジョウビタキ	0.010	7	0.017	7	
カシラダカ	0.010	8			
クロジ	0.010	9	0.007	9	
ビンズイ	0.007	10			
ミソサザイ	0.003	11	0.010	8	
アトリ			0.100	4	
密度計	0.783		0.557		

＊通過鳥（渡り時に一時滞在等をする鳥）は省略している

鳥は冬の森にごく普通の種で、地上を跳び歩いて餌を捜していることが多く、特に腐植層の表面の乾いた葉をくちばしでパッパッとはね除けて、その下から餌を見つけているのをよく見かける。減少は腐植層の貧弱化が影響していることも考えられている。アオジ、ツグミ、ルリビタキはあまり変化が無いようで、アオバトが減少している。この鳥は奈良県では紀伊山地の主に山地帯下部の自然林状の森林で繁殖し、冬期は平地、低山のやはり自然林状の森林で越冬している。春日山にも渡来し、表1に示すように繁殖期にも確認されている。春日山でわずかに繁殖があるのか、渡去時期が他の冬鳥より遅いのか詳しいことは判っていない。なおこの鳥の平地、低山への渡来数が減少しているように思われる。

再度留鳥一〇種の生息密度をみてみると表3のようであり、一〇種はすべて生息密度が〇・二以上である。一km歩いたときの調査定線内の出会いは一羽以上となる。一〇種の留鳥はおそらく観察の度ごとに出会える鳥ということになる。またこれら一〇種の鳥は現在までの原始林の変化による影響をあまり受けていないと

ヤマガラ（岩崎弘典氏撮影）

シジュウカラ（岩崎弘典氏撮影）

キビタキ（岩崎弘典氏撮影）

カケス（山縣正幸氏撮影）

考えられる。

以上のように表1、表2は相関し、補完しあって鳥相の変化を示していることになる。一つは明らかに植生の変化による影響を受けたと思われる種、今一つはあまり影響を受けていないと思われる種、そして原因は判らないが増加している種の三つに分かれる。これはその種の生活空間、営巣環境、食餌物の違いによるも

アオバト（岩崎弘典氏撮影）

表3　留島10種の生息密度

ヒヨドリ	2.920
	1.660
メジロ	2.167
	2.637
シジュウカラ	1.540
	1.003
ウグイス	0.483
	0.253
コゲラ	0.477
	0.497
イカル	0.257
	0.273
ヤマガラ	0.227
	1.290
ハシブトガラス	0.213
	0.270
エナガ	1.043
	1.267
ヒガラ	0.243
	0.373

（上）緊急調査1973～74
（下）比較調査2000～01

のと考えられ、影響を受けていないと思われるグループの種は主に森林環境の中・上層で生活、営巣、餌取りをしているからだと考えられる。増加している種についても植生の変化が有利に働いている結果とは考え難いので、今後の推移に注目する必要がある。

四　野鳥の回復をめざして

春日山原始林のシカによる角研《つのと》ぎや樹皮剝ぎによる森林の中・高木の枯損、シカの不嗜好植物の増加等植生環境の変化が進めば、今後さらに鳥類への影響が進んでいくものと思われる。

春日山原始林を守るためには、「奈良のシカ」個体群の徹底した管理が必要だが、現在の状況では逸出拡散を止めること、既に逸出地域に住みついている集団を排除することはほぼ不可能と考えている。生息鳥類の変化の項目で述べたように、激減の原因は下層植生や腐植層の貧弱化である。激減している野鳥の主な生活の場であり、緊急時に隠れる下層植生が回復しない限り野鳥の回復もあり得ない。それがシカの食害によるものであると考えられる以上、保護が必要な地域を柵で囲むことで下層植生の回復を待つのが一番効果的な方法と考える。

二〇〇〇年の比較調査以後の春日山観察会において、野鳥との出会い頻度の減少をさらに実感しているものの、それを裏付ける調査の数字がないので、今後、一定の手法による調査を継続する必要があると考えている。春日山原始林について思いをいたすとき「今、春日山原始林は病んでいる。適切な治療を施さなければ死に至る」という恐怖をおぼえるのである。

〔注〕
1　繁殖期の雄は強く羽ばたいて「ドドドド」と低い音を出して縄張り宣言をする。
2　春日山の野鳥の繁殖盛期に日没頃から夜活動し鳴く鳥を探鳥しながら春日山周遊道路を進み、原始林内の宿坊に一泊し、翌朝夜明けから、再び春日山周遊道路を進み一周する探鳥会。

第6章 春日山原始林の昆虫
——原始林の危機から見える昆虫の未来

伊藤《いとう》 ふくお

一 神さまの山の自然

現在の春日山原始林の道を歩いて見ると、結構林内を見渡せ、大きな太い幹でどっしりとした樹木が美しい森をつくっている。しかし、その様子にどことなく違和感がある。注意深く観察していくと確かに原始の森を思わせる大きな樹木はあるが、実生苗と分かる種子から芽生えたばかりの若い苗がまったく見当たらない。大きな樹が寿命で倒れ、その空間に差し込む太陽光が、次世代の樹木を成長させ、森林として更新していけるのに、現在の春日山原始林に背丈ほどの実生苗は、見当たらない。あるのは、アセビやナンキンハゼなど動物が食べない樹木の実生苗だけだ。私が始めて春日山のドライブウエーや滝坂の道を歩いたのは、一九六八年頃だった。初夏の昼過ぎ滝坂の道を歩いていると、「ギョウィ　ギョウィ　ギョウィ」と高い樹木の上から降るように聞こえてきた思い出がある。後に、声の主はヒメハルゼミ（C16）であると知った。森の様子とか昆虫の姿とかの記憶は全くないが、森に漂う空気の神霊的な涼感を身体が覚えている。現在は、私の心情も変化したのかも知れないが、森の空気に心霊的な涼感はなく、やや埃っぽい乾燥した風が流れるばかりだ。

ヒメハルゼミ

社寺や国や県や市がそれぞれの思惑で維持管理してきた自然がそこにある。もし、自然遺産としての重要性を考えていたなら、春日奥山ドライブウエーなんて存在しなかったであろうし、若草山の駐車場などとんでもない施設となる。しかし、このように自然に手を加えているにもかかわらず。見た目には、立派な森が存在している。しかし、植物学者はこう警告する。「大きな樹が倒れたあと森を存続するべき後継木がない」と。これは何を意味するのか。

二　ルーミスシジミのその後

春日山には、国指定天然記念物ルーミスシジミ（C5）が生息している。翅を開いても二・五㎝ほどの小さなシジミチョウだ。日本の照葉樹林に棲む代表的なチョウである。春日山以外の生息地は、和歌山県から三重県にかけての紀伊半島南部の照葉樹林帯。千葉県の房総半島の一部。隠岐の島、広島県の渓谷などである。

私は残念ながら春日山でこのルーミスシジミを見たことがない。紀伊半島南部にある照葉樹林帯では結構簡単にその姿を観察したりしながら、写真に撮ることもできる。その感覚で、真夏に春日山に入り涼しい風が通る谷あいや、諸先輩から聞いた昔ルーミスシジミを見たと言う場所を調査するが二〇一一年現在生息確認できていない。

何故だろう。

紀伊半島南部にあるルーミスシジミの生息している環境と比較してみよう。

和歌山県本宮町から富里町に向けて林道が通っている。この林道を行くとカタマンボと呼ばれる地域がある。急峻な岩山の山肌を削っていることからこう呼ばれるらしい。ここがルーミスシジミを観察できるポイントになる。観察時期は、第二世代が羽化してくる真夏が良いとされている。本来、樹冠部で活動するルーミスシジミも、夏の暑さは苦手らしく涼しい谷あいの日陰に休みにくる。カタマンボ地区は所々に、小さな沢があり林道が交差する樹林の空間はルーミスシジミたちに快適な休憩場所を提供している。この場所へ集まってくるルーミスシジミは必ず灌木の葉の上にとまって休むから、写真も撮りやすい。で、春日山でこのような場所を探した。鶯ノ滝周辺や滝坂の道の途中などは、よく似た環境だ。ルーミスシジミが生息しているとされている所とも符合している。でも、「何故だろう」は深まるばかりだ。

幼虫の食草は、ブナ科のイチイガシと言われてきた。確かに春日山にはイチイガシがたくさんある。が、紀伊半島の生息地にイチイガシはほとんどない。私が調べた限りイチイガシ以外に食草になるようなブナ科はウバメガシ、ツクバネガシ、ウラジロガシ、アラカシ、アカガシだ。なるほど、最近の研究によりウバメガシやツクバネガシやアラカシも食草になることが分かった。勿論春日山にもそれらはある。いったい、何が違うのだろうか。

答えはでない。が、樹林の構成が少し違うように感じる。春日山は、大木と言える幹が太くて背の高い樹木が多い。紀伊半島の生息地は、幹の太い大きな樹もあるが、幹の直径二〇㎝以下の背の低い樹が混じっている。もしかしたら、樹林の構成の違いが生息の条件を提示しているのかも知れない。

三　イチイガシとテントウムシ

高畑町より春日大社への参道を入って行くと、右手に「天然記念物イチイガシ」の標識と胸高直径一mほどもあるイチイガシがある。樹幹を見上げるが樹冠がどうなっているのかわからないほど高い木だ。イチイガシはこの他にも大きな樹が奈良公園から春日大社や東大寺の境内などに多く見られる。種子のドングリは、母樹から落下した後しばらくは、食べても渋みがなく、シカたちも好んで食べている。この、イチイガシには、数種のテントウムシが集まる。イチイガシに寄生するカイガラムシなどを食べていると言われている。カイガラムシを食べていると考えられているのがミカドテントウとイセテントウである。どちらも、図鑑で

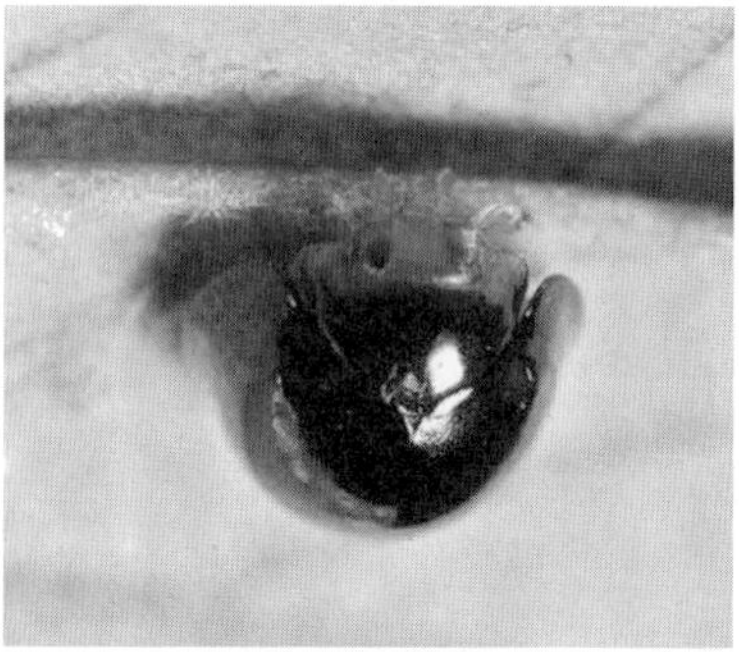

ミカドテントウ（奈良公園）

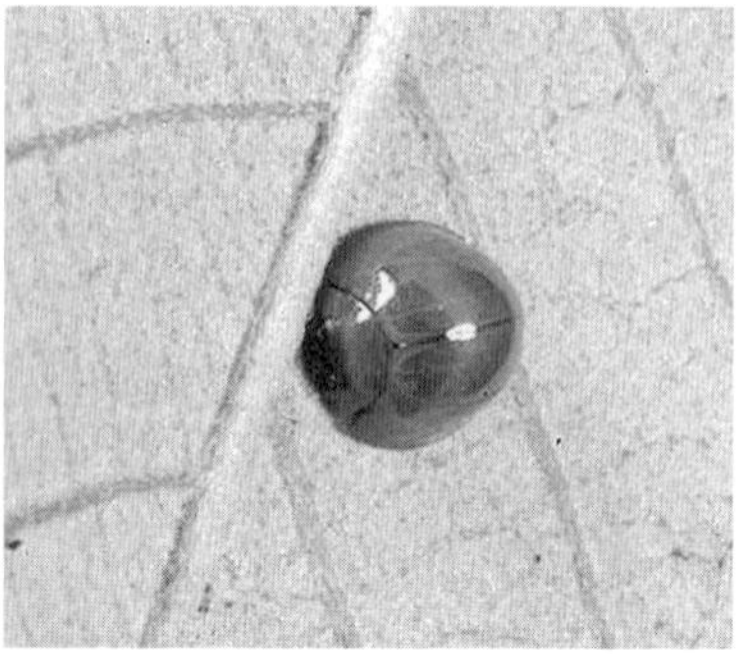

イセテントウ（奈良公園）

クロヘリメツブテントウ（奈良公園）

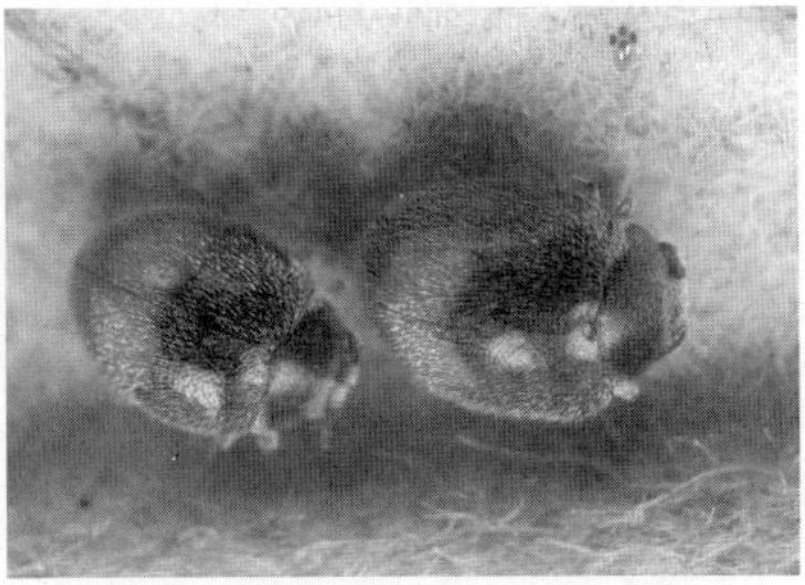

オオツカヒメテントウ（奈良公園）

は希少種あつかいされているが、ミカドテントウは一年を通じて初夏から夏にかけて意外は、容易く観察することができる。イチイガシの樹の下に立ち見上げれば良い。葉裏に直径五㎜から七㎜の艶のある黒くて丸い甲虫がいたらそれがミカドテントウだ。活動は夜間で昼間は葉の裏で休んでいる。越冬も同じ状態でいるから、冬場の観察会でも簡単に探すことができるから楽しい。ミカドテントウと同じ形と大きさをしているイセテントウもイチイガシで観察できる。しかし、イセテントウはミカドテントウほど観察は容易くはない。

クロヘリメツブテントウと呼ばれているテントウムシも、冬場イチイガシの樹皮下で観察することができるが、その生態はよく解っていない。アブラムシやカイガラムシを食べていると思われる、体長二㎜にも満たないヒメテントウの仲間もイチイガシからよく見つかる。多くは、体の模様など種を区別する手がかりのない種だが、オオツカヒメテントウは上翅左右の先端に黄色い大きな斑紋があるから解りやすい。鱗翅目の幼虫が葉を二枚重ねて綴ったイチイガシの葉の中にいることが多い。うどん粉病と呼ばれる菌が葉についていたらキイロテントウも集まっているだろう。

四　原生林の中の草地若草山

若草山の草地は、領地争いがもたらした人的環境らしい。毎年行われる山焼きがあってこそ維持されている草地である。しかし、その人工的環境が貴重な昆虫の生息地となっているのは意外な事実なのだ。草地に

ツノトンボ（若草山）

巣穴のクロツヤコオロギ（若草山）

ホソハンミョウ（若草山）

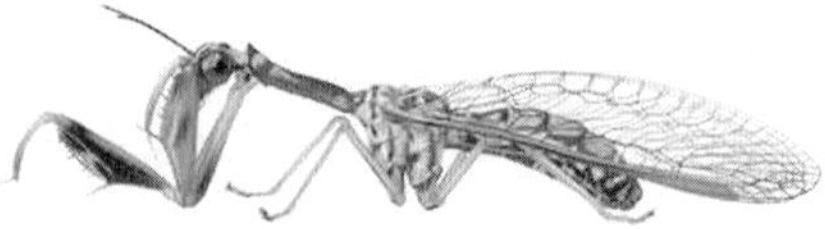

ヒメカマキリモドキ（若草山）

生息する昆虫といえば、バッタの仲間がイメージできる。ここには、最近生息が確認されたクロツヤコオロギが生息している。クロツヤコオロギはエンマコオロギを少し小さくした体長二〇㎜ほどのコオロギの仲間である。全身真っ黒、普段は土に掘った穴の中で生活しているために、私たちの目にはとまり難い。が夏の夜若草山に行くと、たくさんの鳴く虫の声が聞こえる。その中に、クロツヤコオロギの声も混じっている。「リィリィリィリィリィ……」と連続して鳴く。

土の巣の入り口付近の穴の中で鳴くため、ややくぐもったリィリィリィと聞こえる。勿論鳴くのはオスだ。調べてみると林縁に近い南向きの斜面で多く鳴いている。昼間、山頂のベンチに腰掛けていると眼下の草地からシャカシャカシャカシャカと小さいが意思のある音が聞こえる。声

ヒナカマキリ（春日山）

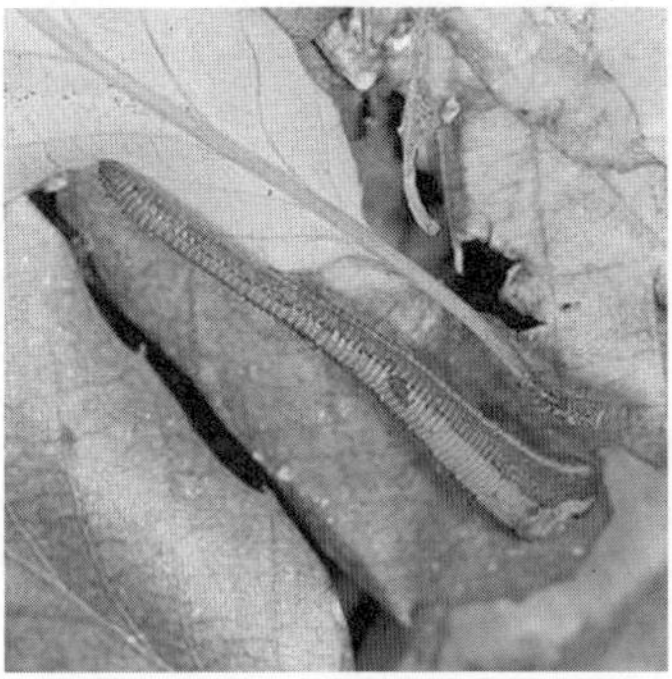

ヤマビル（春日山）

の主は、ヒナバッタと呼ばれているイナゴほどの大きさのバッタだ。
ウスバカゲロウ（アリジゴク）に近いツノトンボもこの草地に棲んでいる。翅の形や体つきはトンボによく似ている。ただ、触覚が長いのでツノトンボと呼ばれている。林と草地がセットになっている環境がツノトンボの棲息地となる。県内を見るとそのような環境は少ない。アミメカゲロウ目の仲間にもう一つ、中々出会えないヒメカマキリモドキもここに棲んでいる。こちらは、前脚がカマキリとそっくりで、他の虫を捕らえて食べるのも同じだ。さらに、もう一つ貴重な甲虫が棲んでいる。ホソハンミョウと呼ばれているハンミョウの仲間だ。草地の地面が露出した部分で生活している小さなハンミョウである。出会えるのは夏の初め。地面を歩きながらアリなどを捕らえて食べている。近づくと、パッと飛んで逃げる。ハンミョウの仲間は飛んでもすぐに数メートル先の地面にとまる。こちらが近づくとまた飛ぶ。これを繰り返すから別名「道おしえ」とも呼ばれている。

　まだいる。林床に積もった落ち葉で生活している、日本で一番小さなカマキリ。ヒナカマキリだ。体長は一八㎜ほど。翅は雌雄とも退化していて幼虫のような小さな翅がついている。九月から十月にかけて駐車場から若草山への道の脇の落ち葉の積もったところを、身体を低くして観察してみよう。運が良ければ落ち葉の上にいるヒナカマキリを見つけられるかも知れない。身体のスリムなのが雄だ。これに出会うことは滅多とない。もし見つけられれば宝くじの購入を勧めたい。しかし、足元から忍び寄るヤマビルとマダニには注意をしなければいけない。

五　シリブカガシの林

東大寺知足院周辺には、シリブカガシの林がある。胸高直径五〇cmほどの大きな樹もある。シリブカガシは、ブナ科シイ属に分類されていてその堅果は食べられる。殻斗と呼ばれている通称帽子と堅果が接している部分が大きくへこんでいるため、尻が深い樫からシリブカガシとなった。地方によっては、アマガシと呼ぶところもある。

堅果をつけるブナ科には、ブナ、コナラ、アラカシ、クヌギ、スダジイなどがあり堅果は、どんぐりやしいの実と呼ばれ、縄文の時代には食料になっていた。春に花が咲き、その年の秋に結実するコナラやアラカシなどを、一年成のドングリとすると、春に花が咲き次の年の秋に結実するクヌギやスダジイは二年成のどんぐりとなる。がシリブカガシはその中間、秋に花が咲いて翌年の秋に結実する一年半成のドングリとなる。九月から十月にかけてこの林を見ると、枝先の花と一緒に結実した紫がかった茶色に白い粉のようなロウ物質をまとうドングリを見ることが出来る。房状に見えるのが雄の花序でそこから突き出ているのが雌の花序。

シリブカガシの花蜜を吸うムラサキツバメ（10月）

シリブカガシの堅果（奈良公園）

来年どんぐりになる雌花は、雌の花序に柱頭（雌しべの上部にあり花粉を受け取る）が並んでいる。虫媒花だから、花粉や蜜を求めてたくさんの虫が集まってくる。その中に、ムラサキツバメと呼ばれている鳥の仲間ではなく、チョウ目シジミチョウ科のチョウがいる。ムラサキツバメの幼虫は、シリブカガシやマテバシイの根際付近から発芽したひこばえの若い葉を食べる。葉を食べているとき以外は、葉を綴った巣の中にいるから見つけ難い。しかし、クロヤマアリなどが幼虫から蜜をもらうため、葉や茎にたくさんたむろしているからそれを目標に探せば見つかる。ムラサキツバメは、成虫で越冬（C５）をする。それは、常緑広葉樹の葉上にとまって行われる。葉の大きさにもよるが、一〇数個体集まっていることもある。

毎年冬になると、奈良公園一帯でムラサキツバメが越冬しているのを探すが、未だ見ていない。しかし、最近公園などや街路樹として植栽されたマテバシイや、温暖化による冬の最低気温の上昇がムラサキツバメの分布を北へと広げている。奈良県でも奈良公園でしか見られなかったものが二〇〇〇年前後から橿原市などで目撃されるようになり、二〇一〇年の冬、橿原市の香久山にて、タイサンボクの葉上で越冬する姿を見ることができた。しかし、一九八〇年代から毎年観察している奈良公園では、未だ見つけていない。いったい知足院周辺で棲息しているムラサキツバメはどこで越冬しているのだろうか、今年も「どこだろう」の呪文を唱えながらのムラサキツバメの探索が続く。

六　シカの糞を処理する糞虫たち

現在奈良公園には、一一〇〇頭前後のニホンジカが棲息していると言われている。この鹿たちの食料の一つがシバ。奈良公園の草地を構成している草だ。この草を毎日鹿が食べるから、綺麗なシバ地になっているのだ。もし鹿がいなければこんなに綺麗な気持ちの良い芝生広場は、たちまち草の生い茂る草むらになってしまう。

動物は、食べると当然排泄物を出す。毎日毎日一一〇〇頭もの鹿が排泄する糞はどれくらいな量になるのだろうか、相当な量になるに違いない。が、公園内に糞が溜まってどうしようもない場所はない。鹿が出す繊維質たっぷりの糞は、糞虫と呼ばれている小さな虫たちが処理をしている。その代表と言えるのが、オオセンチコガネとセンチコガネだ。春と秋、鹿が糞をするとどこからともなく、瑠璃色に輝くオオセンチコガネなどが飛んでくる。気に入った糞は地面に穴を掘ってそこに溜め込み幼虫の餌とする。オオセンチコガネを代表とする糞虫は、奈良公園や春日山に約六〇種が棲息している。個体数はどれくらいいるのだろうか、想像もつかない数がいるに違いない。鹿がシバなどの草を食べ、排泄した糞は糞虫が食べ、その排泄物がシバなど草の養分になる。生産と消費が無駄なく行われ。私たち人間には気持ちの良い環境を提供してくれているのだ。しかし、だからと言って不用意に芝生に腰を下ろさない方が懸命かも知れない。

オオセンチコガネ（若草山）

七　春日山原始林や社寺境内を含む奈良公園の普通種

生物用語で「普通種」と言う言葉がよく使われる。一般の方からは「なんのこっちゃ」と聞かれる。ようするに、モンシロチョウのようにどこでも見ることのできる種類の昆虫を普通種と呼ぶ。奈良公園には、他ではとても貴重な普通種がいくつもいる。先に紹介した、テントウムシやセミだけでない。それだけ生態系が豊かで、バランスが良いから多くの種類小さな生き物が生きていけるのだ。しかし、冒頭にも述べたが、原始林の森の様子が少し変わってきている。将来、どのような環境に変化していくのか分からない。しかし、より良いバランスで現在の環境が維持され、生態系が維持できるものなら変わらないであって欲しいと願うのは私だけでは無いと思う。

鹿の食害だけではない、原始林の危機から見える昆虫の未来も厳しいものだ。

第7章

春日山原始林とその周辺地域の哺乳類

――豊富な哺乳類の棲息を願って

鳥居《とりい》　春己《はるみ》

一　はじめに

環境省では「過去五〇年前後にわたって、野生において信頼できる棲息の情報が得られない種」を野生絶滅とみなしている。五〇年間も棲息情報がなければ、その地域から絶滅したとみなされるのだ。ニホンカワウソが絶滅宣言されたのも耳新しいニュースだが、一九四〇年代に絶滅したとされていたクニマスもつい最近発見されている。春日山ではコウモリ類には五〇年以上記録が欠落した種がいる。五〇年間調査が行われていないので情報不足というのが実態だろう。つまり絶滅の定義も難しいということなのだろう。そんなわけで、ここでは最新の情報も五〇年記録がない種も棲息種として扱うことにする。それよりもジネズミやカワネズミなど調査が行われていないため、ひょっとすると棲息していても、確認されていない種がいるのかもしれない。いずれにせよ、今までに春日山とその周辺で記録されている哺乳類について紹介しよう。

二　哺乳類調査方法

春日山一帯に棲息するコウモリ類を除く哺乳類については、ここ数年で集中的に調査が実施されてきた。ここで春日山一帯と呼んでいるのは、いわゆる特別天然記念物春日山原始林とそれに隣接する若草山や高円《たかまど》山山麓部を含む地域をさしている。また、ドライブウエーについては、それぞれ若草山ドライブウエーあるいは高円山ドライブウエーと呼び、春日山周遊道とは区別して用いる。

棲息する哺乳類確認のためにライトセンサス、自動撮影、捕獲、痕跡調査などを実施している。

ライトセンサスは、若草山と高円山ドライブウエーや春日山周遊道を夜間にトラックで時速一〇㎞くらいの低速で走行し、荷台からサーチライトで道路周囲を照らし、闇の中で光る目から動物を探す方法である。

ライトセンサス

自動撮影装置

自動撮影装置は近年になって急速に発達してきた技術で、山中にデジタルカメラを設置し、赤外線や温度センサーで動物を感知するとシャッターが落ちる仕組みになっている。私も十年前はフィルムカメラをもとに手作りしていたが、それが懐かしく思えるこの頃の技術革新である。

捕獲はその名のとおり罠を使って動物を捕獲するのであるが、今までにネズミ類など小型哺乳類でしか使用されていない。

それらの方法では確認できないような種を、痕跡から確認する方法が痕跡調査である。代表的な痕跡は足跡や食痕だが、痕跡だけで特定できる種はわずかにすぎない。カモシカがいない奈良公園ではニホンジカの糞はすぐわかるが、それ以外で糞からはムササビとニホンノウサギくらいしか特定できない。キツネと野犬は区別できず、テンやイタチの糞は似ている上に、テンの糞の小さなものは、イタチの大きな糞と区別できない。足跡からはキツネやタヌキ、アライグマ、アナグマの識別は可能ではある。しかし、足跡は偶然の発見に期待するしかない。ただし昼間に降って、夕方に雪が止んだ翌朝には嬉々として周遊道で足跡を探してきた。この時、ネズミ類は雪の上に足跡だけでなく、尾の跡も残るので、ネズミ類だとはわかる。それでも種までは特定できない。要するに棲息種の確認にはいくつもの方法を駆使して、探し回るしかないと言うことなのだ。

三　棲息する哺乳類

春日山とその周辺地域で確認された哺乳類（表1）について紹介しよう。なお、日本の哺乳類は目名や種名が整理されてきているが、ここでは阿部監修による『日本の哺乳類・改訂版』に従った。

表1　春日山とその周辺地域で確認された哺乳類

食虫目	モグラ科　Talpidae	ヒミズ　*Urotrichus talpoides*
		種不明　モグラ　*Mogera sp.*
翼手目	キクガシラコウモリ科 Rhinolophidae	キクガシラコウモリ *Rhinolophus ferrumequinum*
		＊コキガシラコウモリ　*R. cornutus*
	ヒナコウモリ科　Vespertilionidae	＊テングコウモリ　*Murina leucogaster*
霊長目	オナガザル科　Cwrcopirhecidae	ニホンザル　*Macaca fuscata*
食肉目	イヌ科　Canidae	キツネ　*Vulpes vulpes*
		タヌキ　*Nyctereutes procyonoides*
	アライグマ科　Procyoyonidae	アライグマ　*Procyon lotor*
	イタチ科　Mustelidae	テン　*Martes melampus*
		チョウセンイタチ　*Mustela sibirica*
		アナグマ　*Meles meles*
	ジャコウネコ科　Viverridae	ハクビシン　*Paguma larvata*
偶蹄目	イノシシ科　Suidae	イノシシ　*Sus scrofa*
	シカ科　Cervidae	ニホンジカ　*Cervus nippon*
囓歯目	リス科　Sciuridae	ニホンリス　*Sciurus lis*
		ムササビ　*Petaurista leucogenys*
	ネズミ科　Muridae	＊スミスネズミ　*Eothenomys smithii*
		アカネズミ　*Apodemus. speciosus*
		ヒメネズミ　*A. argenteus*
兎目	ウサギ科　Leporidae	ニホンノウサギ　*Lepus bracyurus*

＊高円山や若草山など周辺地域で記録された種

ヒミズ

小型のモグラの一種のヒミズも記録は一例のみである。一九九三年に妙見宮と南部交番所の間の周遊道で一頭の死体が拾われている[8]。春日山でのネズミ類の調査に合わせて、墜落缶を用いて捕獲を試みているが、まだ捕獲されていない。

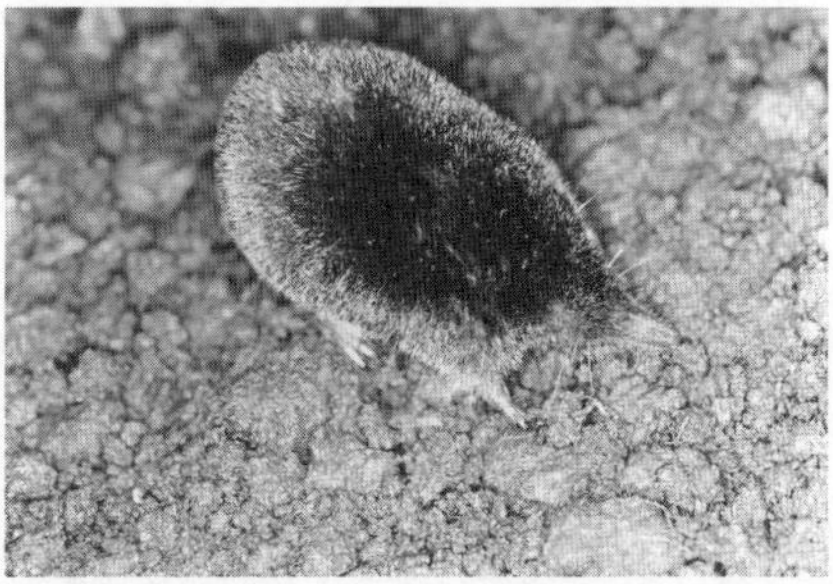

ヒミズ（北原正良氏撮影）

モグラ類

ヒミズ以外にもモグラ類が棲息している。二〇一二年六月に奈良教育大学自然環境教育センター研究部員の高野彩子氏が茶色のモグラを目撃している。見つけたものの、すぐに地表に貯まった落枝の下にもぐり込んでしまった。後日、モグラの坑道を探したが見つけることはできなかった。アズマモグラかコウベモグラのどちらかであろう。春日山では地表に盛り上がったモグラ塚を見ることはない。しかし、一九九〇年代に東大寺東塔跡地や若草山山麓などでモグラの坑道を観察している元奈良教育大学大学院小笠原宏氏によると、坑道の大きさからコウベモグラらしいとのことである。

テングコウモリ

秋田[1]は一九五八年六月に御蓋山の通称蝙蝠《こうもり》洞窟でコテングコウモリ雄一頭を捕獲したというが、詳細は不明である。

キクガシラコウモリ

キクガシラコウモリも秋田[2]が春日山、花山、若草山で捕獲したという記載があるが、詳細は不明である。二〇〇六年頃に若草山の蝙蝠洞窟で夏に数頭のキクガシラコウモリが確認されている（奈良教育大学付属小学校井上龍一氏私信）。その洞窟は奥行きが無く、越冬には不向きなので、夏の休息場に利用されているらしいとのことだった。

コキクガシラコウモリ

コキクガシラコウモリは春日山と若草山で採集されている[2]。

若草山北斜面には一〇頭ほどいた穴があり、春日山の蝙蝠窟で

キクガシラコウモリ

コキクガシラコウモリ

は夏に希に入り込むと記載されている。

ライトセンサスの際に林間を飛ぶコウモリは希に目撃できる。コウモリ類も棲息していることは確かなのだが、残念ながら春日山ではコウモリ類調査は五〇年間何も手がつけられていない。平坦部では夕方から飛び回るコウモリ類を目撃でき、アブラコウモリだと思われるが、それらが春日山に入り込んでいるものとも考えられる。

ニホンザル

春日山の哺乳類で訳がわからないのが、ニホンザルである。一九三〇年代には「春日山のサルは春日神社境内から博物館付近にまで出没し、春日山には五〇〇頭のサルが棲息していると言われ、二～三頭、時には数十頭が群れをなしていたという。[5][16] 谷によると一九五五年頃までは公園内でもみかけられたという。その頃、霊長類研究所におられた東滋氏も二群を観察していたという。特に駆除したという記録もないままに、今ではサルの群れは姿を消してしまった。その理由は分からないままである。それでも若草山山麓などでは一九九〇年代でも単独個体が目撃されている。加茂や都祁《つげ》などからの離れ個体が出没しているのかもしれない。

ニホンザル

キツネ

キツネは北海道から九州にまで広く分布する。しかし、春日山では目撃されないし、自動撮影装置で一枚だけ撮影されただけ（奈良教育大大学院生山中康彰氏私信）、ライトセンサスでも彼が一回目撃しているだけである。私が行った一年間五〇回のライトセンサスでも目撃できなかった。前迫(9)による自動撮影でもキツネは撮影されていない。それくらいキツネは少ないのだろう。しかし、新公会堂の駐車場入り口近くで一回目撃したことがある。若草山有料道路の中間にある平城ホテルの裏手を回る山道ではキツネを頻繁に目撃した。時には二頭で目撃されているので、繁殖していることを確認したかったが、子どもは確認できなかった。また、一回だけ高円山ドライブウエーで目撃した。そのキツネはニホンノウサギを狙っていたようだったが、私が写真撮影しようとしたことで、私にも注意を払わねばならないため、ニホンノウサギには逃げられてしまった。

ところで、キツネが少ない原因は何だろうか。キツネはもともと密度の低い動物なのだが、餌動物であるニホンノウサギの少なさやネズミ相の貧弱さ、出産のための巣穴を掘る環境が無いためだと私は考えている。

タヌキ

キツネ（椺沢郁夫氏撮影）

タヌキ

川道[4]によると、タヌキは一九八〇年代終わり頃から東大寺周辺などで目撃され始め、前田[8]も一九九〇年代初期には、平坦部では目撃情報が集まり始めているが、原始林内では情報が知られていないと述べている。現在、タヌキは春日山では比較的広い地域で目撃されるが、それほど高い頻度ではない。タヌキは森林に棲息するものの、一般的には里山の動物という印象が強い。山麓から平坦部に多く、森林地帯である春日山にはそれほど多くはないのかもしれない。

アライグマ

アライグマは近年日本中に分布域を広げている外来種である。私は一〇年以上春日山を調査しているが、一回目撃しただけである。また捕獲罠への接近状況を撮影するために仕掛けた自動撮影装置に一回だけ写っていたという（前出山中氏私信）。高円山の南を走る県道八〇号の岩井川ダム事務所脇で轢死体を目撃したことがある。ハクビシン同様に正倉院の防犯ビデオにも映っているという。春日大社にも東大寺にも柱にアライグマの爪後が残っている。アライグマもハクビシンと同様に、春日山では、それほど密度は高くはないものの、平坦部には広く分布を広げている可能性がある。アライグマは両棲爬虫類を好んで食べることが知られている[3]。春日大社境内のカスミサンショウウオは水環境の悪化で個体数を減らしているが、それに追い打ちをかけないか危惧される。

アライグマは愛玩動物として輸入されたが、成長につれて気があらく

アライグマ（古谷益郎氏撮影）

なることから日本各地で野外に放なされた。それらを元に全国に分布を広げている。また、アライグマだけでなく、近縁種であるカニクイアライグマも輸入されていたが、それはまだ野外で確認はされていない。

テン

テンはライトセンサスでも目撃でき、写真にも写る。好奇心が強い動物なのだろうか、他の調査の際に餌で誘引すると確実に撮影される。また、森林でもない奈良病院の前の交差点で交通事故にあった個体もいた。行動圏が広いのか、新たな世界に飛び出したかったのだろうか。春日山のテンの糞（チョウセンイタチのものも含まれるかもしれない）分析の結果では鳥類やネズミ類はほとんど出現しなかった（森近氏私信）。テンには棲息地の環境に合わせて色々な餌資源を利用できることが知られている。鳥類、哺乳類が少ないのは、春日山にはテンの補食対象となる鳥類や小哺乳類の生息数が少ないことを示しているのではないだろうか。

チョウセンイタチ

春日山には外来種のチョウセンイタチが棲息している。在来種

テン（大島和夫氏撮影）

チョウセンイタチ（細田徹治氏撮影）

のイタチにも棲息していてほしいが、自動撮影ではすべてチョウセンイタチだけが写っていた。川道[4]は「ここ数年来公園部と東大寺大仏殿でときどき目撃されるようになった。それ以前の一〇年は全く目撃されることはなかった」と言う。一九九二年には妙見宮でチョウセンイタチらしき子連れのメスが目撃されている。[6]多分、その頃から春日山に侵入してきたのだろうと思われる。

在来種のイタチはいつ頃春日山からいなくなり、今どのあたりに生き残っているのだろうか。

アナグマ

アナグマの棲息記録はほとんどなく、神戸・久保[5]に「春日山に置いて狩猟された例がある」という記録くらいらしい。しかし、密度は低いものの春日山に棲息することは確実である。ライトセンサや自動撮影で頻度は低いものの確認されている。また、二〇一二年七月には春日山周遊道で怪我をした若いアナグマを目撃できたので、繁殖していることも確かであろう。

ハクビシン

ハクビシンは戦後に棲息が確認された種で、発見当時は四国、静岡・山梨県、福島県などに棲息していた。在来種という説もあったが、東南アジアや台湾からの外来種の可能性が高い。しかし、どこから持ち込まれたかは明確になっていない。[10・17]その後、次第に分布域を拡大させ、今では東日本一帯に広く分布域を広げている。ライトセンサスや夜間のニホンジカ行動

ハクビシン

観察などで数回目撃し、自動撮影でも写っているが、個体数は多くはないようだ。奈良教育大学構内でも目撃した。東大寺などの門に爪跡が残り、正倉院の防犯カメラには塀の上を歩くハクビシンが確認されているらしい。里山的な環境を好むと考えられ、春日山などは通過するくらいではないだろうか。

イノシシ

イノシシ（C5）は東日本から琉球列島にまで分布している。ニホンジカに次いで春日山一帯で頻繁に目撃される動物はイノシシだろう。最近は飛火野などにも夜には徘徊し、掘り起こされたシバ地が見られる。注意していると、若草山ドライブウエーなどでは、昼間でも道路脇でのんびりしているのを見ることさえある。春日山周遊道のハイカーも道脇がイノシシに掘り起こされているのに気づかず歩いているのだろうが、気づけば痕跡の多いことに驚くだろう。

出産期は一般的には春だが、その時期の出産に失敗したイノシシは秋に出産することがあるといわれる(12)。若草山山頂で谷は一〇月に生まれたばかりの瓜坊（イノシシの子に瓜のような筋があるためこう呼ばれる）を目撃している(16)ので、この地域でも秋の出産もあるのだろう。

イノシシは一六頭の子どもを産むからシシだとも言われる。それほど沢山ではないものの多産なのは確かで、春日山では瓜坊は一頭から五頭までの目撃記録があるので、一産一子のニホンジカと比べれば遥かに多産なことは事実である。

イノシシは複数で目撃されることが多いが、春日山一帯での一五九例の観察のうちで雄成獣は一例を除いてすべて単独だった。成獣と瓜坊の母子群の観察例が多いのだが、複数の雌成獣の例や、前年生まれの雌と思われる個体と数頭の瓜坊を連れた群れが目撃される。それは、母子とその姉ではないかと思われる。春日山では、遠目からは二歳くらいにはなっている個体と思われる八頭が、走り去るのを目撃したのが最大の群れ構成数である。

ニホンジカ

ニホンジカは日本では北海道から琉球列島にまで広く分布している。北方に棲息する個体群ほど体は大きくなるので、奈良公園のニホンジカは中程度の体格である。春日山一帯で最も頻繁に目撃され、自動撮影にも高頻度に撮影されるのは当然のことながらニホンジカである。ただし、春日山に棲息するニホンジカは、飛火野など平坦部のニホンジカとは異なり、人を見れば逃げるまさに野生のニホンジカである。口絵（C16）のニホンジカも警戒心の固まりそのもの。

植物食のニホンジカは、忌避する植物はあるとは言うものの、植物であれば何でも食べる。また、普通は一歳で性成熟し、二歳から出産を始める。増加し始めると急激に個体数を増加させることは奈良公園を見れば理解できるだろう。そのため、近年は日本全国でニホンジカの個体数が増え、農業被害だけでなく、植生を改変させ、生態系に大きな影響を与えている。

ニホンジカ

春日山のニホンジカも同様で、春日山の生物多様性に最も大きな影響を与えている種と言え、本来であれば管理されねばならない動物であることに疑う余地はない。この地域のニホンジカについては、第16章で詳しく紹介する。

ニホンリス

奈良公園史編集委員会[13]によるとニホンリスは一九六六年秋から、県観光課によって万葉植物園で餌付けされていた。ニホンジカと共に奈良公園のマスコットにしようという企みだった。一九六八年には春日大社宝物館横に、翌年には春日大社若宮南と茶山にも餌場が設置された。通常は、一カ所に五～六頭が観察され、一〇頭が目撃された時もあったという。しかし、野良猫やイタチに狙われることや、管理体制の不備などから一九七二年には中止された。奈良教育大大学院生の谷口悠輝さんが春日山の妙見宮周辺で、二五〇m間隔で四列四行の一六個の篭罠を設置するとともに、近くの樹幹にピーナッツを餌に自動撮影装置を秋期に半月から一ヶ月設置し、捕獲と撮影を試みた。その結果、わずか一個体が撮影されただけであった。前田[8]も公園内の各地に棲息していると述べているもののニホンリスの密度も低いものかもしれない。

今までにニホンリスの調査研究は落葉広葉樹林を中心に行われているだけで、照葉樹林のニホンリスは対象となっていない。どなたかシイ・カシに棲息しているニホンリスの調査研究に挑戦しようという方はおられないだろうか。

ニホンリス（田村典子氏撮影）

ムササビ

夜、春日山を歩くことができれば、ムササビ（C5）はニホンジカと同様に容易に目撃できる。サーチライトで照らしても逃げないし、大きな声でその存在を教えてくれるので、見つけやすい。春日山山中だけでなく、奈良公園の平坦部でもムササビ観察は容易で、時々観察会も開催されている。[14]

スミスネズミ

一九九三年一二月に峠の茶屋西の造林地で三頭のアカネズミと共に一頭だけではあったがスミスネズミが捕獲されている。[8] スミスネズミは地中生活に適応した種で、地中で邪魔な耳も目も小さく、尾は短い。地中生活は柔らかな土壌でのみ成立する。ニホンジカによって林床植生が貧弱になって、乾燥化が進んでいる春日山は彼らの棲息環境として決して良好とは言えない。今後、スミスネズミの棲息がどこで確認できるかが大きな課題である。

アカネズミ（北原正宣氏撮影）

アカネズミ

この一～二年、春日山で数回のネズミ捕獲を試みているが、捕獲されるのはアカネズミだけだった。アカネズミは春日山と周辺地域では広い地域で捕獲されている。宮尾[11]は亜高山帯森林のサバンナ（草原化）を計る指数として、アカネズミ指数というものを提唱している。アカネズミとヒメネズミの捕獲数のうち、アカネズミの占める比率が高いほど、森林の開発が進み草原化していることを表すと言う。ただ、春日山はまだ外観からは森林地帯だと思われるのだが。

ヒメネズミ

日本固有種で北海道から九州にまで広く棲息している。前述したようにネズミ類の採取を試みているが採集できていない。しかし、一九九四年二月に奈良教育大学生であった前畠郁子氏が柳生街道下部で確認している。また、若杉[18]らは春日山においてムクロジの種子散布者を自動撮影装置を用いて調査した。その際にヒメネズミも撮影されているので、棲息していることは間違いない。

ヒメネズミはアカネズミと同属で棲息域が重なることが多く、体が小さいため不利な立場だが、より樹上生活に適応して、棲み分けているとも言われる。そんなヒメネズミが捕獲されないのは既に棲み分けできるような環境でないことを示すのだろうか。また、対馬ではシカの密度が高いほどヒメネズミが優占したという結果がある[15]。林床植生なども考慮にする必要があるのだろう。両種の関係に新たな視点が必要なのかもしれない。

ニホンノウサギ

ニホンノウサギは春日山ではライトセンサスで一回目撃できただけで、ほかには記録がない。前迫[9]も自動撮影していることから、低密度で棲息はしていると考える。ニホンノウサギはほぼ完全な植物食の動物である

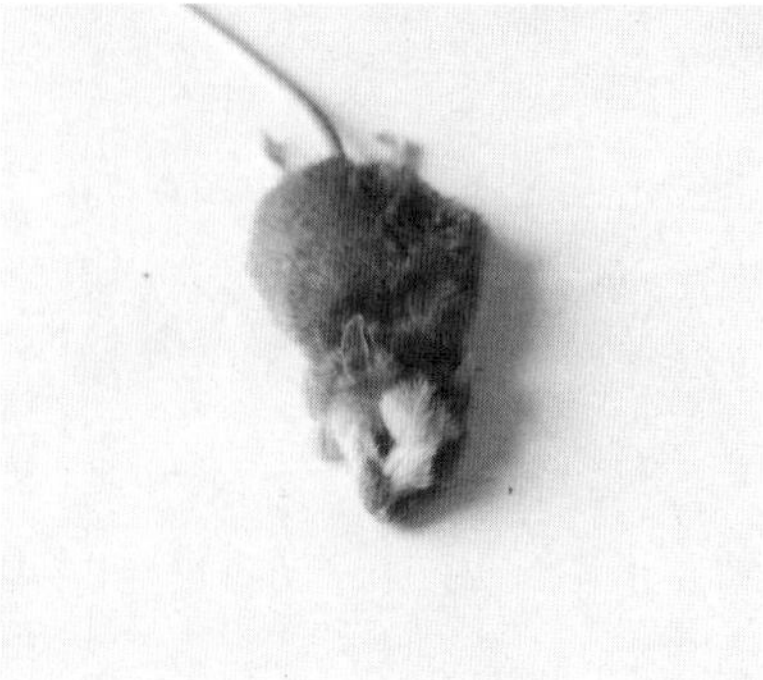

一部白化したヒメネズミ

ニホンノウサギ

が、ニホンジカの採食により林床植生を欠いている春日山は彼らの棲息には向かないのだろう。

四　今後の課題

以上のように春日山周遊道では一一科一六種、周辺地域も含めると、一三科二一種（種不明モグラも一種とする）の哺乳類が確認されている。読者の方々はその種数をどのように感じておられるだろうか。それは多いのだろうか、少ないのだろうか。まだ数種の哺乳類の棲息が予想される。ハツカネズミは東紀寺町で記録がある。(7)能登川添いの人家ではドブネズミやクマネズミが棲息している可能性がある。カヤネズミやカワネズミも調査を進めば、確認されるようにも思える。豊富な哺乳類相と言えるのかもしれない。しかし、アライグマなど三種は近年になっての外来種である。また、二〇一〇年には新薬師寺近くの民家でヌートリアが写真撮影されている。能登川近くなのだから、春日山まで入り込むことが危惧される。

豊富とは言うものの、ネズミ類やニホンノウサギなどは林床植生を欠くことから低密度となっていると考えられる。春日山は質、量ともに豊富な原始林であることが望ましい。春日山の保全のためにはニホンジカの密度などを継続的にモニタリングして行かねばならない。ニホンジカの高密度化によって消えてゆく生物群がいる一方で、ニホンジカの忌避植物が繁茂し、それに依存する生物群が増加することなども報告されている。残念ながら組織的に継続するシステムが奈良県には構築されてはいない。

＊掲載された哺乳類の写真は春日山やその周辺以外で撮影されたものもあります。

《春日山のカエル（両生類）》

タゴガエル

春日山でもっとも普通に見られるのに知名度の低いのは、タゴガエルという名の小さなアカガエルの一種で、たぶん春日山で現存量が最も大きい両生類である。この和名は両生類研究家であった田子勝弥氏に献名されたもので、本州から九州までの広い地域で、山地に見られる普通種である。体色には変異があり、一個体でも周囲の状況に応じて明暗が変化するが、基本的にはオレンジないし、赤褐色である。アカガエルの仲間は水辺にいることが多く、泳ぐために後ろ足のみずかきが発達している。ところがタゴガエルではみずかきの発達はきわめて悪い。これは、このカエルがもっぱら陸上で生活することの表れと思われる。実際に冬を除けばたいてい、いつでも地表で活動しているタゴガエルを見ることができる。

タゴガエルの雄（左）と卵の塊。

泳ぐ機会の少ないことは、その変わった繁殖習性とも関係している。アカガエルの仲間は、春先に池や水田などに現れ、外から見える場所に黒い小さな卵がたくさん入った「握りこぶし」のような塊を産み出す。ところがタゴガエルの繁殖習性はそれとまったく違っていて、世界のアカガエルの中でも変わったものなのだ。春の連休の頃に山道を歩くと、沢筋の水が染み出している場所近くで、コッ、コッ、コッというカエルの鳴き声が聞かれる。これが雌をよぶ雄のタゴガエルの声である。しかし、鳴いているその姿は見られない。なぜなら、産卵は地下を流れる小さな流れ（伏流水）の中で行われるからで、雄はカニがつくった穴の中など、地中で鳴いているのである。卵は白っぽく直径は大きくて数が少ない。これは卵の黄身が多いからで、ふ化したオタマジャクシはこの黄身だけで成長することができる、初夏に地表に現れた子ガエルは小指の先ほどもないが、色は成熟したものに近い立派なアカガエルである。

ニホンヒキガエル

雨の日に旧柳生街道などの山道を歩いていると出会うことのある、褐色で大小の「いぼ」が多く、大きなカエルはニホンヒキガエルである。ニホンヒキガエルは形態の変異が大きく、本州の東西で二つの亜種に区分されるが、春日山のヒキガエルは、鼓膜が小さく、目との間の距離と同じくらいの大きさなので、西日本に分布する亜種のニホンヒキガエルと同定される。かつては春日神社境内の池で、繁殖のために待機しているとみられる雄が確認された。春日山での産卵場所は不明だが、低地まで下りてくるか、山の中の沢筋にあるゆるい斜面や、山道にできた水たまりを利用しているのだろう。そうした場所で春先に群れをなしてひしめいている、黒い小さなオタマジャクシは、梅雨の頃、タゴガエルと同じくらい小さな子ガエルに変態して森の中に散らばり、林床でトビムシなど小さな餌を多量に食べて急激に成長する。

その他のカエル

沢のすぐ近くにすんでいて、水に飛び込む、小さくて褐色のカエルはツチガエルである。ニホンヒキガエルの丸っぽくて小さな「いぼ」と違い、長い「いぼ」をたくさん背中にもち、腹も汚れた褐色である。いじめるといやな臭いを出すのですぐにそれと分かる。このカエルはとくにアリを好んで食べることが知られるが、春日山でもそうなのかは調べられていない。

梅雨の頃によくテレビに登場するのはモリアオガエルである。ふだんは山地の樹上で生活するので、春日山は良いすみかになっているに違いない。梅雨時の繁殖期になると池や水たまりなどの水辺に集まり、雄は低い声で雌を呼ぶ。その後、白い泡のような卵のかたまりを枝や下草に産みつけるのは良く知られている通りであるが、産卵の際に一匹の雌に数匹の雄が抱接するのは、カエルとしては珍しく、卵の泡の中では熾烈な精子間競争が起こるのである。

（京都大学大学院人間・環境学研究科　松井　正文）

第8章 春日山原始林とその周辺の地形・地質
——森林の変化にかかわる要因は何か

高田《たかだ》　将志《まさし》
山田《やまだ》　誠《まこと》

一　はじめに

世界遺産に指定された春日山原始林は、奈良盆地に面し、東が大和高原へと続く山域に位置している（図1）。原始林の中心は花山（四九八・〇m）とその西側斜面で、周辺には植林地や移入種であるナギの純林が分布している[8]。

河川流域を単位としてみると、春日山原始林は、佐保《さほ》川、吉城《よしき》川、能登《のと》川の最上流域に位置することになる。したがって本章では、春日山原始林以外の山域までを含め、これらの河川が奈良盆地に流入する地点から上流域を対象に、主に、植物生態学的現象と関連が深いと思われる地形・地質的特徴について考えてみたい。

二　地形・地質概要

標高から見ると、春日山原始林とその周辺では、芳山《ほやま》の五一七・九mがもっとも高く、その東側に四〇〇〜四五〇mの大和高原が続いている。西側の奈良盆地内では、山麓の低地や台地の標高が約一〇〇〜一五〇mであるので、両者は約二五〇〜三五〇mの高度差（比高）を有することになる。このような大局的な地形配列は、盆地の東縁をほぼ南北に伸びる断層群の活動によって生み出され

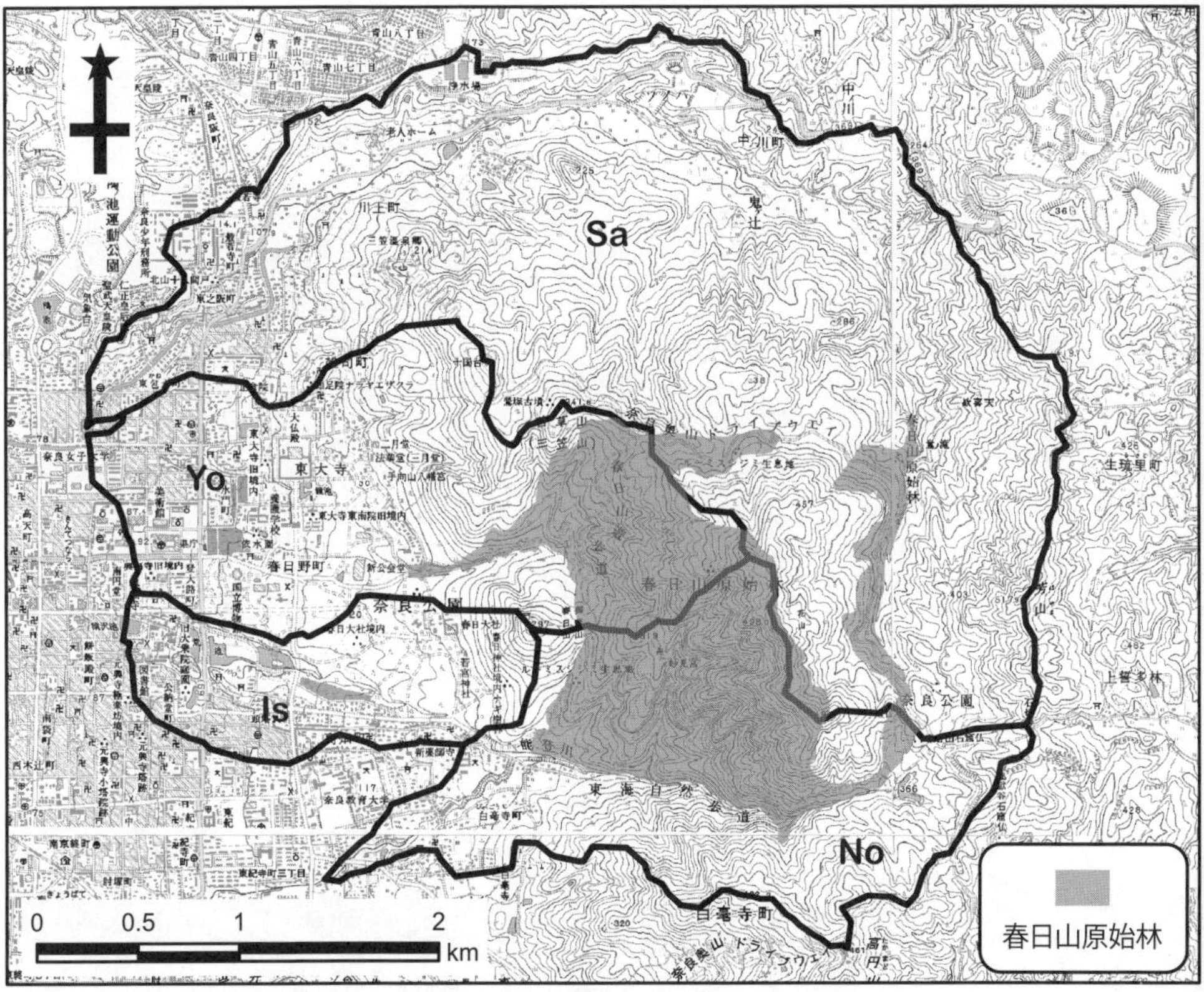

図1　河川流域単位でみた春日山原始林と周辺域

Sa：佐保川流域　Yo：吉城川流域　Is：卒川流域　No：能登川流域

灰色の網掛け部分が春日山原始林

てきた[6・10](図2)。このうち、奈良坂撓曲《とうきょく》、奈良撓曲、天理撓曲、帯解《おびとけ》断層などは、奈良盆地東縁断層帯を構成する活断層である[5・3・2]。奈良盆地東縁断層帯では、おおよそ五〇〇〇年間に一回の頻度で、マグニチュード七・四程度の地震が発生し、地震の度毎に、断層の東側が相対的に三mほど高くなってきた[7]。したがって単純計算でいけば、この活断層周辺では、過去一〇〇万年間で六〇〇mほどの高度差が生まれてきたことになる。ただし、山は削られ、相対的に低くなった盆地側には土砂が堆積するので、盆地と山地との高度差は実際には六〇〇mよりは小さくなる。なお奈良盆地東縁断層帯の東には三百断層が、さらにその東には高避断層が南北方向に伸びるが、いずれも中期更新世(約八〇万年前〜一三万年前)にその活動を停止した断層であることが分かっている[5・2]。

研究対象地域の地質を、尾崎ほか[4]に基づき概観すると、次のとおりである(図3)。当該地域の南東部にはジュラ紀の丹波帯堆積岩コンプレックス(図3の凡例R)が、北〜北東部には白亜紀の新期領家花崗岩類(G)が分布している。本地域の丹波帯の走行は、おおむね西北西—東南東から西南西—東北東で、北四〇〜

図2　奈良盆地北東縁の地形と活断層
相馬秀廣ほか(1998)『1:25,000都市圏活断層図桜井』および八木浩司ほか(1998)『1:25,000都市圏活断層図　奈良』(いずれも国土地理院)をもとに一部改変。

八〇度の傾斜を示すところが多い。丹波帯と新期領家花崗岩類の周辺には中新世の泥岩、砂岩、礫岩（地獄谷累層：J）が露出しており、一部には、室生火砕流堆積物の縁辺相に相当する凝灰岩層もみられる。若草山（三笠山）〜春日山（御笠山）には、層位的にこれらの堆積岩類のさらに上位に位置する中新世の安山岩類（三笠山安山岩：M）が分布し、北部を流れる佐保川沿いや西部の奈良盆地内には砂や礫から成る鮮新世の大阪層群（O）や第四系（Q）が堆積している。このような表層地質の違いは、次に述べるように、山地の地形の違いとも密接に関係している。

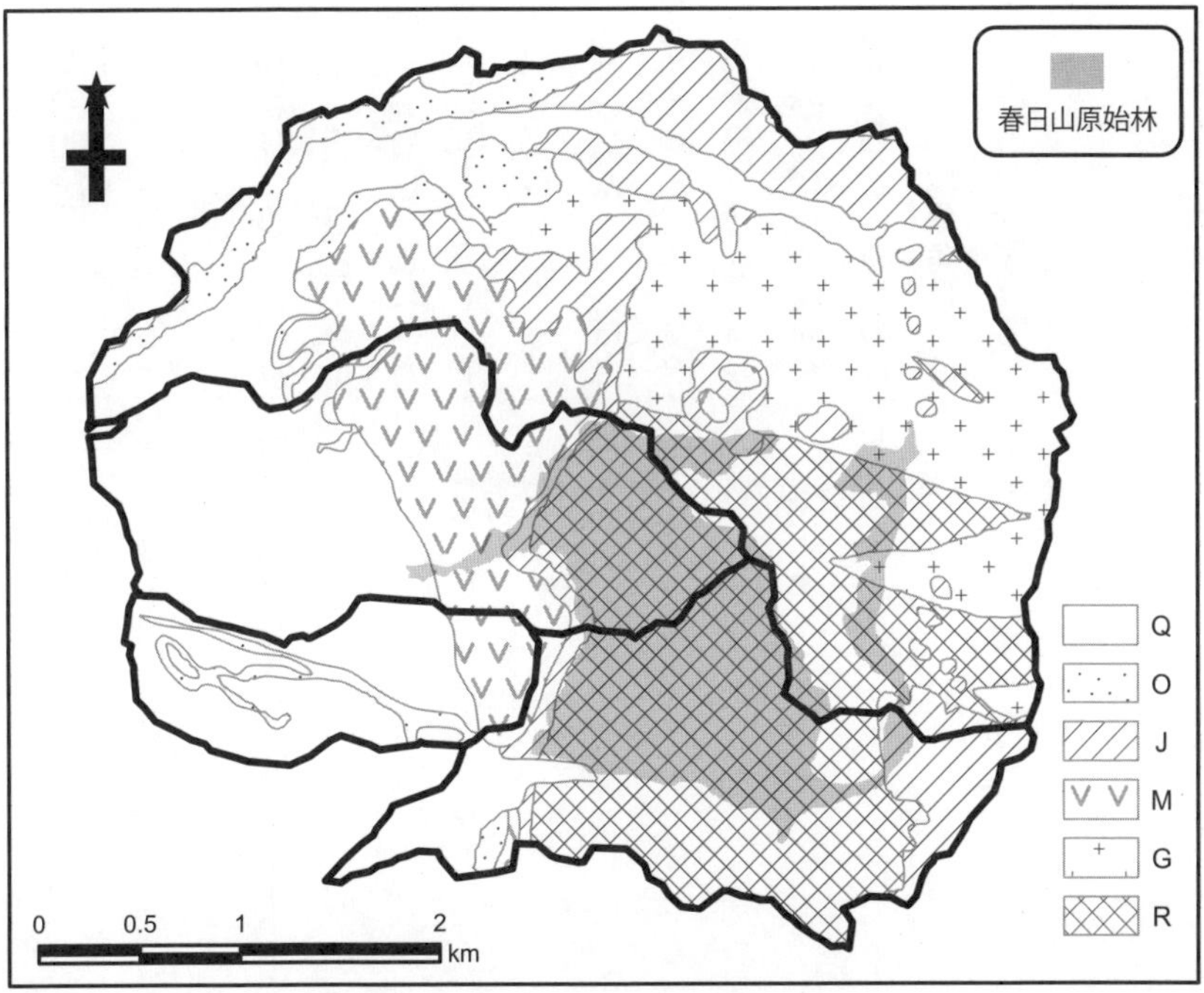

図３　春日山原始林と周辺地域の地質

Q：第四系（第四紀）O：大阪層群（鮮新世）M：三笠山安山岩類（中新世）J：地獄谷累層の泥岩・砂岩・礫岩（中新世）G：新期領家花崗岩類（白亜紀）R：丹波帯堆積岩コンプレックス（ジュラ紀）

尾崎正紀ほか（2000）『奈良地域の地質。地域地質研究報告（５万分の１地質図幅）』をもとに一部改変。

三　地質と地形との関係

斜面傾斜と地質との関係

ここでは、前節で述べた地質と地形の関係性について、以下のような解析を試みた。まず、国土地理院基盤地図情報10mデジタル標高モデル（以下、10m-DEM）を用い、ArcGIS Spatial Analyst（ＥＳＲＩ社）で地質区分別にみた斜面の平均傾斜と最大傾斜について調べた（図４）。図４を見ると、鮮新統や第四系の分布する領域（図３のＱ、Ｏ）を除けば、斜面最大傾斜は約五〇度に達し、地質が異なってもほとんど違いが認められない。しかしながら平均傾斜でみた場合、一部で逆転がみられる（中新世の火山岩類と堆積岩分布域の間）ものの、基盤岩が古ければ古いほど、傾斜が急になる傾向が認められる。ちなみに本地域で平均傾斜がもっとも急なのは、ジュラ紀堆積岩類の分布域（図３のＲ）で、その傾斜角は二〇度を超えており、春日山原始林の主要部がこれに含まれる。

水系網と地質との関係

前項につづき、国土地理院基盤地図情報10m-DEMを用い、

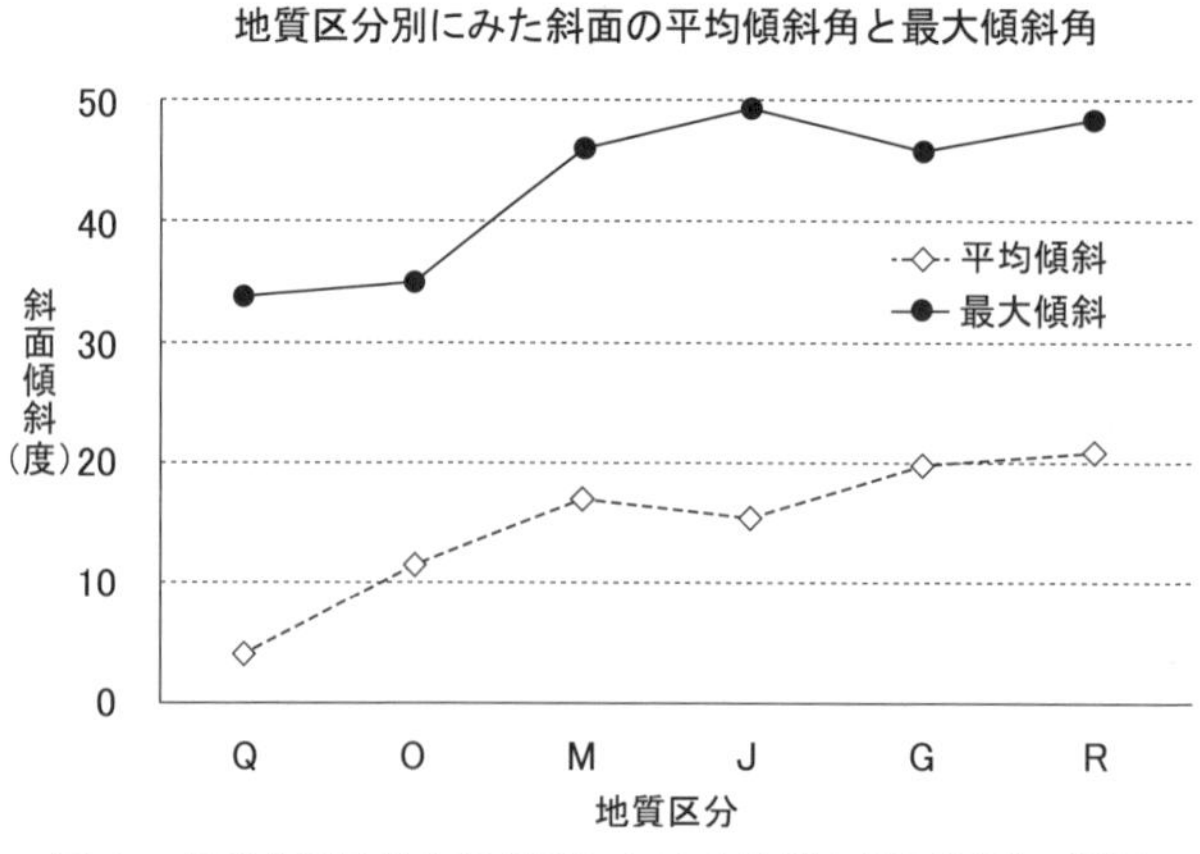

図４　春日山原始林と周辺域における地質と斜面傾斜の関係
図中のＱ、Ｏ、Ｍ、Ｊ、Ｇ、Ｒは図３の凡例に同じ。

ArcGIS Spatial Analystで流域界および河谷を抽出した。河谷の抽出方法は以下の通りである。

10m-DEMから、各セル（グリッドサイズ10m×10m）毎に最大傾斜方向を八方位区分で識別し、その方位をデジタルデータ（流向ラスタデータ）として各セルに与えた。この流向ラスタデータを用いて、当該のセルよりも上流側に連なる流路の累積セル数を計算し、その結果をセル毎にデジタルデータとして与えた（累積流路長ラスタデータ）。この累積流路長ラスタデータのうち、累積セル数五〇以上のセルを抽出し、それらを連ねたものを河谷とした（河谷ラスタデータ）。さらにShreve法[12]によって河谷ラスタデータに河川次数を与え、これをベクトルデータに変換した後、二万五千分の一地形図に重ね合わせ、重複するデータの削除や等高線との整合性などをチェックし、修正を加えた。

図5　春日山原始林と周辺域の水系網
水系網の作成方法については、本文参照。

上述の方法で作成した研究対象地域における水系図を図5に示す。この水系図を図3の地質図と重ね合わせ、地質単位毎の水系網の特徴について集計したのが、図6である。図6を見ると、ジュラ紀の堆積岩類（R）や白亜紀花崗岩類（G）、第四系（Q）が分布する領域は、他の地質単位にくらべ、単位面積あたりの1次谷本数が少ないが、単位面積あたりの総流路長（領域内におけるすべての次数の流路長の積算値）が長いという特徴を読み取ることができる。これに対して、中新世や鮮新世の堆積岩類（J、O）分布域では、1次谷本数は多いが、総流路長は短いという逆の傾向がみられる。以上の相対する特徴に対し、中新世の安山岩類分布域（M）では、単位面積あたりの1次谷本数が少ないことに加え、単位面積あたりの総流路長も短いことがわかる。これはすなわち、本数の面からも流路長の面からも谷密度が低く、水系網の発達の程度が貧弱であることを示している。一般に、透水係数の大きな基盤岩の分布地域では、地表流の発生が抑制されることが想定されるので、本地域の場合も、中新世の安山岩類分布域（M）では、溶岩や火山砕屑岩など空隙に富む基盤岩が分布することで、水系網の発達が貧弱になっている可能性がある。

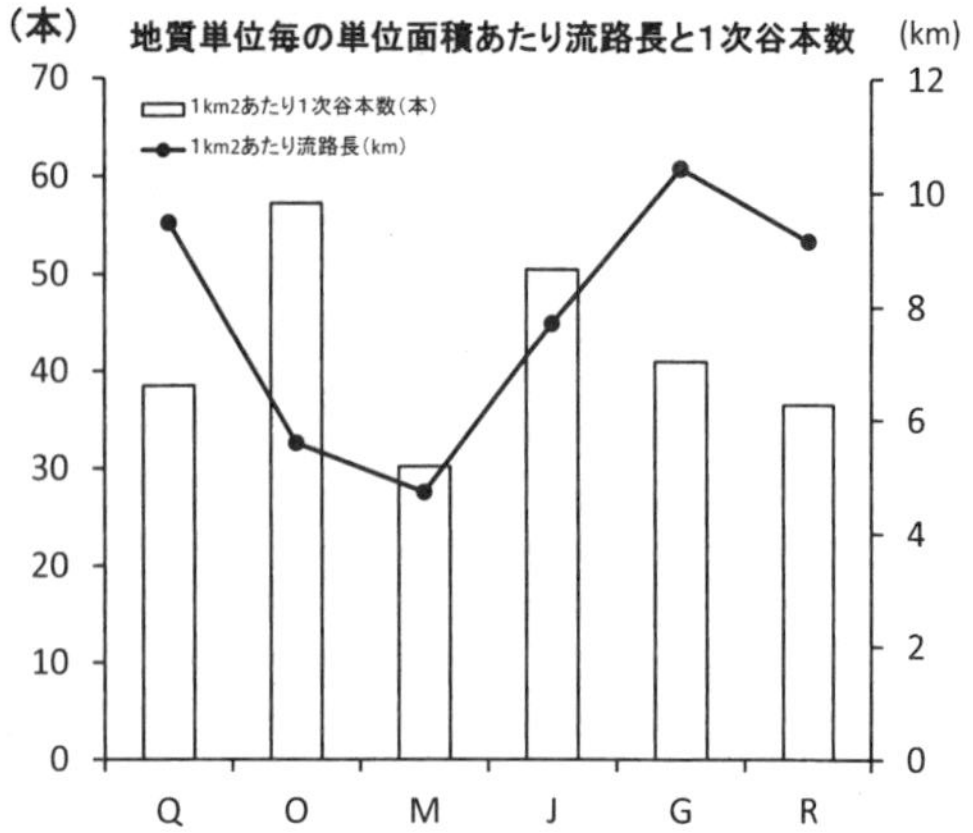

図6　春日山原始林と周辺域における水系と地質の関係
図中のQ、O、M、J、G、Rは図3の凡例に同じ。

四　一九九八年台風七号による風倒木被害の出現状況

一九九八年台風七号は、強風によって、奈良県下で多数の人的被害や建造物被害、農業被害を発生させ、春日山原始林でも多数の倒木が生じた。奈良地方気象台[9]や山本ほか[11]によると、この時の気象状況は以下のようなものであった。九月一七日、フィリピン・ルソン島西方海上で発生した台風第七号は、同月二二日一三時すぎに和歌山県御坊市付近に上陸し、スピードを速めながら北北東進し、奈良地方気象台では二二日一五時三三分に西の風三七・六m／sの最大瞬間風速が観測された。室生寺では樹齢約六五〇年の杉が根こそぎ倒れ、国宝の五重塔に当たり、屋根の一部が崩れたり傾いたりするなど、各地で倒木の被害が報告されている。このような強風による被害は、主に、台風通過直後の吹き返しによる

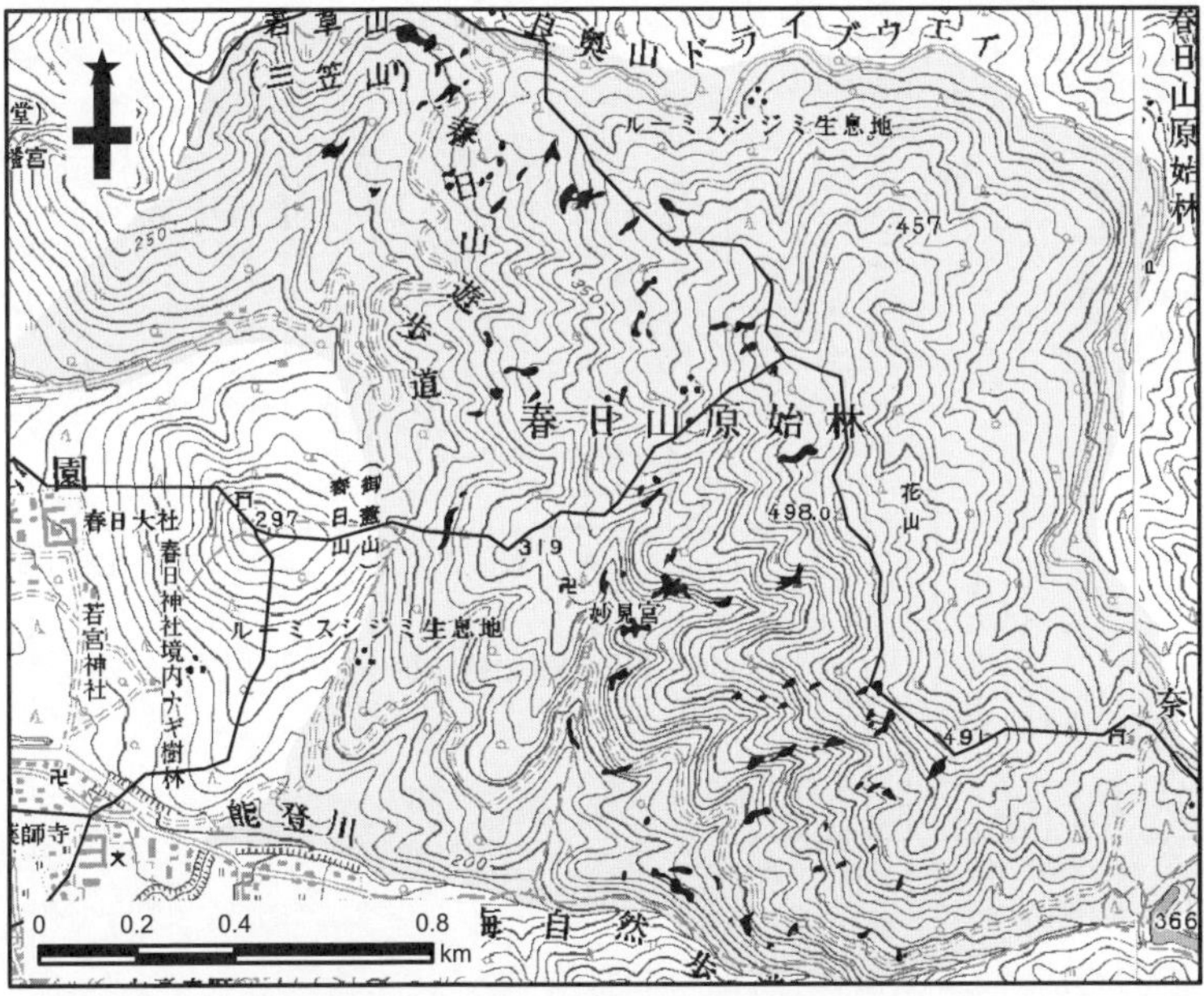

図７　春日山原始林における1998年台風７号による風倒木被害分布
（主に伊藤（2000MS）のデータをもとに作成・注１参照）

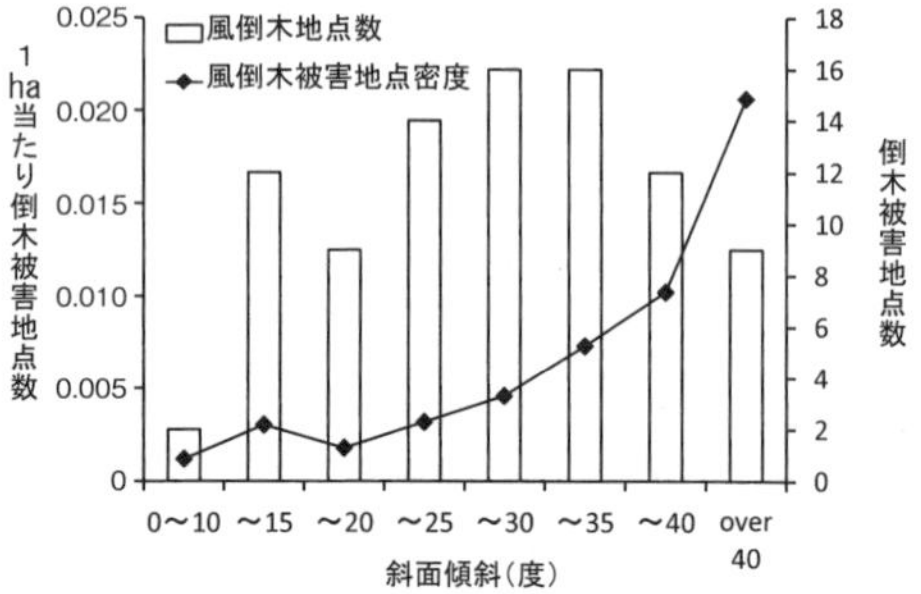

図8　春日山原始林における斜面傾斜別の風倒木被害地点密度

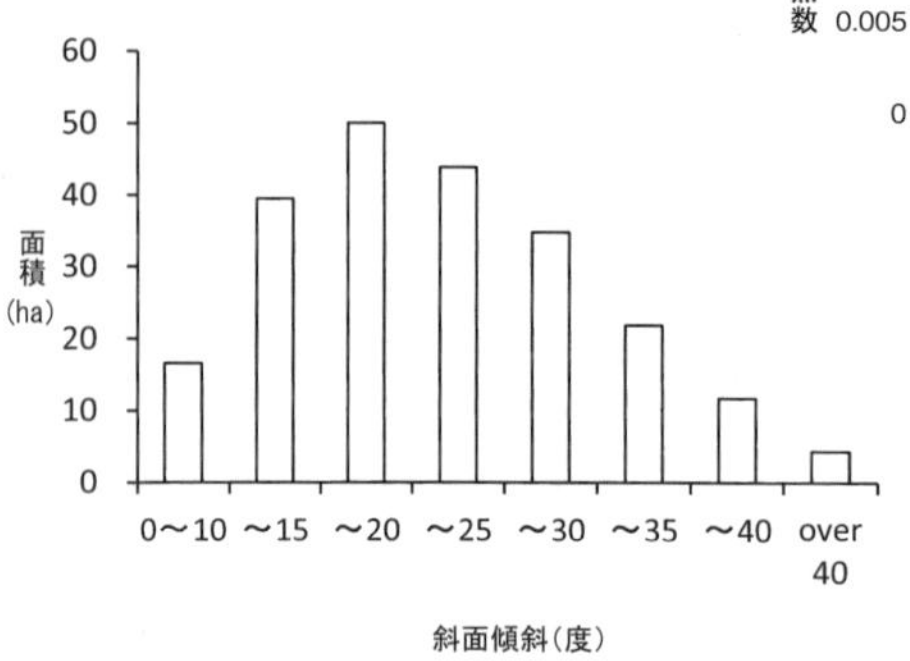

図9　春日山原始林における斜面傾斜分布

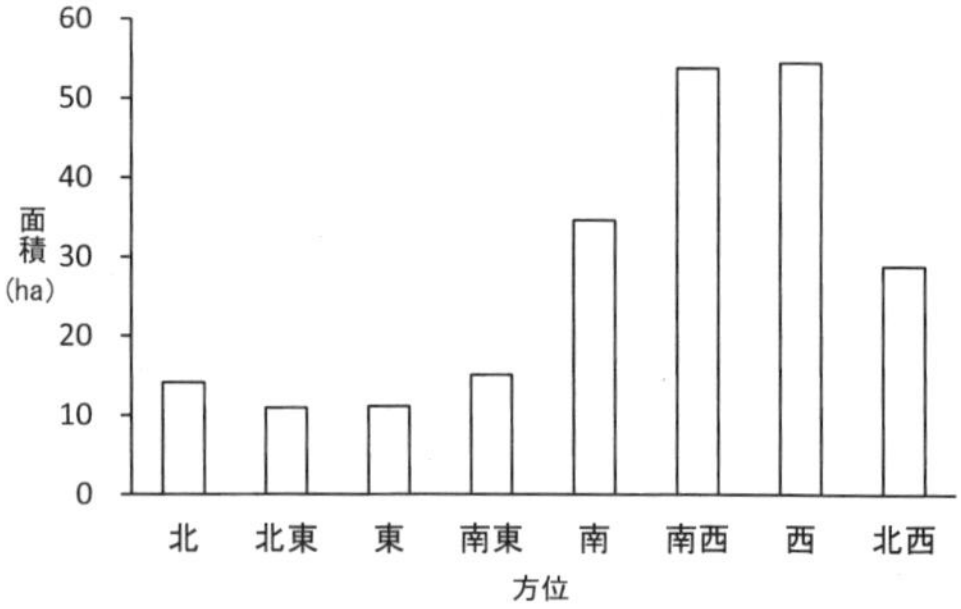

図10　春日山原始林における斜面方位分布

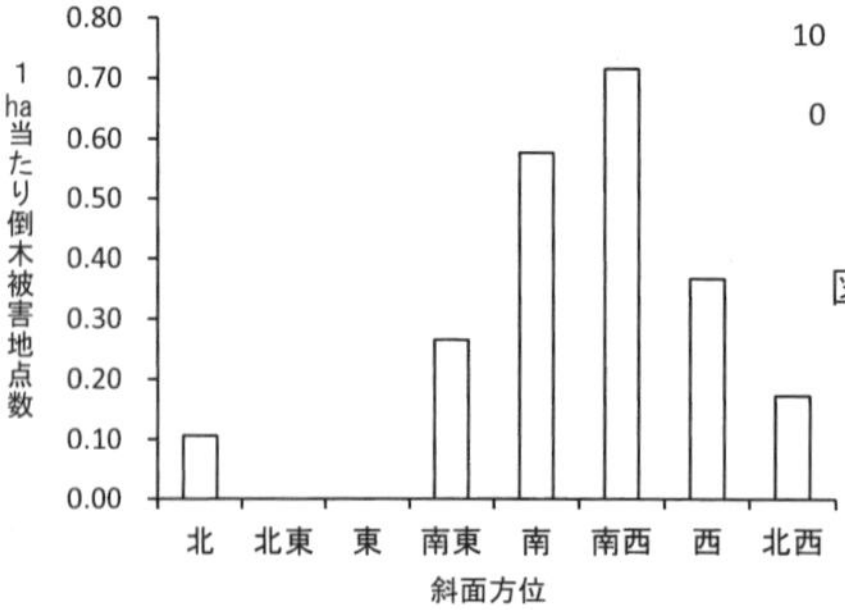

図11　春日山原始林における斜面方位別の風倒木被害地点数密度

図7の分布図から算出。

西寄りの風によってもたらされたことが明らかになっている。

図7は、この台風七号によると思われる、春日山原始林における風倒木発生地点の分布である。同図は、主に、奈良県が一九九五年九月と一九九八年一〇月に撮影したカラー空中写真（縮尺約一五〇〇〇〜一六〇〇〇分の一）を比較することで伊藤[1]が抽出したデータをもとに作成した。[注1]

図7のうち、原始林に指定された領域では傾斜二五〜三五度の斜面で風倒木の発生が多かったが（図8）、領域内の傾斜別面積割合（図9）も考慮し、単位面積当たりの風倒木発生密度でみると、斜面傾斜が急なところほど風倒木が発生しやすかったのが明らかである（図8）。一方、春日山原始林における斜面方位の分布特性（図10）も考慮しつつ、風倒木が発生した斜面方位の単位面積当たり個数密度をみると、南西向き斜面で風倒木が発生しやすかったことが分かる（図11）。先に述べたとおり、台風第七号の最大瞬間風速は西風であったことから、西側の盆地から西側に開いた谷沿いに、谷の伸びる方向にやや方向を変えながら風が吹き込んだとことを反映しているものとみられる。

一九九八年の台風七号は、風速の面からみると、奈良市北部を襲った台風としては最大級のものであったことがわかっている[11]。春日山原始林の遷移・更新・変化には、このようにして発生した風倒木や、降雨による土砂崩れ、樹齢による枯死、人為的な介入など、さまざまな要因が関係しているはずである。今後、森林の変化とかかわる各要因毎の発現形態の特徴を比較検討してゆくことで、少なからず森林全体のダイナミクスの解明にも貢献できるであろう。今後の課題としたい。

〔注〕

1　伊藤（二〇〇〇MS）は、空中写真判読に加え、風倒木の現地調査も行っているが、春日山原始林全域のデータについては、若干の抽出もれが含まれる可能性がある。ただし、全体的な傾向については、ある程度の状況を読み取ることができると考えている。

《春日山原始林の水質は大きく変化してきているのでは？》

約三〇年前、春日山を代表するコジイ原生林流域の水を異なる植生の水と共に調べていたことがある。当時、他の植生の流域に比べ、非常に濃度は高いが、水質組成の安定した流域であった。長い間遷移してこのような安定した水質になったのだと腑に落ちる結果だった。この一、二年前から久しぶりに採水してみて驚いた。電導度が三〇年前より異様に高いのである。そこで、確かめるために、二〇一二年の台風17号来襲時に以前のような大雨流出時連続採水を試みた。

図1は二九年の時を隔てた同時期、同流域での台風来襲時の電導度（λ_{25}）の変化を示したものである。ピーク流出が終わり基底流出に戻った時（一〇月三日）の値は一九八三年の66・8に対し二〇一二年の方は87・0と高く、1・3倍になっている。溶存イオンが、それにほぼ比例して増えていることを考えるとかなりの変化である。

流出水質に影響を与えるのは①温度と②降水量（流量）、③植生による吸収量である。①、②を奈良地方気象台の記録から表1に示す（奈良地方気

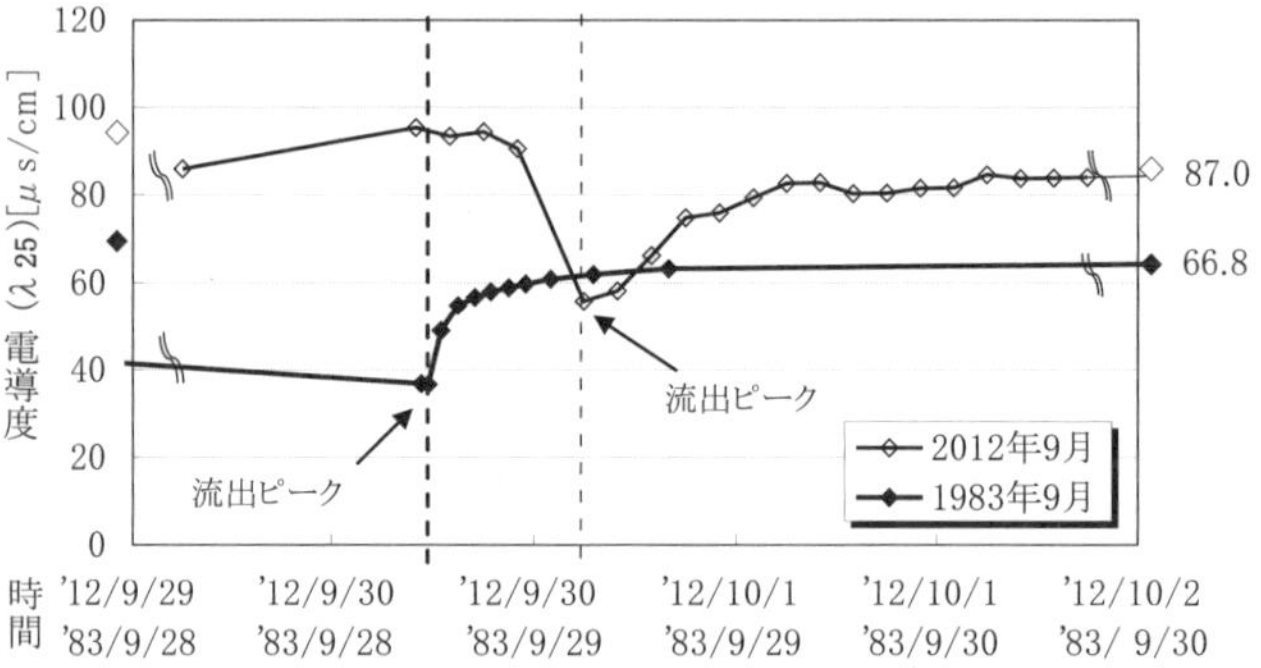

図1　1983年と2012年の台風流出時の原生林流域における電導度（λ_{25}）変化

表1　1983年と2012年の台風の気象データ（奈良地方気象台）

年月	気温	降水量	最大降雨強度
1983年9月	月平均　22.73℃	月間　345.5 mm	14：00
9月28日	日平均　19.9℃	日最大　84.5 mm/日	26.5 mm/hr
2012年9月	月平均　24.06℃	月間　289 mm	16：00
9月30日	日平均　20.0℃	日最大　97.5 mm/日	29.5 mm/hr

象台ホームページ）。九月の平均気温は１・３３℃の少差で、当日の気温は差がない。月間降水量は過去の方が少し多いが、観測日の日最大降水量、最大降雨強度共に差がない。では③の植生による吸収量が変化したのだろうか？

このような変化は基底流出で起こっていたが、採水試料を化学分析すると、大雨流出（直接流出）時の水質組成も大きく変わっていた。約三〇年前には二日間での１２８・５㎜降雨時にも、NO_3^-は ほとんど出ず、流出ピーク付近で陰イオンの最大１％を占めるに過ぎなかった。ところが現在では、１００㎜程の雨で、流出ピーク付近のNO_3^-最高濃度８・２㎎／Ｌ、陰イオンの33・６％も占めるようになった。植生は異なるものの、これは私達が滋賀県朽木のクリ・コナラ二次林流域で皆伐実験を行った伐採初年度の最高濃度８・４㎎／Ｌに匹敵する濃度である（Kusaka et al., 2008）。この三〇年間で、春日山において全木を切ったかのような硝酸濃度の上昇が大雨流出時に見られるようになったことは、非常に衝撃的であった。

二〇〇〇年代（前迫氏調査）には、一九七〇年代（菅沼氏調査）よりシカ食害の植生への影響がさらに進み、林床の植被率減少だけでなく、亜高木、高木などの木本にもかなり及んでいるようである。食べられるものはほぼ食べつくした状態（前迫二〇一〇）なので、相対的に分解が早まり植生による吸収量は減少しているはずである。また、二〇一一年には春日山にもナラ枯れが侵入してきた（藤井俊夫氏私信）。今後原生林流域で渓流水の硝酸化が急速に進むようなら、ナラ枯れも水質変化の一要因となる可能性がある。

今回の水質変化がシカ食害やナラ枯れによる植生劣化によるものか、三〇年以上前から長らく続く酸性降下物汚染によるものか、現時点で結論を出すことはできない。しかし、本来百年以上も変わらぬ非常に安定した生態系であるはずの貴重な原生照葉樹林流域で、このような変化が生じていることは、重く受け止めねばならない。原因解明とともに、可能な対策を模索する必要がある。

（琵琶湖博物館　草加　伸吾）

世界遺産の照葉樹林に広がる外来種

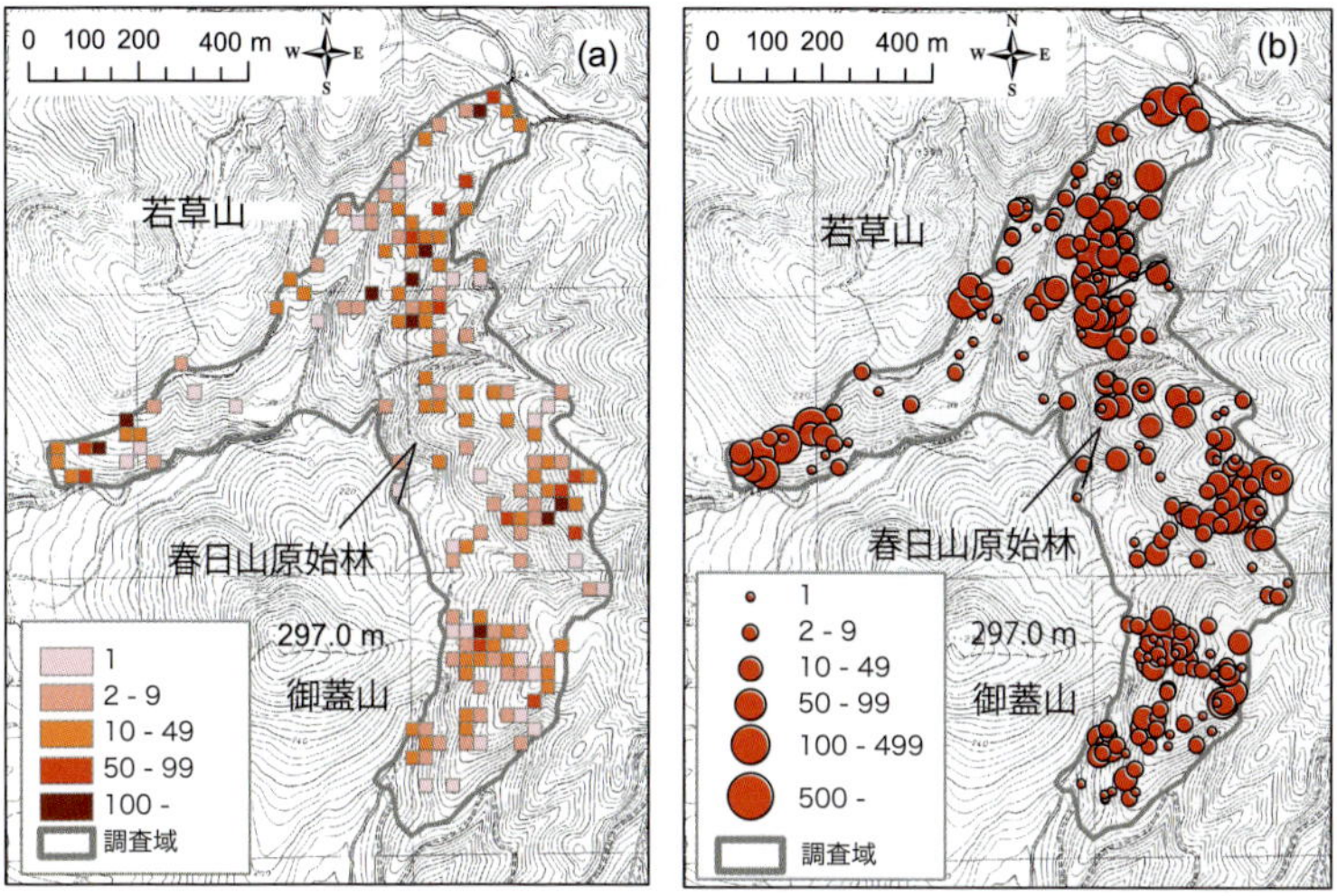

国外外来種ナンキンハゼの照葉樹林への拡散

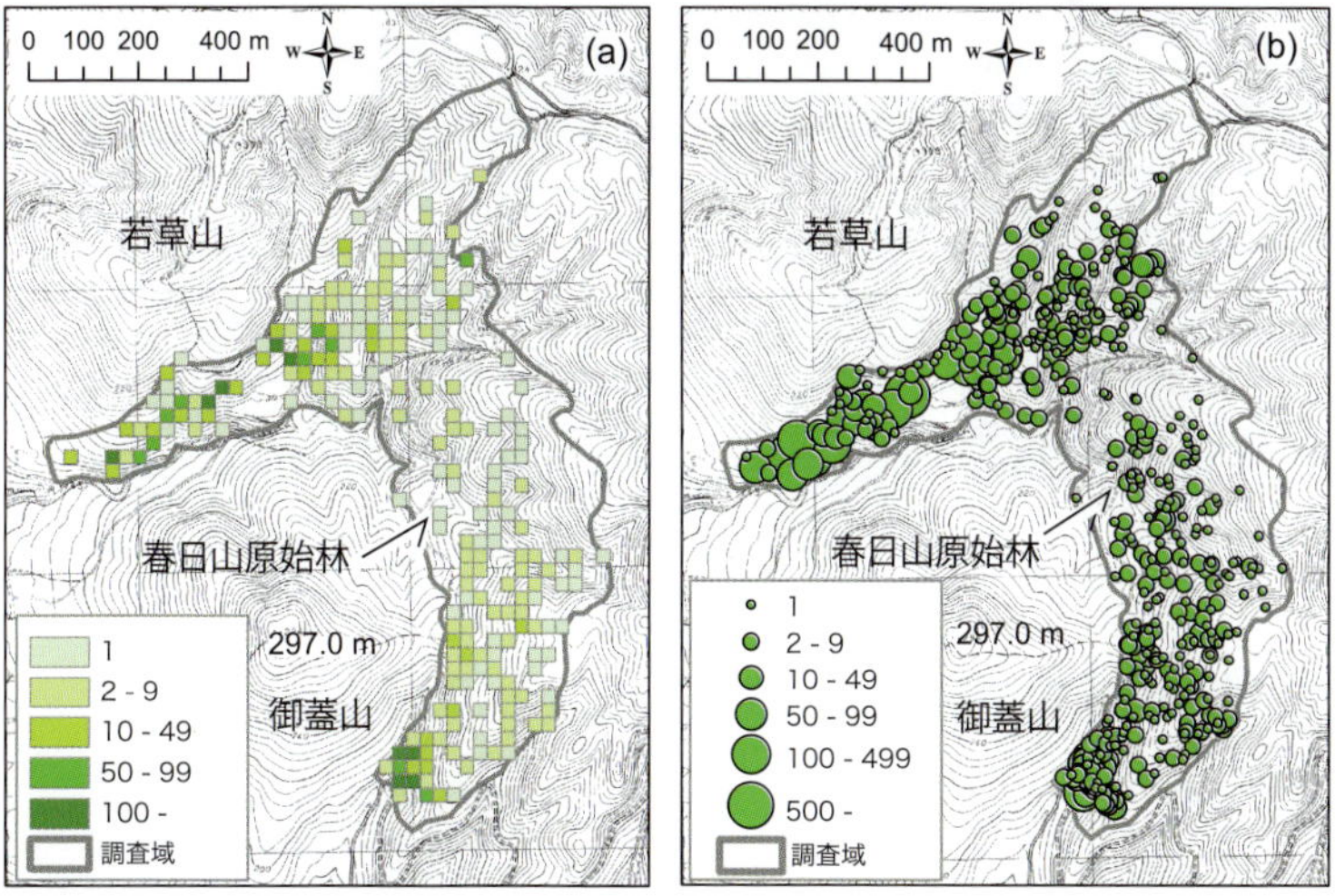

国内外来種ナギの照葉樹林への拡散

春日山原始林域45haを踏査し、GPSで2種の地理的位置と樹木サイズを測定した。サイズ別(a)H<1.3m、色の濃淡は個体数を示す(色の濃淡により、1個体から100個体以上までの5段階で色区分)。(b)はサイズ区分せずに個体数を示した(円の大きさは、1個体から500個体以上の6段階で区分)
Maesako et, al(2007)より転載

春日山照葉樹林の森林構造

春日山原始林に広がる照葉樹林は、近年、明るい。森林内には多数のギャップが広がるが、ギャップは森の多様性を高めるチャンスでもある。しかし下層に広がるのはシイ・カシ類ではなく亜高木性のイヌガシ、アセビ、シキミ、クロバイなどシカが好まない樹木が目立つ。

防鹿柵設置4年6ヶ月が経過したナンキンハゼ防鹿柵内の植生（2012年5月6日）。ウリハダカエデ、カラスザンショウ、イチイガシなどの木本植物や草本植物が順調に生長している

森林ギャップ。立ち枯れによって春日山原始林内に生じたギャップ。下層にはイヌガシやナンキンハゼが生育する。周囲の高木層にはモミ、コジイなどが生育する

防鹿柵内のミヤコアオイ。防鹿柵外でも生長しているが、柵内では順調に生育し、葉が毎年増えている

防鹿柵内のヒメバライチゴ（バラ科、2012年5月6日）。柵外でも開花はみられるが、柵内ではよく開花し、繁茂する

追跡調査のためにカナメモチの実生につけられたナンバーテープ。翌年には大半が土壌浸食などにより流された。植生が乏しい林床の土壌浸食は激しい

防鹿柵内のウラシマソウ（2012年5月6日）。テンナンショウ属のものはあまり採食されないが、柵内では開花サイズが大きい

ナンキンハゼ、ワラビ、イトススキなど、シカが採食しない草本類に囲まれているシカ(若草山山頂)

春日山原始林に隣接する若草山シバ草地で採食するシカ

紀伊半島の地形とシカ

日本のなかでも紀伊半島はシカの影響が激しい地域である。暖温帯のシイ・カシ林のみならず、冷温帯のブナ林やトウヒ林などが大きな影響を受けている。

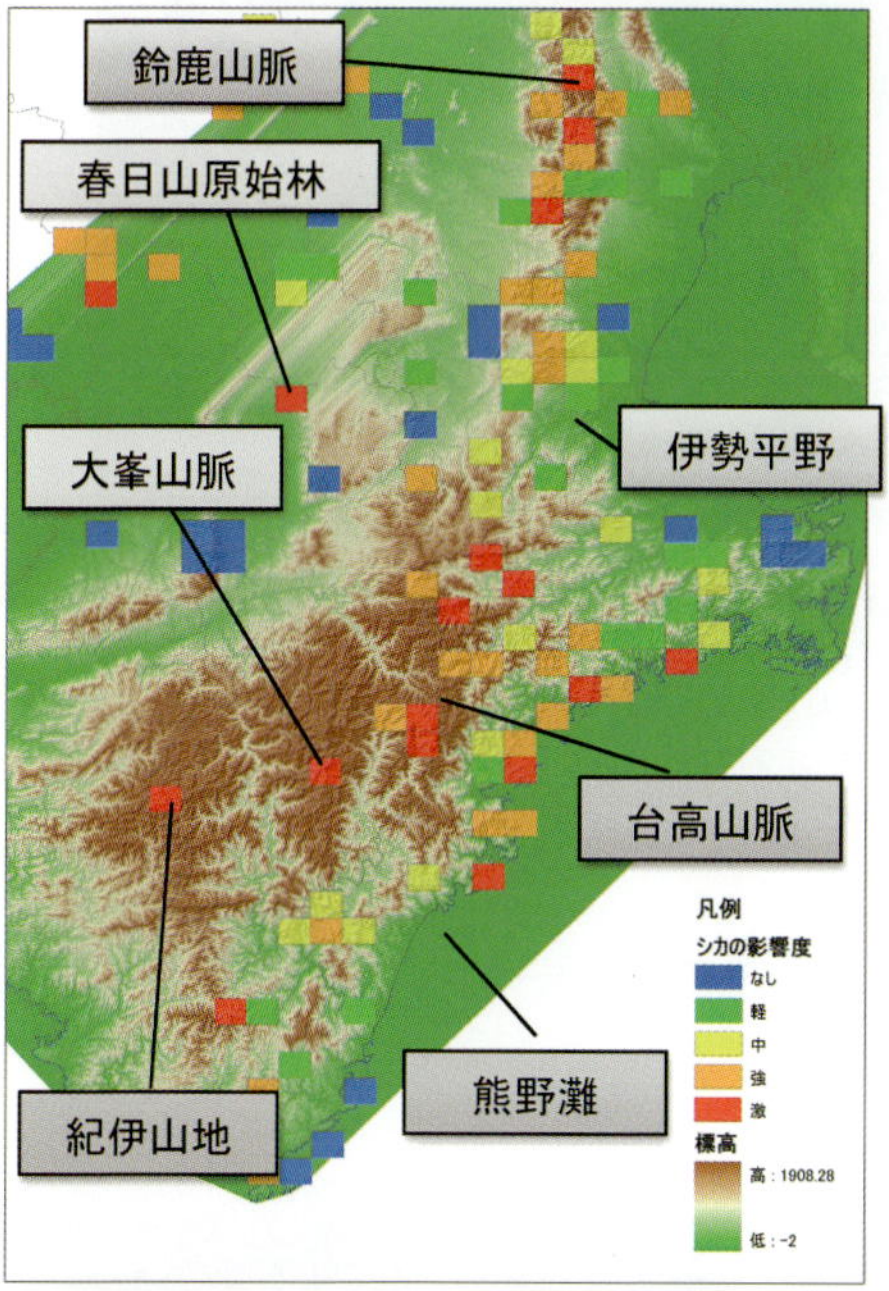

紀伊半島におけるシカの影響と地形
植生学会(2011)の資料をもとに作成

実験防鹿柵内でカットしたナンキンハゼとナギの萌芽。

カット後、萌芽再生するナンキンハゼ（左）とナギ（右）

照葉樹林とシカの生態

ヤブツバキ（上）とクロガネモチ（下）に対する樹皮剥ぎ

積雪時にも森林内を歩くシカ(2008年2月10日)（上）とケンカをするシカ(2008年2月14日)（下）。自動撮影装置には、シカの行動と生態の記録が残されている

都市、森林、草地、そしてシカが生息する景観と生態系は地域固有のものである。

若草山からみた春日山照葉樹林（2008年5月10日）

若草山草地で採食するシカ（2008年5月10日）

Ⅲ　春日山照葉樹林の生態系

第9章
春日山塊の歴史と未来
——林相の攪乱を憂慮する

菅沼《すがぬま》　孝之《たかゆき》

一　はじめに

奈良市の東方には南北に屏風を広げたように山並みがひろがっている。主たる山塊は現在、世界遺産に包含されている「特別天然記念物春日山原始林」が占める春日山である。春日山原始林は山稜の西側の市街地から望める範囲に含まれていて、東側の斜面のほとんどは「花山」と呼ばれており、興福寺がこの花山から南大門造営の樹木を採取、また古くからといっても仏教伝来この方の風習と思うが、東大寺、興福寺が花（樒《シキミ》）を採取する山というところから、花山の名が生まれたという。また、毎年二月に行われている興福寺の薪能は、金堂でその一年間に用いる薪を花山から運び込む会式の神事芸能であるという。この山塊の北側には十国台を中心に世界大戦後、北麓近くに三笠温泉郷が開かれ、これらの山々に包まれるようにして、若草山（三笠山）、その南側に春日御蓋山が並び、背後は春日山原始林に続いている。

春日山の山麓を流れる能登川の南側には高円山《たかまど》が隣接し、柳生十兵衛が通ったという石畳の山道が柳生の里に通じている。春日山・花山の山中を、「奈良奥山ドライブウエイ」が一周しているが、春日山原始林の環境を保全することを目的に、春日山の南側の道路は開放されておらず、車は正倉院の裏手から若草山を経て春日山原始林の一部を通り、「春日山石窟仏」あたりから高円山を経て下山する一方通行の道路を有料で開放している。

奈良市街地東部にひろがる奈良公園の中心は、東大寺、興福寺の二大寺院に、藤原氏を祀る興福寺と、藤原家の氏神である春日神社（現、春日大社）を春日御蓋山山頂に祀り、御社殿はその山麓に祀っている。また、春日山山中にも三社が祀られている。

二　春日山原始林

この一帯の春日山山塊の最高所は標高四九八・〇mで、ほぼ山稜の中心に位置している。主として西側斜面に広がる春日山原始林と呼ばれる山中には、コジイ（ツブラジイ）が高木層から低木層、草本層に優占して生育し、成木は五月の花期ともなると山を黄色に染め、山中のドライブウエイに入ると、クリ（栗）の花ほどではないが、花粉の独特の匂いが、むんむんと漂っている。また、春日大社境内にはナギがほぼ純林を形成していて、ここにも、高木層から草本層にいたるまで、ナギで埋め尽くされているところが御蓋山の山頂近くから、西斜面を飛火野近くまで広がっている。

春日山のコジイの開花の状景をふくめて春日山原始林の一端を、昭和五十六年五月二十三日に昭和天皇、香淳皇后の両陛下に、ナギ林についてはナギの最大木の観察をもふくめて、昭和五十九年十月十二日に、昭

若草山の三重目から見た春日山と御蓋山（右端）

春日山は頂度コジイの開花期で20年前は黄色の染まり方がまだらであり、御蓋山には開花に至るコジイはまだ見られない。

春日山原始林内、妙見堂近くの渓流周辺に咲くクリンソウ（1975年５月）

現在はシカの食害を受け、見られなくなった。

春日山の樹相

1991年秋に撮影した樹林は密生していた。

和天皇に親しくご覧いただけたのは光栄であった。

若草山は三重に重なっているところから、三笠山とも呼ばれているが、往時は「葛尾山」あるいは「九折山」（いずれもツヅラオヤマ）と呼ばれていたという。

正倉院展でお馴染みになった「天平勝宝八歳（七五六）」に、国の直轄寺院であった東大寺の寺域を定めるために作成された「東大寺山堺四至図」（三ページ参照）は大きくつなぎ合わせた麻の布に、山、川、樹木などとともに、大仏殿などの建造物、現在は跡地として残されている東塔、西塔の位置も描かれている。また、山々の稜線が克明に描かれ、主稜線上には樹木が描かれて、その樹形から針葉樹（アカマツか？）と読みとれ、平坦地には潤葉樹と読める樹形が描かれているのは面白い。本図のなかの若草山はすでにこの時代には丸裸であった（大きい樹木は伐採されて生えていない）ようである。さらに金堂（大仏殿）の東北の一画に石切り場のような図形が見られるのも現状の花山の状景に合致している。

三　若草山の山焼きとヒノキ材

さて、これらの山に始めて立ち入ったのは、一九七五年に奈良女子大学（当時は奈良女子高等師範学校）に勤めてからのことであり、環境との関係を研究する生物学の分野として脚光を浴び始めた植物生態学の一分野である植物社会学・植物群落学が発展しつつあった時期でもあり、植生とか植物群落、遷移系列、二次林、極相という言葉が普通に使われ始めたのもこの頃であった。この時期に合わせるようにして、自然保護、環境保全に目を向けるようになり、自然環境の重要性が認識されるようになった。

当時、環境庁（現、環境省）が都道府県内に成立している植物群落を調査した際に、奈良県内の自然植物群落の構造を植生学的に「春日山コジイ群落」「春日神社ナギ群落」などを調査・記録したのが最初である。

若草山については、「東大寺山堺四至図」からの主張か東大寺は若草山の境内地化をはかり、これに対して興福寺は潜在領有権を主張して反発、そこで奈良奉行は若草山を公儀山として登大路村（現在、奈良県庁舎がある地域）に管理させることにしている。元の起こりは農民達が行う山焼きが、社寺に延焼の危険があるため取りやめさせるように一七三八年一二月に奈良奉行に申し入れをしたが、若草山の山焼きは新春の野焼きの慣習ということで、江戸時代後期からは農民が焼くことになり、幕末には正月五日までに焼き、東大寺が火消人夫を出すことになったという。

そこで、現在見る若草山の草地になるまではどのような山容であったかについての記述は今のところ分からない。ただ、言えるのはここにも樹林が広がっていたであろうということである。その樹種はもちろんはっきりしないが、九重塔二塔が、巨大な金堂（大仏殿）とともに、若草山のすぐそばにあること。現、山口県山口市に統合された、徳地町の町史に述べられているように、東大寺、興福寺が平家の焼打ちに遭ったのち、重源上人が建設材であるヒノキの巨樹を周防杣（旧徳地町内）から、長さ一〇丈（約三〇m）、口径五尺四～五寸の材、さらに巨材となると、長さ一三丈、口径二尺三寸の大仏殿棟木も集めたという事実があることなどを考え合わせると、その山容、土質からよく似た矢田丘陵とか馬見丘陵などにもヒノキが自生し、斑鳩の寺院の建材の生産地であったのではないかと想像せざるをえない。木材の細胞膜の成分に山地の特徴を示す成分が残存しておれば、原植生が規定でき、わが国特有のヒノキの優秀材を末長く生産できるのではないかと思っているが……。

話を元に戻して若草山についてはいろいろあったとは思うが、木材の生産には見切りをつけて、シカの餌となる草本を主体とする草地（半自然草地）として維持することに決め、山焼きの日程は現今までに変わってきたが、現在では一月の休日に落ち着いている。ただ、生育する植物は草本とは限らず、また草本であってもシカが好んで食べる植物ではなく、ワラビが増えたり、木本であるコガンピやナンキンハゼが増え過ぎたりで、植生の管理は大変なようである。

四　自然災害と伝染病

肝心の春日山原始林は、屏風のような斜面全体が西向きに突っ立っているので、四国・九州あたりで向きを変え本州を縦断する台風から、少なからず影響を受ける位置にたち、なかでも四国から瀬戸内海を北上すると、まともに春日山にぶつかることになり、過去にも何度も大きい被害がでている。応永十二年（一四〇五）から ほぼ一六八年の間に、七回被害を受けたことが記録されているが、被害の内容は大きいものは六千余株、小さいものは数百株が枯れたと記録されているので、すべてが台風とは断言できないし、枯死した樹木の種類は記録されていない。被害地は重複しているのかについてもこの記録からは判定できない。

近年では昭和九年（一九三四）九月二十一日の第一室戸台風、昭和二十五年（一九五〇）九月三日のジェーン台風、昭和三十六年（一九六一）九月十六日の第二室戸台風によって春日山はいちじるしく損傷されている。特に第二室戸台風での被害は大きく、春日山を中心に九八、〇〇〇本、東大寺・興福寺・春日大社境内林を加えると、一〇〇、〇〇〇本以上が被害を受けたと推定されている。この数値は大きい樹木、小さい樹木を混ぜての被害であるが、胸高直径（林野庁基準で根元から一二〇㎝の箇所の幹の直径）が三〇㎝以上の樹木で被害を受けたものは、奈良県観光課の資料（一九六四）によると、次の通りまとめられている。

アカマツの根返り・幹折れ　　一八六本。

スギ同右　六八九本。
モミ同右　三二六本。
ツガ同右　三三七本。
カシ類同右　四〇三本。
雑木（クロバイ、コジイ・カゴノキ等）同右　二四二本。

春日山の尾根筋に点々と望見されたアカマツは、この時期あたりから目に付かない状態になっている。また、競合する針葉樹やカシ類の激減を期にコジイの個体数が増えて、花期に山腹を真っ黄色に染めるようになった。

一方、豊臣秀吉（一五三七〜九八）が春日山にスギを補植したと伝えられているが、第二室戸台風によって損傷した妙見宮（春日山山中）の裏の尾根のスギの幹の切り口で、年輪三五〇を数えることができたので多分、秀吉、献上のスギではないかと想像される。

また、妙見宮参籠所横のスギの大木は一九六八年に伐り出されたが、樹高四七m、株周り約二m、年輪約七〇〇を数えたというので、このスギは源氏が幕府を開いた頃に芽生えたものであろう。

最近はシカの増加、ムクドリなどによるナンキンハゼの種子の散布が目立ち、林相が攪乱されているのが目立っているのは憂慮すべきことであろう。さらに見逃せないのは、カシノナガキクイムシというごく小さい甲虫による被害で、六月ごろに飛来した雄の成虫が、クヌギ・コナラ・アベマキ・ナラガシワといった落葉性の二次林構成種、コジイ・スダジイといった常緑のシイ類、アラカシ・シラカシ・ウラジロガシ・ツクバネガシなどの常緑のカシ類の樹皮を食い破って侵入し、樹幹の内部に坑道を縦横に掘り進めて準備する。雌をフェロモンで呼び寄せ、雌は坑道の内部をさらに掘り進み、その中でキノコを栽培し、産卵する頃には樹幹の通道組織は破壊されて、寄生された樹木は真夏の候に枯損する。

この現象はどうも樹幹の組織が柔らかい種類が狙われるようで、暖温帯の低平地の極相林と考えるイチイガシは現在のところ被害にあった樹木は全国的に見ても少ないようで、これに反して、シイ類は被害数が多いようである。樹幹の硬さが関係するのか、あるいは樹幹の大きさに関係があるのかは分からないが、坑道を掘り進むにあって固い木質より、柔らかい木質の方が掘るのも、幼虫の餌になるキノコの栽培もうまく進行するはずである。

寄生された樹木は、真夏には枯死して時ならぬ紅葉現象を展開することとなり、次の年度には新たに枯死を広げないようにし、完全にくい止める必要がある伝染病である。

＊本文を誌すにあたり、『奈良公園史』（奈良公園史編集委員会編・奈良県一九八二刊）を参考にした。

第10章 ニホンジカをめぐる照葉樹林の動態

前迫　ゆり

一　はじめに

自然環境とニホンジカとの葛藤が顕在化して久しいが、日本におけるニホンジカ増大の背景には、温暖化といった気候要因、狩猟圧の減少や人間の生活様式の変容といった社会的要因が複合的に関連していることが指摘されている(1・2)。高密度状態の植食性動物ニホンジカによる採食や樹皮剝ぎは生態系に大きな影響を与え、「生物多様性の喪失」を招く。それは、生態系（生物多様性）から人間が受けているさまざまな恵みである「生態系サービス」の著しい低下にもつながる。

古都奈良のシカは野生動物であると同時に文化を背負った特別な存在でもあるが、未来にわたって「奈良のシカ」と「春日山原始林」が共生できるのか、あるいは崩壊の歴史を辿るのか、今、選択の岐路に立っている。本章では春日山原始林の生態調査を紹介しながら、春日山原始林の危機的側面と森林保護・保全について考えたい。

二　照葉樹林における外来樹木の拡散

春日山原始林は明治期に奈良公園の整備・管理費捻出のために、花山の一部が伐採され、スギやマツが植栽された。そのため照葉樹林は分断されたが、多様な生物相を擁することを事由として一九二四年に天然記念物に、一九五六年に特別天然記念物に指定された。一九九八年には春日大社、東大寺、興福寺といった寺社とともに文化的景観をなすことから、ユネスコ世界文化遺産に登録された。しかし近年、春日山照葉樹林（春日山原始林に成立する照葉樹林を本章では春日山照葉樹林とする）は、二種の外来樹木が拡大するという危機を抱えている(3・4)。

ナンキンハゼとシカ

奈良公園の秋をいち早く彩るのはナンキンハゼの鮮やかな紅葉である（C3）。草地が広がる若草山にもいつの間にか、ナンキンハゼが広がっている。明るい場所で発芽するナンキンハゼの種子特性と若草山の明るい草地条件が合致しているためである（C6・9）。奈良公園や若草山山頂付近のシカを観察していると、シカはシバだけでなく、落ち葉も食べている（リター食いは食糧不足の末期症状とされる）（C8）。良好な餌場であるはずの若草山においてさえナンキンハゼ、コガンピ、イワヒメワラビといった不嗜好植物が広がっている。餌不足に陥っている現代は、シカにとっても受難の時代である（C6）。

昭和初期に奈良公園の植栽樹木として導入されたナンキンハゼは、中国原産の国外外来種であるが、近年、日本の河川植生などにも広がっている。ナンキンハゼは蠟質の白い果実をつける鳥散布型の落葉広葉樹であり、明るい光条件下で発芽する。さらに萌芽能力が高いため、一度伐採しても、またシュートがでてくる。ナンキンハゼ除去のためには、毎年繰り返して除伐する必要がある。

ナギとシカ

ナギは山口県山口市小郡岩屋のナギが自生地北限として天然記念物に指定されており、中国・四国地方以西に分布する。春日山原始林に拡散しているナギは暗い場所でも発芽、生長する耐陰性が高い常緑針葉樹である（C６）。褐色の種子は重力散布型と考えられていたが、春になると季節風とともに、種子が遠くに散布されることが指摘されており、風散布でも分布を広げる[5]。

ナギは八〇〇年代に春日大社に献木されたことが記されており、春日大社境内の御蓋山のナギ群落は一九二三年に「稀有の森林植物相」に相当することから天然記念物に指定された。分布上、ナギは国内外来種であるが、シカ同様、文化的背景をもつナギの拡散と森林管理は難しい課題である。御蓋山のナギの生活史と生態については本書第11章に詳しいので、ここでの詳述は避ける。

ナギとナンキンハゼは生態的特性や奈良公園への導入経緯もまったく異なる（表１）が、シカが食べないという共通点をもつことから、春日山照葉樹林への侵入と拡散を続けている。

表１　外来種ナギとナンキンハゼの生態特性

	ナギ	ナンキンハゼ
侵入時期	800年代	1920年代
自生地	西南日本、琉球、台湾、中国	中国南部
生活形	高木	亜高木
性表現	雌雄異株	雌雄同株
繁殖開始齢	遅い	速い
花粉媒介様式	風媒	虫媒
種子散布様式	重力散布	鳥散布
埋土種子	なし	あり
初期成長	遅い	速い
萌芽生産	低い	高い
耐陰性	高い	低い

春日山原始林における外来種二種の分布拡大

照葉樹林域へのナンキンハゼとナギの侵入と拡散を定量的に把握するために、二〇〇四年から約二年をかけて約四五haを踏査し、GPS（Grobal Positioning System 全地球測位システム）を使ってこれら二種の分布を把握した。ナギとナンキンハゼは、実生から成木までの個体群を形成し、照葉樹林内で種子生産と散布

春日山照葉樹林のコジイ林内で成長するナギ（矢印）（左）と明るいギャップ林冠下で生育するナンキンハゼ（右）

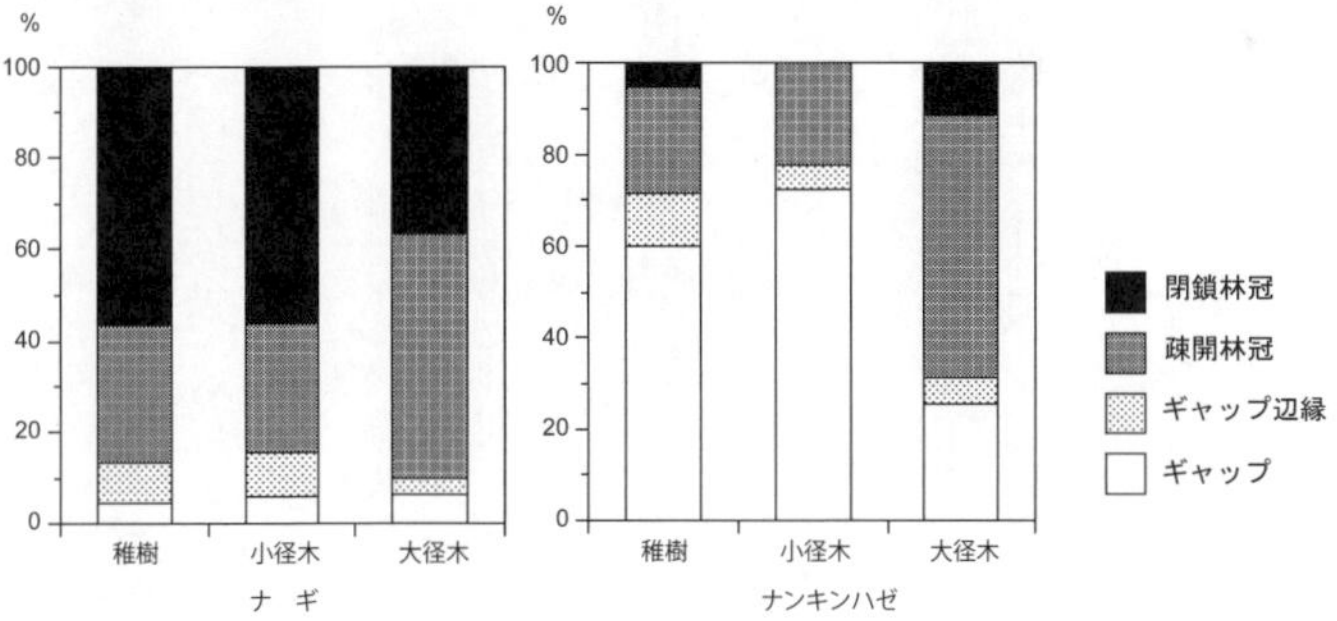

図1　外来樹木ナギとナンキンハゼの林冠比較。春日山原始林内45ヘクタールを対象にナギとナンキンハゼを稚樹（H<1.3 m）、小径木（DBH<10 cm）、大径木（DBH≥10 cm）に分けて林冠条件を調査した。ナギは閉鎖林冠と疎開林冠に生育し、ナンキンハゼはギャップに生育する傾向にあり、これら2種の林冠条件は異なる。ナンキンハゼの大径木は疎開林冠を形成していた。

を繰り返している[6]（C17）。

ナンキンハゼは、その生態的特性から、閉鎖林冠ではなく、ギャップや疎開林冠のような明るい林床下に侵入している（図1）。一方、ナギは耐陰性が高いため閉鎖林冠でも侵入・定着し、確実にナギ群落のパッチを形成している（図1）。

二〇〇六年までフィールド調査は続けて行い、約一二〇haの外来種拡散を把握した。その結果、ナンキンハゼは、最初に植栽された奈良公園のシードソース（種子源）から東に約一・五kmの照葉樹林内、またナギについても御蓋山の天然記念物エリアから東に約一・五kmの照葉樹林内まで拡散していた（前迫ほか未発表）。菅沼は一九七〇年代にナンキンハゼとナギが春日山原始林に侵入していることに対して森林保護の視点から警鐘を鳴らしているが[7]、その警鐘から約四〇年を経過した現在、二種の外来種が着実に照葉樹林に拡散していることが明らかになった。

春日山原始林においてはギャップや疎開林冠といった明るい森林内には、クロバイ、ウリハダカエデ、カラスザンショウといった在来種のパイオニア種が定着する[8]。しかし、高密度でシカ個体群が生息する現状では、シカが摂食しないナギとナンキンハゼが侵入、定着し、植物群落を形成していると考えられる。

ナンキンハゼは個体としての寿命は短いが、種子を多く生産し、それを鳥が散布する。散布された種子は発芽し、実生、稚樹として生長するが、シカはナンキンハゼを食べないために、ナンキンハゼ群落は短時間で成立する。一方、ナギは、個体としての寿命が長く、暗い森林条件であっても生育するために、純群落に近いナギ群落を形成する。シカ個体群の高密度状態が続く限り、この二種の外来種は拡散を続け、今後、照葉樹林は大きく変化していくだろう。照葉樹林に外来樹木が長い時間をかけて侵入・拡散し、森林群落を形成している事例は世界でも類がない。

シイ・カシ類の常緑広葉樹が林冠閉鎖することにより、パイオニア種のナンキンハゼは姿を消すことになるが、シカの摂食圧が高い現状では、ギャップが広がっていることからナンキンハゼ群落は世代を繰り返す。一方、ナギは耐陰性が高いこともあり、高木層に達すると、その下にはナギしか生長できず、純群落に近いナギ群落を形成している。御蓋山の天然記念物ナギ群落は文化財としての価値をもち、学術的にも興味深い植物群落である。しかし、春日山原始林に成立していた照葉樹林が長い時間をかけてナギ針葉樹林に置き換わっている現状は、今後も照葉樹林内にナギ林が拡大することを示唆している。カシ・シイ類以上の寿命を持つナギの拡散は、照葉樹林の脅威といえる。

三　春日山照葉樹林のギャップと植生動態

春日山照葉樹林にはコジイ―カナメモチ群集に位置づけられるシイ林が広がっているが、[9] 群落レベルでは前章で紹介したように立地に応じて、イチイガシ群落、アカガシ群落、ツクバネガシ群落などが広がっている。森林は台風や強風などの自然攪乱によって、倒木などによるギャップが生じる（C18）。森林に生じるギャップは、森林の多様性を増大させるチャンスであり、森林更新のはじまりでもある。しかし、春日山照葉樹林では森林ギャップ形成後、森林をつくるつぎの世代の植物（後継樹となるべきシイ・カシ類）が育っていないために、森林更新が進まないという問題を抱えている。

この森林は年々明るくなっているのではないか。このことを検証するために、一九六一年から二〇〇三年までの空中写真からギャップを判読し、森林ギャップと植生動態の関係を調べた。

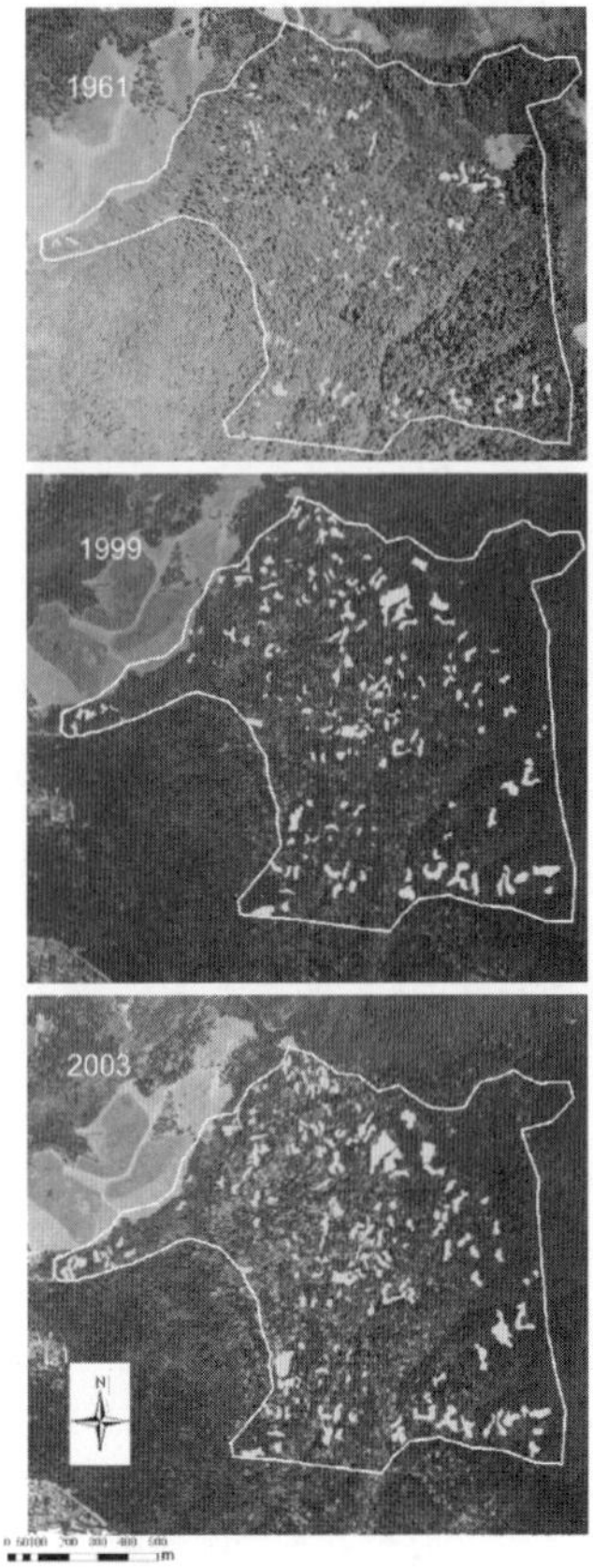

図2　空中写真解析による春日山原始林域のギャップ変遷。上から順に一九六一年、一九九九年、二〇〇三年（国土地理院発行の空中写真をオルソ化してギャップを判読した。前迫、二〇一〇より転載）。

空中写真によるギャップ判読とGIS解析

一九六一年から二〇〇三年までの空中写真を用いて、特別天然記念物エリアのギャップを判読した。ＧＩＳソフトウェアを使ってギャップの個数および面積を算出し、およそ五〇㎡以上のギャップを拾い上げて図に示した（図2）。その結果、約四〇年間にギャップは一二五から一六六個に、ギャップ面積は約二・九倍に増加していた（表2）。

一九六一年には一〇〇㎡以下の小面積ギャップが多かったのに対して、二〇〇三年には四〇〇㎡〜九〇〇㎡の中面積ギャップの個数が増大していた。空中写真判読から、春日山照葉樹林におけるギャップ面積がこの数十年間で増大していることが明らかとなった(9)。

表2　春日山原始林のギャップ面積。1961年、1999年、2003年の空中写真から判読したギャップの個数と面積の変化

ギャップサイズ	1961年		1999年		2003年	
（m^2）	個数	合計面積（m^2）	個数	合計面積（m^2）	個数	合計面積（m^2）
100	22	1369.21	9	762.92	5	419.65
−400	79	16499.75	72	17371.23	61	15472.26
−900	15	9608.51	58	33533.86	66	38296.03
−1600	9	10754.09	14	15718.12	23	28000.39
−2500	0	0.00	9	17530.23	7	14098.43
−3600	0	0.00	1	3102.68	3	9383.21
−4900	0	0.00	1	4529.96	1	4848.09
合計	125	38231.56	164	92549.00	166	110518.05
平均		308.10		617.43		665.77
%		2.87		6.94		8.29
比率（1961年/当年）	1.00	1.00	1.31	2.42	1.33	2.89

気温と森林群集の変化

春日山原始林に負荷を与えているのは、シカだけではない。たとえば、春日山原始林域に成立する照葉樹林の面積は三〇〇haにも満たないが、世界自然遺産白神山地のブナ林一三〇、〇〇〇ha（世界自然遺産地域はそのうち一七、〇〇〇ha）であり、その面積はわずか1／400にすぎない。

奈良市気象台（標高一〇〇m）のデータをもとに、標高二〇〇mに補正した気温を用いて、暖かさの指数（5℃以上の月平均気温の差を積算した値、Warmth Index 85-180では照葉樹林が成立する。）を算出した[10]。六〇年前の一九五四年から一九六三年までの一〇年間の暖かさの指数（℃・月）は一〇九・五であるのに対して、四〇年前は一〇九・一（一九七四－一九八三）、二〇年前は一一五・六（一九九二－二〇〇一）、この一〇年では一一六・六（二〇一一－二〇〇二）と数値は漸増している。照葉樹林の成立範囲（WI. 85～180）であることに違いはないが、奈良市でも温暖化の傾向が顕著である。とくに二月の平均気温は六〇年前（一九五四－一九八三）では平均三・五℃（標高二〇〇m）であるのに対して、この一〇年間（二〇一一－二〇〇二）では四・五℃、驚いたことに一℃も上昇している。この温暖化傾向は植物の分布にも、また冬季のシカの餌にも影響しているはずである。

森林の動きは、たとえば森林回転率一八〇年という時間のなかでとらえることができるが、この数十年の間にも刻々と森林は変化している。たとえば、一九六〇年代に調査されたコジイ林[11]一四調査区の植生調査資料と一九九九年－二〇〇〇年に調査したコジイ林を比較すると、低木層と草本層の種数はそれぞれ有意に減少していた[9]。

植生を比較すると、一九六〇年代当時と比べてイヌガシ、アセビ、カナメモチ、リンボク、ベニシダ、テイカカズラ、カゴノキ、モチノキ、モミ、ウラジロガシ、クロガネモチ、イズセンリョウ、ヤブツバキ、シロバイ、アラカシといったヤブツバキクラス標徴種を含んでいる点は共通している。クロバイ、サカキ、カ

表3　春日山原始林のカナメモチ－コジイ群集。1999年（前迫、2010）の植生から作成した組成表。1964年（菅沼、1964）の植生資料と比較して、減少傾向を示した種と増加傾向の種を示した。

通し番号	1	2	3	4	5	6	7	8	9	10	11	12	13	14
標高（m）	250	250	315	350	325	310	300	315	275	300	335	400	310	335
高木層の高さ（m）	20	18	17	26	20	20	20	20	23	18	24	20	18	20
高木層の植被率（%）	95	95	90	90	80	90	95	95	95	80	90	95	92	95
高木層の最大直径（cm）	84.4	71.7	108.3	69.4	51.6	98.1	53.2	55.0	75.0	68.5	47.1	49.0	52.5	36.0
亜高木層の高さ（m）	8	9	10	9	10	12	12	10	10	10	10	13	10	12
亜高木層の植被率（%）	25	20	50	20	50	25	30	20	25	60	30	30	50	40
低木層高さ（m）	2	2	3	2.5	3	3	2.5	2.5	2.5	2.5	3	2.5	2.5	2.5
低木層の植被率（%）	15	15	8	20	20	2.5	20	10	8	8	10	8	3	20
草本層の高さ（m）	0.7	0.9	0.5	0.5	0.3	0.5	0.6	0.7	0.6	0.5	0.4	0.4	0.6	0.4
草本層の植被率（%）	20	15	3	3	2	3	2	5	5	3	5	2	1	1
出現種数	22	21	31	38	25	22	16	19	31	23	26	14	13	17
カナメモチ－コジイ群集標徴種および区分種														
コジイ	5·5	5·5	4·4	5·5	4·4	2·3	3·3	5·5	5·5	3·3	2·2	4·4	3·3	5·5
クロバイ	·	+	1·2	1·2	2·3	2·3	2·3	+·2	2·3	+	+	·	1·2	·
サカキ	·	1·2	2·3	1·2	2·3	·	1·2	1·2	1·2	3·3	1·2	3·3	2·3	2·3
カナメモチ	1·2	·	·	·	·	·	·	·	·	·	·	·	·	·
アセビ	2·3	·	+	+·2	+	2·3	·	·	+·2	·	·	·	+	+
シャシャンボ	·	·	·	·	·	·	·	·	·	·	·	+	·	·
ヤブツバキクラス標徴種														
減少傾向の種														
ベニシダ	·	·	+	·	+	+	·	+	+	·	+	·	·	+
キッコウハグマ	·	·	·	·	·	·	·	·	+	·	·	·	·	·
アラカシ	·	·	·	·	+	·	·	·	+	·	·	·	+	+
ヒイラギ	·	·	·	+	+	·	·	+	·	+	·	·	·	·
モチノキ	·	·	·	·	·	·	·	·	·	+	·	·	·	·
ヤブツバキ	·	·	·	+	+	·	·	·	·	·	·	+	·	·
大きな変動がない種														
ヒサカキ	+·2	2·3	·	1·2	+·2	+	2·3	1·2	2·3	1·2	·	·	2·3	2·3
イヌガシ	2·3	2·3	1·2	1·2	·	2·3	1·2	1·2	1·2	1·2	1·2	+·2	1·2	1·2
シキミ	2·3	1·2	+·2	1·2	1·2	1·2	+	1·2	+·2	1·2	+	·	+·2	+·2
モミ	2·3	+	+	+	·	2·3	2·3	·	2·3	+	1·2	+·2	2·3	·
ツクバネガシ	4·4	·	·	1·2	2·3	3·3	3·3	2·3	·	3·3	1·2	+·2	·	2·3
ウラジロガシ	·	·	·	1·2	1·2	·	·	·	·	1·2	3·3	1·1	1·2	·
テイカカズラ	·	+	+	+	+·2	+	·	·	+	+	·	·	·	·
リンボク	·	1·2	·	·	+	·	·	+	+	+·2	·	·	·	+
ツガ	·	·	·	·	+·2	·	·	·	2·3	·	·	1·2	·	+
シロダモ	+	·	+	·	·	·	·	·	·	·	+	·	·	·
サネカズラ	+	·	·	·	·	·	·	·	·	·	·	·	·	·
クロガネモチ	·	+	·	·	·	·	·	·	·	·	·	·	·	·
カゴノキ	·	·	·	·	·	·	·	·	+	1·1	·	+	·	·
ヤマモモ	·	·	·	·	·	+	·	·	·	·	·	·	·	·
シロバイ	·	·	·	·	·	·	·	·	+·2	·	·	·	·	·
アカガシ	·	·	·	·	·	·	·	·	·	·	·	+	·	·
ホソバカナワラビ	·	·	·	·	·	·	·	·	·	·	·	·	·	+
外来種（シカの不嗜好植物）：増加傾向の種														
ナギ	+·2	+·2	·	+	·	+	·	+	+	·	·	·	·	·
ナンキンハゼ	+	+	+·2	+·2	+	+	·	·	+	·	·	·	·	·
随伴種														
減少傾向の種														
イズセンリョウ	·	1·2	+	+·2	·	·	·	+	1·2	·	+	·	·	+
シハイスミレ	+	·	·	·	·	·	·	·	·	·	+	·	·	·
ナキリスゲ	·	·	·	·	·	·	·	·	+	·	·	·	·	·
オオバチドメ	·	·	+	+	·	·	·	·	·	·	·	·	·	·
アカシデ	·	·	·	+	·	·	·	·	·	·	·	·	·	·
増加傾向の種														
ウドカズラ	+·2	·	+	+	+	+	+	+	+	·	·	·	·	·
アカメガシワ	+	+	·	+	+	·	·	·	·	+	+	·	·	·
ウリハダカエデ	+	·	+	·	·	·	·	+	+	·	·	·	·	·
スギ	·	+	+	1·1	·	+	+	+	·	+	·	1·2	2·3	1·2

そのほかの随伴種：マメヅタ、ツタ、ノキシノブ、コバノイシカグマ、カヤ、ムベ、カラスザンショウ、ソヨゴ、ノブドウ、ヤマザクラ、イチヤクソウ、カスミザクラ、ヤブムラサキ、アケビ、ムクロジ、イヌシデ、タラノキ、エゴノキ、アオツヅラフジ、クスノキ、サルトリイバラ、コミヤマスミレ、ハリガネワラビ、サンカクヅル、カナクギノキ、アサダ、ナワシログミ、ノササゲ、クマノミズキ、ヤマイバラ、ツルウメモドキ、マツカゼソウ、クマイチゴ、ヤマハゼ、タカノツメ、コシダ、ジャケツイバラなど

ナメモチ、アセビ、シャシャンボを群集の標徴種および区分種として植物社会学的には、コジイ—カナメモチ群集に位置づけられる。しかしカナメモチ、ヒイラギ、キッコウハグマといった種の出現頻度が低くなり、ツルリンドウ、チャルメルソウ、ホナガタツナミ、ナライシダ、タチシノブといった林床性植物が消失するなど、四〇年前に比べて林床植生の多様性は減少している（表3）。

一九八六年に春日山原始林に設定された環境省の特定植物群落永久コドラートにおける森林構造について、二〇〇三年に現地調査を実施したところ、一七年間に林冠優占種であるコジイの稚樹の定着がみられず、陽樹のクロバイが下層を構成していることが示された。[12] 一八〇年という森林回転率を考えると、今後、コジイ林が安定的に維持更新される可能性がまったくないとはいえない。しかし、シカの個体密度が現状と変わることなく、高い状態で推移するならば、照葉樹林として構造的に不安定で、生物多様性の劣化が進行すると考えられる。

ギャップに成立するナンキンハゼ群落

春日山照葉樹林のギャップ植生は、ナンキンハゼ、アカメガシワ、クロバイ、ウリハダカエデ、カラスザンショウ、タラノキといった陽生木本を特徴的に含むことから、コジイ—ナンキンハゼ群落に区分される。[9] この群落はヤブツバキクラス標徴種および区分種のイヌガシ、アセビ、モミ、ウラジロガシなどを含んでおり、種数は一七種から四三種であり、カナメモチ—コジイ群集に比べて多い。シカの摂食圧が低減すれば、この群落はコジイ—カナメモチ群集に遷移する。

ギャップと植生動態

森林更新および種多様性の維持機構において、台風や強風などの一時的自然撹乱によって生じた森林ギャップは森林更新過程や生物多様性維持のメカニズムにおいて重要な役割を果たす(11)。森林の発達と林冠との関係性をとらえるために、魚眼レンズを使って全天空写真を撮影した。ツクバネガシ、イチイガシ、コジイが混生している閉鎖林冠の写真(中央)をみると、ひじょうにバランスがとれた林冠状態であることがわかる。全天空写真から算出した開空率は五・七%であった。一方、ギャップ林冠は空が見える状態となり、開空率は一〇・三%、ナギが侵入したコジイ林では開空率は〇・九%ときわめて低い値であった。このことは、ナギもナンキンハゼも侵入していない森林の林冠状態のバランスの良さを示す一方、ナギが侵入することによって暗い森林となり、他の植物の生長を妨げていることを示唆する。

今回解析した一九六一年から二〇〇三年までの四二年間の空中写真判読によって、ギャップ面積は顕著な増大傾向を示した。ギャップ数が多くなっただけでなく、ひとつのギャップ面積が大きくなっていることも明らかにされた。これは、森林が更新プロセスをたどらずに、ギャップをさらに拡大させていることを示唆する。

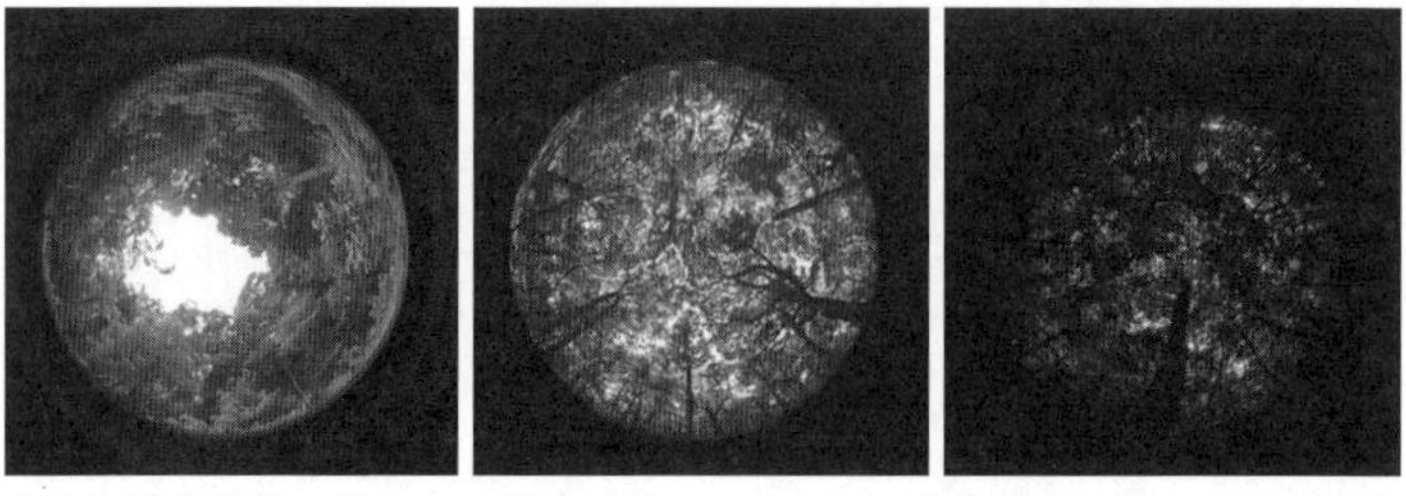

春日山照葉樹林のギャップ林冠(左)、シイ・カシ閉鎖林冠(中)、ナギ閉鎖林冠(右)の全天空写真

四　防鹿柵による多様性回復は可能か

奈良のシカの野生動物保護管理計画という難しい命題が解決する日は、今のところ遠いようである。森林が壊滅状態になることを避けたいという思いから、春日山照葉樹林に防鹿柵フィールド実験区を設置した(C7)。「外来種が生育している環境と生育していない環境、シカがいる環境といない環境」を組み合わせて四パターンを作り出すことによって、外来種とシカと多様性との関係を明らかにし、行政を後押ししたいと考えたからでもある。

現在、設置後、五年目を迎える。防鹿柵によって、あるいは外来樹木除去によって森林の生物多様性を取り戻すことはできたのだろうか?

防鹿柵フィールド実験区の設置

二〇〇七年秋、春日山原始林に二五㎡〜四〇〇

図3　2007年に設置した防鹿柵実験区のデザイン。シカ防鹿柵の有無、外来樹木のカット・非カット区を設置し、モニタリング調査を行った。この結果の一部を図4-2に示す。

春日山照葉樹林に実験防鹿柵を設置
(2007年9月27日) 奈良市森林組合の協力を得て実施

㎡の防鹿柵を七カ所に設置した。防鹿柵の一つの設置サイズは二〇m×二〇mまたは五m×五mと大きくない（図3）。「外来種ナギ（またはナンキンハゼ）が生育するエリア、生育しないエリア」、「シカが入るエリア、入らないエリア」という条件を組み合わせて四パターンの防鹿─外来種─多様性回復フィールド実験を行い、シカを排除することによる効果と外来樹木伐採の効果を実験的に明らかにするものである（二〇〇七年度日本学術振興会科学研究費補助金によって実施）。外来種がいない環境は、もともと生育していた植物をカットすることにより作り出したが、毎年、ナギやナンキンハゼのシュートが伸びてきた（C19）。

二〇〇七年に設置した防鹿柵はワイヤー二本どりのネットであったにもかかわらず、シカに食いちぎられて一度、柵内に入られた。その後、ネットの網目サイズが小さいものを設置した。柵の大きさ、ネット材料、工法などは地域ごとに異なるため、材料の選択とデザインは当研究室で行い、施工は奈良市森林組合に依頼した。

防鹿柵と外来種駆除の効果

防鹿柵設置後、まず変化がみられたのは林床の草本植物であった。もともとウラシマソウ（C18）やキランソウはシカがあまり食べない植物であるが、柵内では柵外に比べて個体サイズが大きくなった。明るい光条件のもとで、ヒメバライイチゴ（C18）がとくに繁茂した。適湿地の防鹿柵内ではギンレイカ、イナモリソウ、ジュウニヒトエが開花し、植物の個体サイズや開花率に違いが生じた[13]（C7）。柵外でもミヤコアオイは生育していたが、柵内では一年に葉の枚数や開花数が増すなど、柵内外で顕著な違いが生じた。

適当な明るさと水分条件が整った防鹿柵内の二プロットでは林床植物や木本植物の生長が顕著であった（C18）。そのほかの調査区については顕著な生物多様性の回復にはいたっていない。

林床草本以外にツクバネガシやコジイなどシイ・カシ類の当年生木本実生の死亡率にも違いが生じた。防鹿柵設置一年後、木本実生は防鹿柵内の死亡率は有意に低かった（図4―1）が、イヌガシのようなシカに採食されない樹木に、有意差はなかった。またナギを除去した実験防鹿柵（図3）では死亡率が有意に低いという結果が生じた（図4―2）。ただし種によって反応はさまざまであり、一律にプラスの効果があらわれたわけではない。たくさんの木本実生が発生しても、一年以内に枯死する個体も多い。ナギを除去することにより、光条件がよくなるため、今後、生物多様性の回復も期待できるが、現在のところ目立った林床変化はみられない。ナギの低木層以下はカットしたが、高木層のナギは大きな森林撹乱を引き起こす可能性もあるため、伐採しなかった。光条件の変化が小さいことと関係しているかもしれない。ナンキンハゼとナギの光要求度は異なるが、一度伐っても萌芽再生力が強い種である点は共通している。

　これらの実験から、防鹿柵は生物多様性回復や木本実生の生き残りに一定の効果があることを示した反面、五年という短期間で多様性回復するのは難しいという結果となった。シカが高密度で生息した時間の長さを考えると、防鹿柵の効果がすぐにあらわれないのは当然のことと

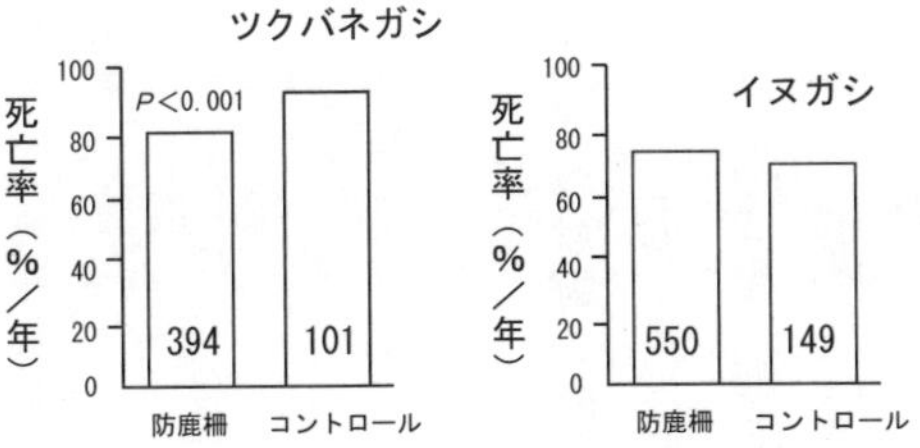

図4-1　防鹿柵の有無による木本実生の死亡率の比較。ツクバネガシの死亡率は防鹿柵内で有意に低い値を示した（左）。シカが彩食しないイヌガシでは防鹿柵の有無による死亡率の有意差はなかった（右）。

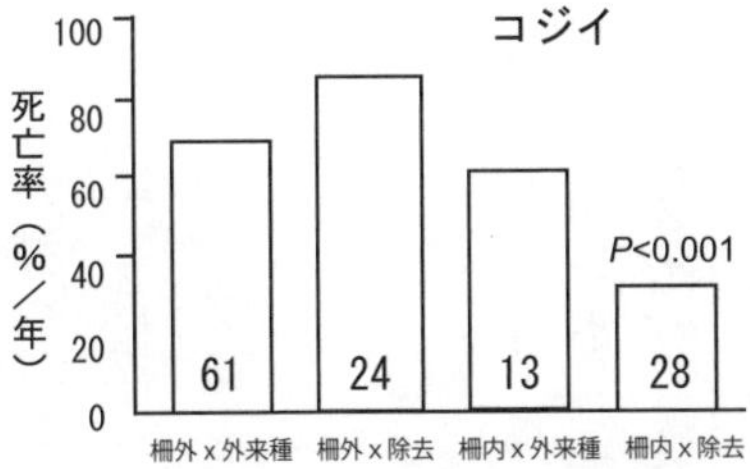

図4-2　ナギを含むコジイ林の防鹿柵実験区（図3に調査区設定を説明）では防鹿柵有り・外来種除去区において死亡率が有意に低かった。グラフ中の数字は発生した実生数を示す。

いえよう。小面積防鹿柵で回復できる森林生態系には限界がある。しかし大面積のものがいいかというと、そうでもない。二〇〇七年から四年間の実験で、光条件（明るさ）、土壌の水分条件や立地（適湿地）、そしてシカが侵入しないという条件のもとでは、多様性回復が促進されることが示された。つまり「閉鎖林冠」ではなく、「疎開林冠」または「ギャップ」に防鹿柵をつくることによって、多様性回復と森林更新が促されると考えられる。

ギャップ林冠の防鹿柵フィールド実験

二〇〇七年に設置した防鹿柵実験区の経過において閉鎖林冠では生物多様性の回復が顕著ではないことから、光条件のよいギャップを中心に二〇一二年六月に二五〇㎡〜一〇〇㎡の防鹿柵をあらたに設置した。これら調査データの集積と解析が急がれるが、シカの適正管理が進行しない現状において、防鹿柵設置は多様性回復と森林更新を促すひとつの手段となりうるだろう。

しかし地域固有性の高い照葉樹林がナギやナンキンハゼといった外来樹木の群落に置き換わり、生物多様性が著しく劣化している現状において、防鹿柵が照葉樹林の更新に有効であることを確認することさえも長い時間を要する。

ギャップ林冠に設置した実験防鹿柵（2012年5月12日）

五　照葉樹林の保護と保全に向けて

生態的特性の異なる二種の外来種の拡散、森林ギャップの拡大傾向、防鹿柵設置・外来種の除去フィールド実験は、春日山照葉樹林が抱える課題を明確に示した。ナンキンハゼは一九二〇年代後半に奈良公園の植栽樹木として導入されたものであるが、約八〇年かけて照葉樹林の中心部まで拡散している。

一方、ナギは八〇〇年代に春日大社に献木されて以来、約一二〇〇年をかけて照葉樹林に拡散し、照葉樹林下部のイチイガシ林はすでにナギ林へと置き換わっている。常緑針葉樹のナギは照葉樹林のシイ・カシ類を上回る寿命を持ち、耐陰性が高い。他の植物の生育を抑制するアレロパシー作用を持つナギ拡散の背景には、長期的なシカ個体群の高密度があげられる。多様な生物を育んできた森林の未来は前途多難である。

世界遺産であり特別天然記念物の「春日山照葉樹林」と天然記念物の「奈良のシカ」が未来にわたって持続的に共生するしくみをつくることは、地域生態系だけでなく、文化的・経済的価値にとっても必要不可欠である。世界遺産の照葉樹林をとりまくシカの負荷とナラ枯れの猛威に対して、研究者としては春日山照葉樹林保全のための生態的資料の解析と集積、そしてそれらデータの公開に微力を注ぎたい。文化的価値を有する森林とシカの保全が、行政と地域の人々との合意形成にもとづいて早急に実施されることを願ってやまない。

第11章 御蓋山ナギ林の更新動態

——春日山原始林とナギ林の共生を考える

名波《ななみ》　哲《さとし》

一　はじめに

古都奈良の春日山山麓に広がる飛火野に立ち、東を望むと、笠を伏せたような形の美しい山を見つけることができる。それが、御蓋山《みかさやま》である。一説に、奈良時代に唐に渡った阿倍仲麻呂が故郷を偲び、「三笠の山に出でし月かも」と詠んだ山とされる。現在この山には、ナギ（*Podocarpus nagi*）（Ｃ６）が優占する特異な森林が広がっている。

ナギはマキ科の裸子植物で、西南日本の太平洋岸から琉球、台湾、中国にかけて自生する。御蓋山のナギは、自然分布するものではなく、麓の春日大社に珍木として植栽されたものと推測され、その起源は奈良時代にまで遡るとも考えられている。(1・2) ナギが御蓋山で分布を拡大できた理由として、まず、付近に高い密度で生息するニホンジカに食われないことが挙げられる。春日大社境内では、ニホンジカの侵入を防ぐフェンス内にだけ定着している植物種が多いが、ナギは、フェンス外にも多く生育している[3]。次に、ナギは光が十分届かない林床でも生育できることが挙げられる。ナギの実生は、相対照度わずか一・一%の弱光下でも生育可能である[4]。また、アレロパシー（他感作用）物質を持つことも注目されてきた。ナギの生葉、種子、根からの浸出液により、他の植物の発芽や成長が抑制されることが報告されている[5・6]。ナギ林の土壌には、アレロパシー効果は見られないが[6・7]、大規模な自然攪乱が発生した場合には、ナギの死体から大量のアレロパシー物質が林地に供給される可能性が指摘されている[8]。さらに、ナギは雌雄異株植物であるので、種子生産のためには雌雄両方の株が必要である。御蓋山の西側斜面を覆うほど本数を増やすことができたのは、奈良の地に持ち込まれたときに、雌株と雄株が混植されたからだと考えられている[2]。御蓋山のナギに関する研究例は数多く、その多岐にわたる内容は、優れた総説によってまとめられている[9・10]。いずれの研究においても、御蓋山でナギが森林を形成できた理由や分布拡大の過程に焦点が当てられてきた。

表1　御蓋山に設置された40 m×370 m帯状調査区における、幹直径5 cm以上の木本の種組成。*と**が添えられている種は、それぞれ化学的防衛、物理的防衛によるニホンジカの不嗜好植物[11]。

種名	本数
針葉樹	
ナギ*	1217
スギ*	8
カヤ	2
イヌマキ*	1
常緑広葉樹	
イヌガシ*	1546
アセビ*	31
カゴノキ*	21
シキミ*	18
クロバイ*	5
ヤブニッケイ*	3
リンボク	2
イチイガシ	1
ウラジロガシ	1
落葉広葉樹	
ウリハダカエデ*	58
ナンキンハゼ*	12
オオモミジ	3
エノキ	2
ムクノキ	2
ヤマイバラ	2
ヤマザクラ	2
カラスザンショウ**	2
イロハモミジ	2
イヌシデ	1
カスミザクラ	1
アカメガシワ	1
クマノミズキ	1
ヤブムラサキ	1
藤本	
フジ	42
ウドカズラ	29
ジャケツイバラ**	5
クマヤナギ	2
ミツバアケビ	1
ツタ	1
テイカカズラ	1
合計	3027

では御蓋山には、ナギ以外の樹種はほとんど生えていないのだろうか？　ナギの生育は旺盛で、林冠層こそほとんどナギに占められているが、下層に目を向けると、実は他樹種も生えている。麓から山頂に向かって延ばした幅四〇m、長さ三七〇mの帯状調査区において、幹直径五cm以上の毎木調査を行った結果、ナギ以外にも、アセビ、ウリハダカエデ、外来樹種であるナンキンハゼなど、ニホンジカの不嗜好樹種が多く見られた。特にイヌガシ（*Neolitsea aciculata*）の本数が多く、観察された三〇二七本のうちナギが一二一七本、イヌガシが一五四六本で、両種で全体の90％以上を占めた（表1）。イヌガシはクスノキ科シロダモ属の高木で、ナギと同様にニホンジカに食われないことが、御蓋山で多い理由だと考えられる。この事実に対し私たちは、ナギとともにイヌガシも御蓋山の優占種と見なし、両種の共存の可能性を探った。注目したことは、森林群集の空間構造と、その形成に強く関わるであろう、種子散布様式と雌雄性である。

二　ナギとイヌガシの共存の可能性に関する仮説

ここでナギとイヌガシの種特性を比較し、更新動態を予測する。まずナギの最大樹高は二五mに達するのに対し、イヌガシの場合は一五mほどで、ナギのほうがずっと大きく育つ。耐陰性は共に高いが、ナギのほうがさらに高いことがこれまでの研究から示されている。[12]さらにナギは、アレロパシー物質をもつ。これらの点から考えると、競争の結果、ナギによってイヌガシが排除されると考えられるが、現実にはイヌガシも十分な本数を維持している。そこでまず、種子散布様式に目を向けた。種子は、植物の一生の中で分散することができるほぼ唯一の段階である。一旦芽を出し根付いたら、一生その場所で生きることになる植物にとって、運命を大きく左右する時期と言ってよい。ナギの種子には、翼や冠毛のような風にのるための構造物も動物の餌になるような果肉もついていない。ただ重力によって落下するばかりである。したがって、種子が散布される場所は、親株の樹冠下の狭い範囲に限られるであろう。さらに、ナギは雌雄異株である。種子散布に貢献するのは雌株だけなので、雌株の下にはたくさんの稚樹が定着するだろう。雄株は種子を生産しないので、すぐ隣に雌株が生えていない限り、その樹冠下はナギの稚樹が生えない空白地となるだろう。ナギの稚樹の分布と、種子散布様式・雌雄異株性との関連を調べることの必要性は、先行研究において既に指摘されている(13・14)。

一方、イヌガシの種子は果肉に包まれており、これを餌として目当てにする鳥類についばまれる。果肉とともに飲み込まれた種子は、鳥が飛びまわることによってあちこちに運ばれ、消化されることなく、やがて糞とともに排泄される。イヌガシもナギと同様に雌雄異株であるが、その種子は鳥という運搬者によって、雌株から離れた場所にも到達可能だと考えられる。

以上の仮説は、ナギとイヌガシの陣取り合戦と考えるとよい。両種がある場所で出会ったとき、競争に勝ってその場を占有する可能性が高いのはナギである。一方イヌガシのほうは、分散力に長けている。あちこちにばらまかれる種子の中には、ナギの稚樹が生えていない場所にたどり着くものもあるだろう。まともに競争するとナギに負けるイヌガシは、ナギの稚樹が定着していない場所、つまりナギの雄株の樹冠下に逃避することによって個体群を維持していると考えた。

三　ナギ林の空間構造

森林を構成する樹木がどこに生えているか、お互いの位置関係はどのようなものか、そういう株の配置のことを空間構造という。空間構造は、かつて株がどこに定着し成長してきたか、また、どこに定着せず、どこで成長できなかったか、という森林の履歴を反映している。空間構造を調べることにより、種子の散布パターンや、同種内あるいは異種間の株どうしの相互作用を推測することができる。そこで先に述べた仮説を支持する空間構造が見られるかどうか、調査を進めた。

まずは、種子の散布パターンを見よう。帯状調査区を一m×一m（一㎡）の枠に区切り、各枠内に落下したナギの種子数を数えたところ、その数は枠ごとに大きくばらついた（図1）。まったく種子がない枠もあれば、四〇〇個を超える種子が落下していた枠もあった。多くの種子が落下している枠の近くには必ず雌株があり、種子の散布範囲は予想通り、雌株の近くの狭い範囲に限られることが分かった。実生や稚樹もまた、雌株の近傍に集中して分布した。逆に雄株の近傍には、実生や稚樹が少なかった。一方、イヌガシの実生や稚樹も集中分布を示したものの、その程度は弱く、また、雌株の位置とは関係が見られなかった。イヌガシの実生や稚樹は、雌株から離れたところにも定着していることが分かった。

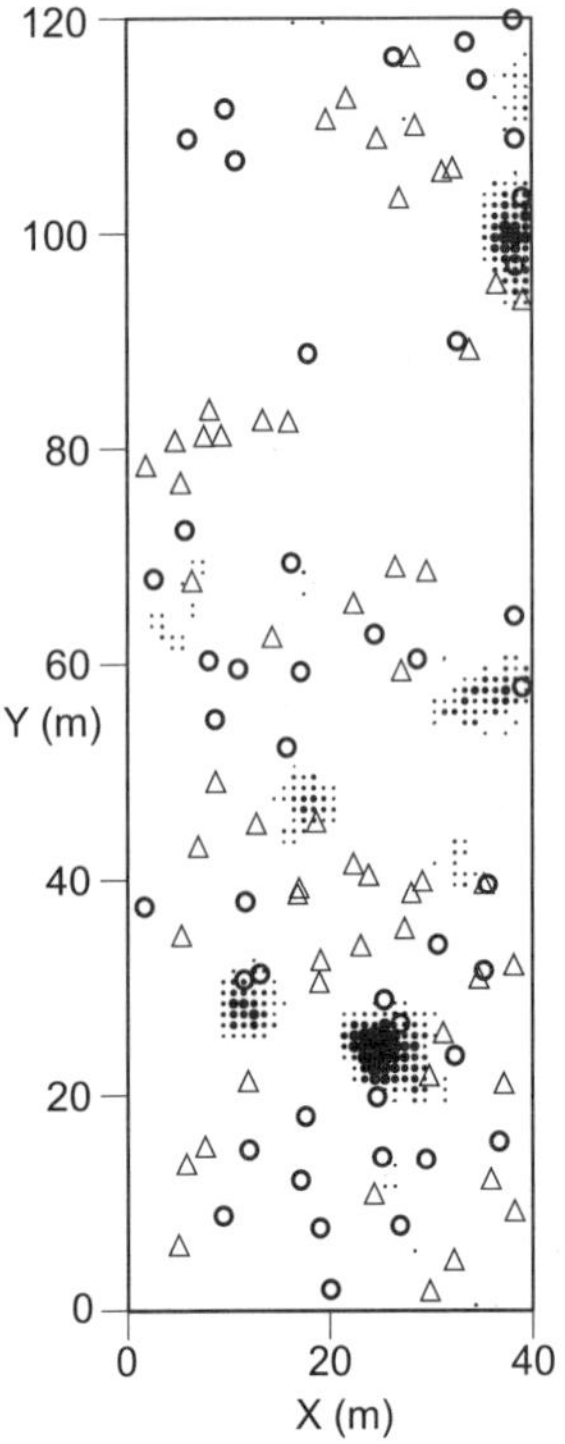

図1　40 m×370 m 帯状調査区における、幹直径30 cm 以上のナギの雌株（○）、雄株（△）の位置と、林床に散布されたナギの種子の分布（●）。黒丸の大きさは、1 m×1 m 枠内の種子数に比例する（文献15、16より作成）。40 m×120 m の部分について、示した。

では、イヌガシが十分大きく成長できる場所は、どんな所だろうか？　イヌガシの実生や稚樹は、調査区全体に生えていた。これとは対照的に、イヌガシの成熟株の分布は、集中の程度が強く、生えている場所と生えていない場所がはっきりと分かれていた（図2）。これは、イヌガシは鳥によって種子を散布され、林内に広く定着するものの、成熟株まで成長できる場所が限られていることを示唆している。そして予想したとおり、ナギの雄株の近傍こそがその場所であることが示され、仮説をほぼ支持する空間構造が観察された。

四　ナギの個体群の性比

雌雄異株植物において、雌雄の本数の比、すなわち性比は、必ずしも一：一であるとは限らない。雌株と雄株がほぼ同数ずつ生えている植物はたくさん知られているが、片方の性、特に雄株に偏った性比の観察例も多い。稀にヤナギ類のように、雌株のほうが多い植物もある。既に述べたように、ナギの雌株と雄株の位

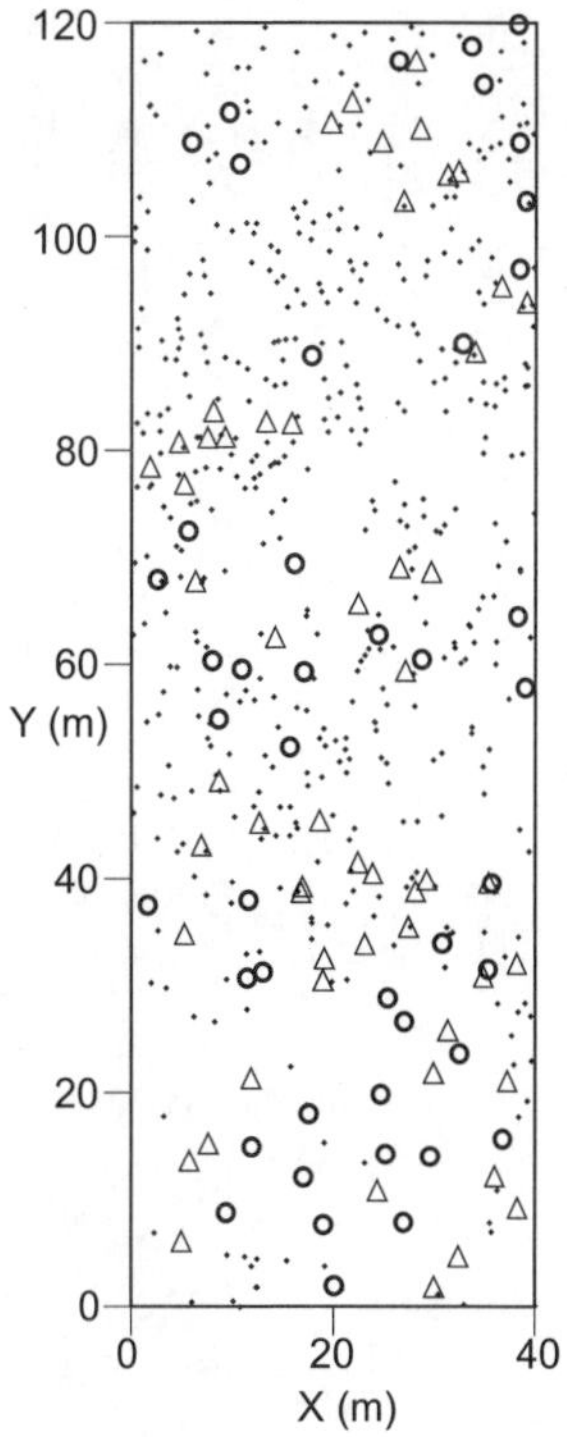

図2　40 m×370 m 帯状調査区における、幹直径30 cm 以上のナギの雌株（○）、雄株（△）の位置と、幹直径5 cm 以上のイヌガシ（•）の分布（文献16、17より作成）。40 m×120 m の部分について、示した。

置が、ナギはもちろん、イヌガシの更新にも関わっているのであれば、ナギの性比を明らかにすることは重要である。ナギの雌株が多ければ、ナギの種子が散布される場所が増えるし、逆に雄株が多ければ、イヌガシの逃避場所が増えることになるからである。図3に、ナギのサイズクラスごとの雌株と雄株の相対頻度を示す。まず、幹直径が五cm以上一〇cm未満の若齢株は、ほとんどが未開花である。このサイズクラスの中では少数であるが、開花株もある。開花株に限ると、本数の比は六：一と、雄株のほうが多い。サイズが大きくなるにつれて、開花株の相対頻度が増えるとともに、性比は一：一に近づいた。幹直径が四〇cm以上五〇cm未満のサイズクラスでは六八本全てが開花し、雌雄株はちょうど三四本ずつであった。これらの結果は、ナギの雄株は雌株に比べて早熟で、体が小さくても開花できることを示している。もう一つ注目に値するのは、幹直径が五〇cm以上の最も大き

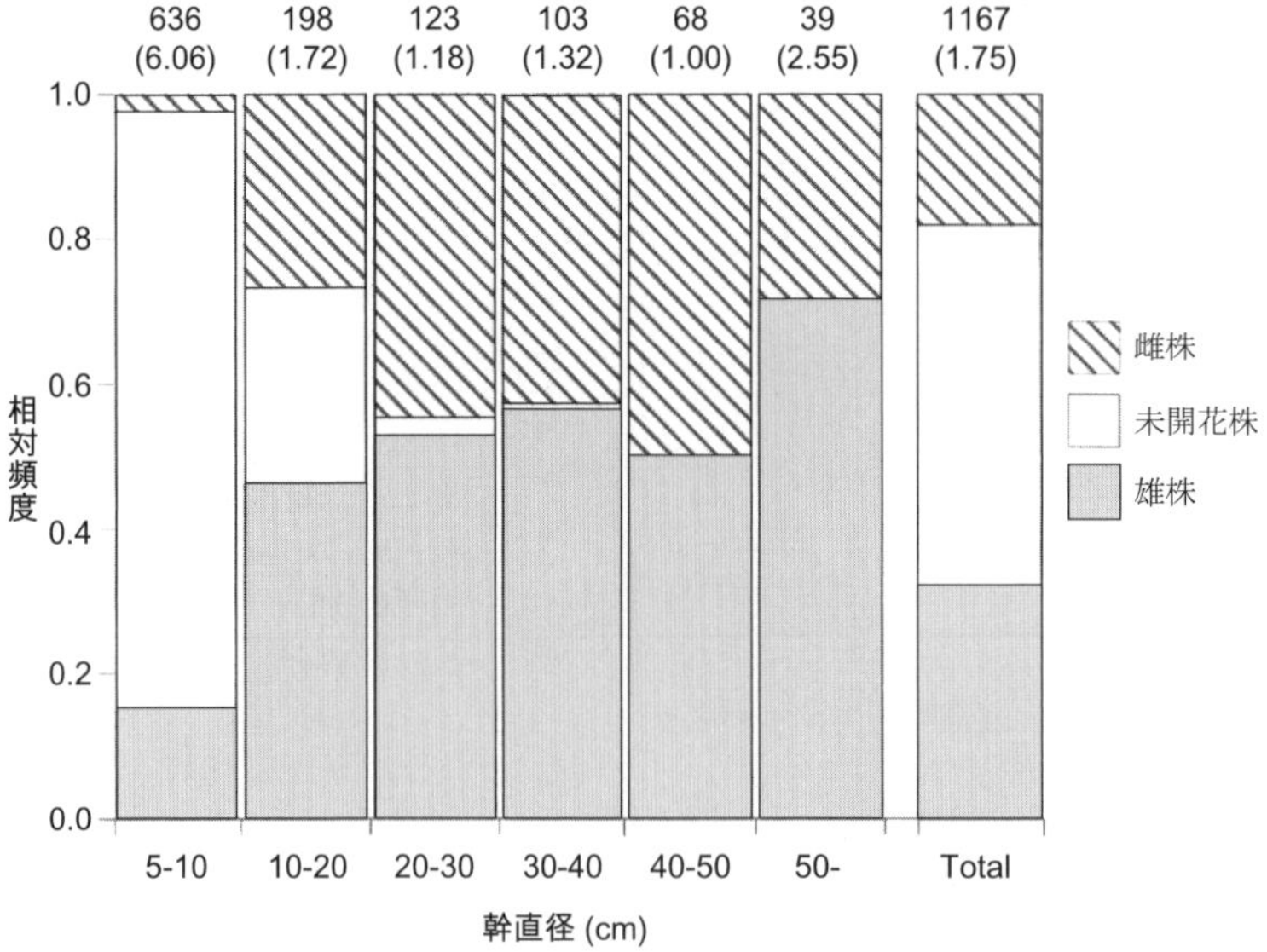

図3　御蓋山におけるナギの個体群の雌株、雄株、未開花株の相対頻度。バーの上の括弧外の数値は、各サイズクラスの観察株数を、括弧内の数値は、雌株１本あたりの雄株の本数（雄株／雌株数）を表す。（文献16より作成）。

いサイズクラスでは、二・六：一と、再び雄株の本数が多くなっていることである。これは雄株のほうが長命であることを示唆している。イヌガシは、ナギの雄株の近くで成長できるので、ナギの個体群の性比が雄株に偏ることは、イヌガシの個体群維持にとっては好都合であろう。

五　ナギの雌雄株の分布

雌雄差が見られるのは、開花開始サイズや寿命だけではない。雌株と雄株を区別してナギの配置を図示すると、雄株だけが密集し、雌株が生えていない場所があることに気付く（図2）。このような場所が生じる理由を考えるため、成長に対する種内競争の効果を解析した（図4）。一般に、周囲の他の株の本数が増えると、資源を巡る株間の競争が激しくなるため、成長量は

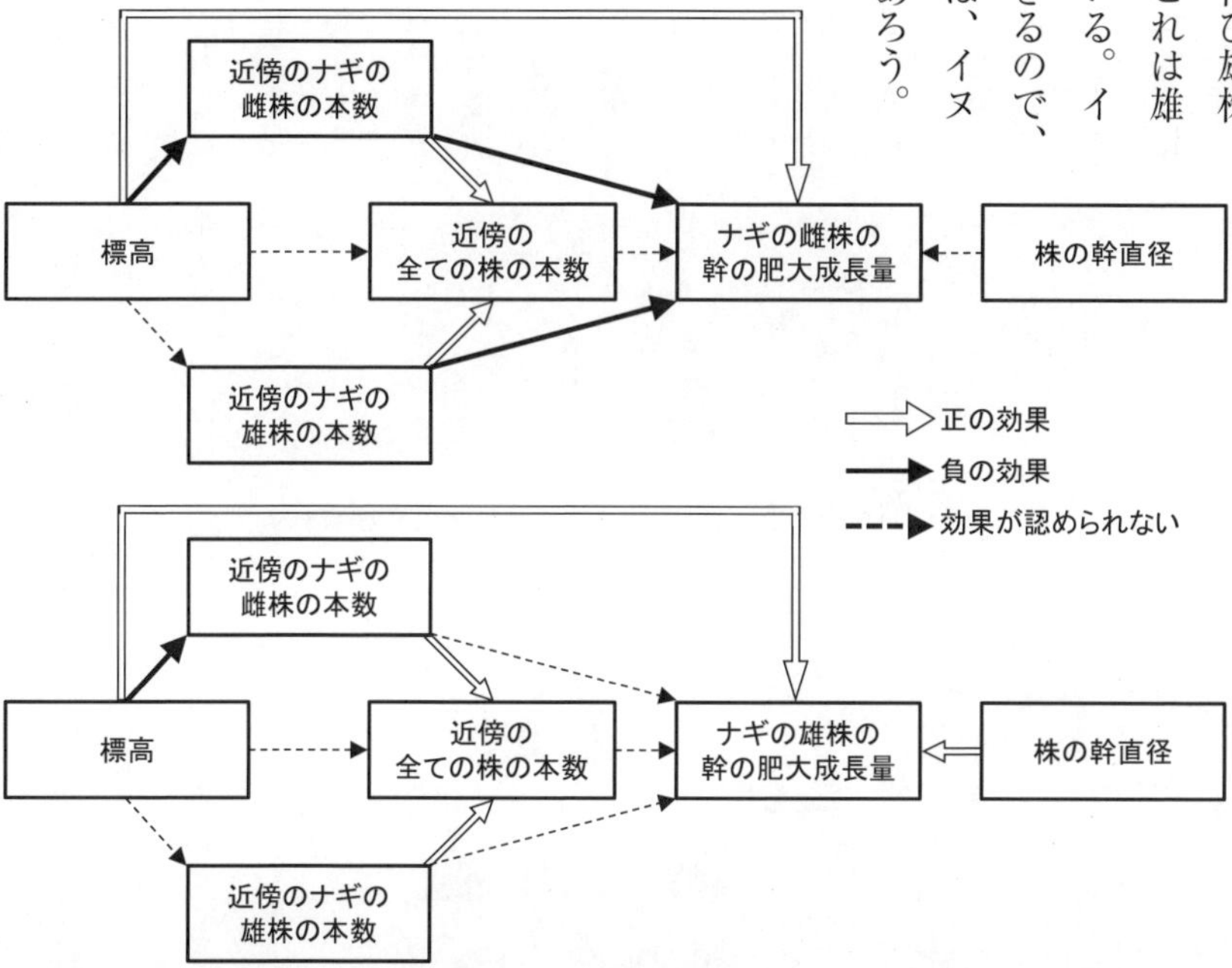

図4　ナギの雌株（上）と雄株（下）の成長量に対する、近傍の株の本数、株の幹直径、標高の効果を示すパスダイアグラム。例えば、ナギの雌株の成長量は、近傍の雌株や雄株の本数が増加すると減少し（負の効果）、標高が高いと増加する（正の効果）。株の幹直径の大小の効果は認められない（文献16より作成）。

低下する。ナギの場合、その傾向は雌株で顕著であった。したがって、ある場所に多くの種子が散布され、稚樹が高密度で定着すると、成長の過程で死亡するのは主に雌株で、生き残る株は結果的に雄株ばかり、というシナリオが考えられる。

ナギの雄株ばかりが密集するという状況もまた、イヌガシの個体群維持にとっては有利である。なぜなら、雄株に隣接して雌株が生えていれば、雌株から散布された種子が雄株の樹冠下に転がり込むかもしれない。すると、雄株の樹冠下であってもナギの稚樹が定着することになり、イヌガシの逃避場所が奪われることになる。しかし、雄株だけの密集地、特にその中心付近には、ナギの種子が散布されにくく、イヌガシが定着・成長する場所になると考えらえる。

雌雄異株植物に見られるさまざまな雌雄差は、多くの場合、繁殖活動に費やすコストによって説明される。つまり、雌株は開花期が終わった後も枝の上で種子を太らせるという、雄株にはないコストを背負っているため、体が大きくなり多くの資源をもつようになってから開花する、雄株に比べて短命である、他の株との競争により成長量が

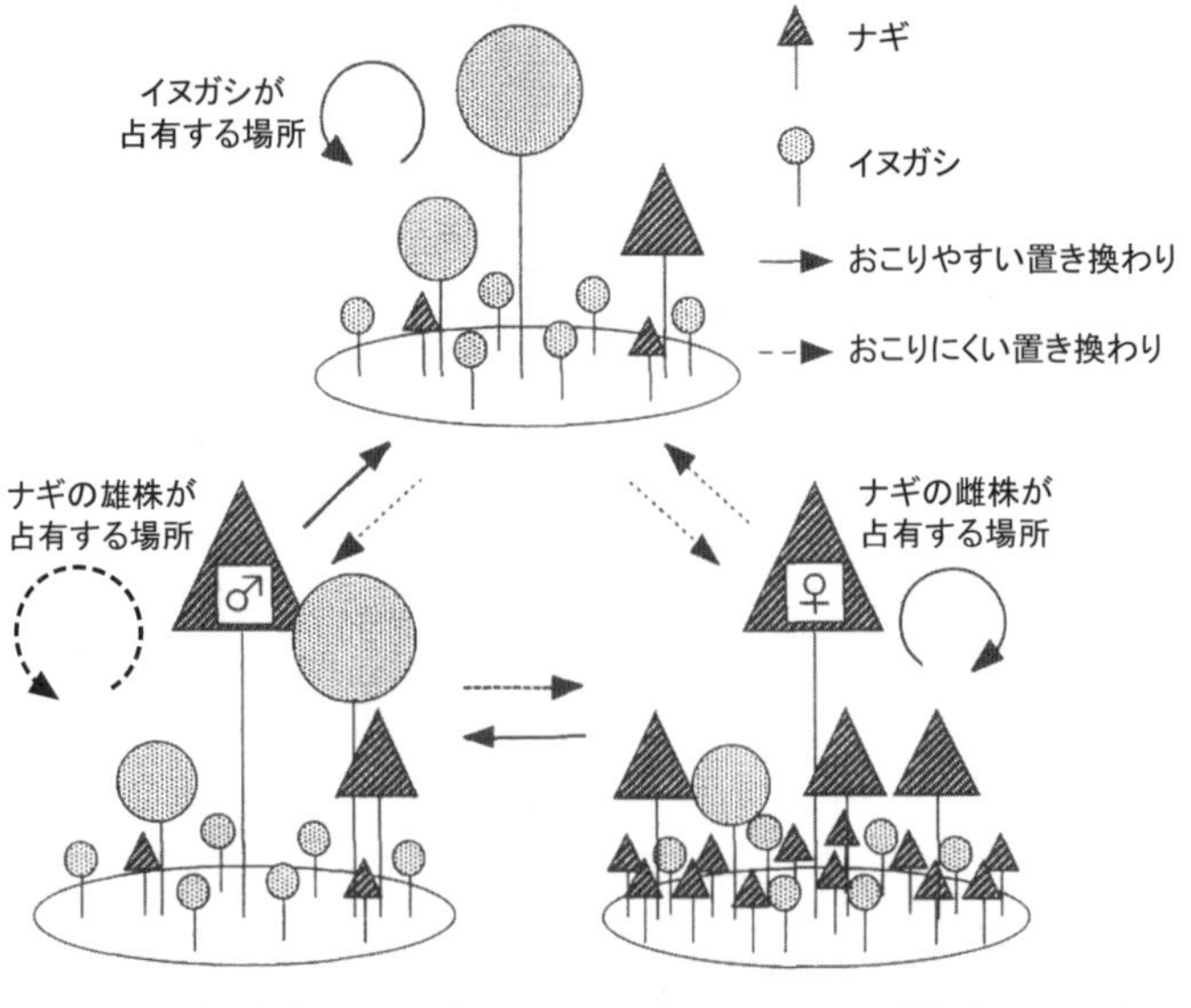

図5　空間構造解析から示唆されたナギとイヌガシの更新プロセス（文献18より作成）。

低下しやすい、と考えられている。

六　ナギとイヌガシの更新プロセス

これまでの結果に基づき、御蓋山において予想されるナギとイヌガシの更新プロセスを示す（図5）。ナギは雌雄異株で、かつ種子様式が重力散布であるため、雌株の周囲の狭い範囲にしか種子を散布できない。一方、イヌガシも雌雄異株であるが、種子散布様式は鳥散布であるため、種子は雌株の位置に制約されず広く散布される。両種の関係を、強いけれどもあまり分散できない種と、弱いけれども広く飛び散ることができる種の陣取り合戦ととらえ、競争力と分散力のバランスで両種は共存可能だと、まずは考えたくなる。しかし、ちょっと待て、である。イヌガシに十分な分散力があれば、ナギから逃げ続けることができるのだろうか？　答えは、否。

話を分かりやすくするために、両種が同じ場所で出会えば必ずナギが勝つ、という極端な場合を考えよう。広く分散できないといっても、散布された種子が雌株の樹冠下から全くはみ出さないとは考えにくい。雌株の樹冠下はもちろん、わずかとは言え、その外側にもナギの種子は散布され、かつ種子が散布された場所で必ずナギが勝つのであれば、時間がかかってもナギの陣地は広がり続け、やがてイヌガシの逃避場所はなくなるであろう。一般に、競争力と分散力との間のトレードオフ（二律背反、または拮抗関係）だけで二種が共存することは不可能で、さらなる条件が満たされることが必要である。その条件とは、「なんらかの出来事によって、強い競争者が獲得した陣地を失うこと」である。普通、台風や地滑りなど、森林を破壊する自然攪乱がこの「出来事」にあたるが、本研究で注目したのは、ナギが雌雄異株植物、ということである。

獲得した陣地を守る株が雌株であったとき、次世代においてもその場所はナギが占有する。しかしそれが雄株であったとき、その樹冠下に次世代を担う稚樹がほとんど定着していないので、雄株が死亡した時点でナギはその陣地を失う可能性が高い。ナギは雌雄異株であることによって、かなりの陣地を失う宿命を背負っている。別の言い方をすれば、ナギは世代交代のたびに、獲得した陣地の半分程度（性比が一：一の場合）を他種に譲っている、ということである。ニホンジカに食われることがなく、また、光が十分届かない環境にも耐える力強いナギは、森林全体を独り占めしない奥ゆかしさを持った樹でもある。

七　森林研究において雌雄性を考慮する意義

植物は種によって多様な性表現を持つ。その中で雌雄の花が別々の株につく雌雄異株（dioecy）の植物は、個体レベルで性機能を分業している。固着性生物である植物にとって、種子段階は一生の中でほとんど唯一の分散可能な段階であり、個体群維持において特に重要なプロセスであるが、雌雄異株植物の場合、雄株は種子の散布源とはなり得ない。したがって全ての成熟株が種子散布に貢献する雌雄同株植物とは異なるシステムの存在が予想される。しかし、植物の雌雄異株性を考慮した動態研究は、国内外を通じてまだまだ少ない。本研究は、森林群集の動態研究に雌雄異株性を組み込んだ稀な試みであり、植物の雌雄異株性に新しい評価を与えるきっかけとなることを期待している。

八　感動と畏敬の念を抱かせる御蓋山ナギ林

自然分布域におけるナギの生育状態は一般に疎生であり、御蓋山ナギ林は、その生育密度および規模において特異である。[9] そのためこの森林は「春日大社境内ナギ林」として、一九二三年に国の天然記念物に指定された。一九九八年には、歴史的建造物群と天然の森林が一体となった文化的景観を、周辺の社寺とともに作り出していることが評価され、「古都奈良の文化財」として、ユネスコの世界文化遺産に登録された。また、それから遡ること一〇〇年以上前に、アメリカ合衆国の植物学者C. S. Sargentは日本各地の森林を巡り、「Forest Flora of Japan」[19] を著した。日本の裸子植物の豊かさに感動したSargentは、御蓋山ナギ林についても触れ、〝A grove of these trees on the hill behind the Shintō temples at Nara is one of the most interesting spots in Japan, and in solemn dignity and beauty is only surpassed by grove of Cryptomerias which surrounds the mausoleums of Ieyasu and Iemitsu at Nikkō.〟と述べている。春日大社の背後に広がるナギ林を、日本における最も興味深い場所の一つと評し、その荘厳で美しい様子を讃えたのである。御蓋山ナギ林は、春日大社の御神域として一二〇〇年以上の長きにわたり大切に保護され、日本国内はもちろん、海外の人々にも感動を与え、畏敬の念を抱かせ続けている。

第12章 春日山原始林に生きる林床植物の適応戦略
――大仏の足下で小さくなる植物たち

鈴木《すずき》 亮《りょう》
前迫 ゆり

一 はじめに

奈良は歴史的建造物や国宝仏像の宝庫であり、春日山原始林をはじめ春日大社、興福寺、東大寺など八つの世界文化遺産が登録されている。当たり前ながら、歴史は一朝一夕では作られない。長い年月が必要である。だからこそ、人々は歴史に出会うと感動を覚える。それは太古の人々から現代の私たちまで途絶えることなく生命が繋がっていることに畏敬の念が湧いてくるからではないだろうか。そのため、歴史の前では人々は自然と謙虚な気持ちになる。人間は、長い歴史の中では、ほんの一瞬登場するちっぽけな存在なのかもしれない。

奈良東大寺大仏殿への参道は、道の両側に出店が並ぶ賑やかな参道とは違って実に質素であるが、その中間には南大門がそびえ立ち、近づくにつれその大きさに圧倒されていく。そして、ほの暗い南大門の中には、これまた巨大な金剛力士像二体が睨みを利かせている。南大門をはるかに凌駕する大仏殿には、あの盧舎那仏像が鎮座している。参道を歩き始めてから、私たちは次々と巨大建造物と対峙していく。それは一〇〇〇年以上の歴史の重みでもある。

春日山原始林を含む奈良公園一帯には長い時間とともに、「矮小化」していった生きものがいる。その生きものとは、大仏殿の足下でシカに繰り返し摂食されながらも、次の世代に繋ぐための生存戦力を展開している植物たちである。盧舎那仏に見守られながら、彼らは徐々に小さくなっていった。植物の矮小化にも長い歴史があり、一朝一夕では生まれない。生物の歴史は、「進化」という言葉で言い換えることができる。そこで本章では、奈良公園と春日山原始林に生育する植物たちの歴史すなわち「進化」について話をしたい。盧舎那仏に対峙したときと同様に、生物の奥深い歴史に感動いただければ、本章のもくろみは大成功である。

二　進化の原動力——シカの採食圧

先に種明かしをしてしまうと、植物の進化を引き起こした犯人は、シカである。奈良のシカは、古くは万葉集（七五九年）にその生息が記述されている。シカの個体数は、戦前に約九〇〇頭、戦後一時激減するもの、一九六五年には九〇〇頭以上に回復し、ここ三〇年は一〇〇〇頭を超えている[1]。その個体数密度は国内で最も高い（公園平坦部で約九〇〇頭／㎢、春日山原始林内で約三〇頭／㎢）[2]。それだけシカが高密度でいれば、餌となる植物に対して極めて強い採食圧がかかる。そして、強い採食圧こそが、現在、奈良公園と春日山原始林が抱えている最大の問題であり、植物の進化を引き起こした原動力なのである。

草食動物であるシカは、口の届く範囲にある樹木の枝葉、樹皮、草など植物性のものはなんでも食べようとする。(3) 例えば、奈良公園周辺の樹木は高さ約一・八m以下の枝葉が全てなくなり、ディアラインという景観ができていることは有名だ。よく食べられるのは草本類で、シカの胃内容物を調べた研究によれば、春夏は約六〇%、秋冬は約四〇%が草本由来である。(4)

強烈な採食圧にさらされた植生は、多くの場合、樹木が枯れ、林床植物はなくなり、ハゲ山のようになってしまう。日本の環境問題の中で、今最も危惧されているものの一つが、このシカの食害なのである。一九六〇年代からはじまったシカの増加により、貴重な自然植生や自然遺産に壊滅的な被害が生じている。(2)

これは、非常に憂うべき事態である。植生が失われれば、単に貴重な草花が絶滅する話では終わらない。植物を利用する他のあらゆる動物も、住み家や餌を失い、少なからず被害を被る。また、貯水、水質・大気浄化、土壌形成、CO_2吸収など、生態系サービスと呼ばれている自然の恵みも多くが損なわれてしまうだろう。シカ食害は、是が非でも食い止めなければならない重要課題である。しかし、あえてそうしたデメリットを無視してシカ問題を眺めるならば、採食圧が増加すると植物はどんな進化を歩むのかという、全国レベルの巨大な進化実験が進行していると見なすこともできる。シカ採食圧に対する植物の進化を知るためには、すでに採食圧が非常に高い地域に生育する植物を調べるのが有効である。そして、一二〇〇年前からシカが多く生息する奈良公園・春日山周辺こそ、進化を確認できる壮大なフィールドともいえる。

ところで、地球全体で見渡してみると、動物の採食圧は、気候帯によってだいぶん異なる。もっとも採食圧が高いのが一年中植物も動物も豊富な熱帯で、これは大型動物だけでなく昆虫類などの採食圧が大きいためだ。そのため、昔から多くの研究者が、なぜ熱帯雨林は動物に食べ尽くされないのかに疑問を持ち、研究を進めてきた。そうした熱帯を中心とした食害研究から、植物が多様な食害対抗戦略を進化させていることがわかってきた。

三　シカに対抗する植物の戦略

植物は、一度根をはると一生移動することはできない。たとえ動物が襲ってきても、そこから逃げられない運命にある。そのため、根付いた場所がどのような環境であってもそれに対応できる術を身につける必要がある。植物の生き方や進化を理解する上では、この「動けない」という性質と、「さまざまな環境に対する対応術」の二つの大前提を抑えておくことが大切である。では、植食動物に対して、植物はどんな対応術を備えているのだろうか。これまでの研究からおおまかに「防御する」、「耐える」、「助けてもらう」という三タイプの対応術があることがわかってきた。

防御する

これは植食者に食べられないよう、毒やトゲなどの身を守る武器を持つ戦略である。例えば、奈良公園ではアセビ、ナギ、シキミ、イヌガシ、ナンキンハゼなどはシカは食べない。あく抜きをしないと食べられないワラビもまたシカは食べない。高密度にシカが生育している長崎県の野崎島でも、有毒成分を含む植物が食われずに生き残っているようだ。ダンドボロギクやレモンエゴマといった植物はチアノーゼを引き起こす硝酸塩を持っており(5)、両種は奈良公園でも見ることができる。こうした有毒植物に対し、シカは徹底した忌避行動をとる。私たちが以前観察したところ、葉が一、二枚しかない小さな芽生えであっても、また、その芽生えが他の植物が生い茂る中に混じっていたとしても、シカは有毒植物を見事に避けていたのである。

トゲ・刺毛を持つことで「防御する」戦略をとる植物に、イラクサという多年草が春日山原始林や奈良公園には自生している。イラクサは、葉や茎の表面に長さ五㎜ほどの刺毛を作る。この刺毛は、内部に有毒物質を備えており、これに触れると蟻酸などが注入される仕組みになっている。これが、かなり痛い。数時間痙攣したようにじんじんと痛む。幸いなことに、ウルシのように何日も後引くことはなく、半日もすれば気にならなくなる。イラクサは、毒とトゲという二重防御によって、身を守っているわけである。不思議なことに、それほどの防御態勢にもかかわらずイラクサはシカに食べられるときがある。というよりも、最近、食べられることが多い。シカもイラクサに対しても摂食する防御反応を身につけたのかもしれない。つまりこれも適応的進化といえる。動物と植物の相互作用は奥が深い。

　このイラクサに関しては、近年非常に面白い発見がなされた。イラクサは奈良公園以外にも全国に自生しているが、奈良公園のイラクサは他の地域の個体と比べ、刺毛の密度が五八倍～六三〇倍高かったのである[6]（図1）。刺毛を高密度にするという性質は、

図1　イラクサの刺毛密度の進化。左：奈良公園に自生する個体、右：葉柄に密に刺毛が生える様子。イラクサの周囲に生えている比較的大きな植物はすべて有毒植物である（ダンドボロギク、イワヒメワラビ）。

生まれつき備わった遺伝形質であることも分かっている。つまり、奈良公園に自生するイラクサは、長い年月シカの採食圧にさらされた結果、刺毛密度を高めるという進化が起きていたのだ。最初に述べたように、進化は一朝一夕では生まれない。奈良公園周辺にシカが生息して以来、植物の進化は歩み始めたことだろう。イラクサのトゲはどのように進化したのかは明らかでないが、進化は遺伝子に何らかの変異が生じることで起きる。おそらく、ちょっとでも多くトゲを作る遺伝変異を持つ個体が生き残りやすかったのだろう。その結果、トゲ増加遺伝子がどんどん集団内に広まり、その過程が何回も繰り返され現在に至ったと考えられる。とはいえ、この説明では、刺毛密度を五〇倍以上にするには飛躍があり、どうも腑に落ちない読者も多いだろう。

生物の形質の量的な進化については、量的遺伝学という少し複雑な理論で説明されることが多い。量的遺伝学では一つの形質に複数の遺伝子が関わっていると考える。たとえば、トゲの形成に関わる遺伝子が複数あり、それぞれが変異するとトゲ密度が二倍になるという状況を仮定しよう。この場合、トゲ形成遺伝子が仮に六個あれば、そのすべてが全部変異したとき$2^6=64$倍トゲが多くなる。それぞれの遺伝子が一挙に変異しなくても、進化の歴史の中で順番に変異していけば、どんどんトゲを増加させる遺伝変異が蓄積し、やがて六個すべての変異がそろう。とはいえ、この仮説も仮定が多く眉唾物である。生物の進化は、まだまだ分からないことだらけなのである。

耐える

さて、植物の二番目の対応術「耐える」に話を移そう。私たちが金剛力士像に対峙し恐怖から思わず体を縮めてしまったように、植物たちもシカから身を守るために体を縮めていった。奈良公園の平坦部の芝地には、茎や葉、さらには花までも矮小化させている植物がたくさん見られる（図2）。例えば、オオバコ、スズメノカタビラ、タネツケバナ、イヌタデ、ヒメクグ、ムラサキサギゴケなどがそうした植物だ。彼らは、単に小さいだけでなく、地面に張り付くように生える。こうした矮小で地表面すれすれの形態は、ちょうど私たちが机の上にある薄い紙切れを取りにくいように、シカがとても食べにくいのであろう。また、シカや人が踏みつけても傷つきにくいという利点もある。矮小化は、シカからの採食と踏圧のリスクを下げる戦略なのだ[7]。ただ、シカにとっては美味しい植物なので、食べやすい場所に生えていたり、食べやすい高さに育っていれば食べられてしまう。そういう意味で、毒やトゲで積極的に「防御する」戦略と区別して、食べられたり踏まれたりすることに「耐える」戦略といえる。

もう一つ、矮小化を「耐える」戦略とする決定的理由がある。実は、矮小化は植物にとってときに致命的になるのだ。植物は、移動できないため、隣にいる別の植物個体と資源をめぐって常に激しい競争を強いられる。植

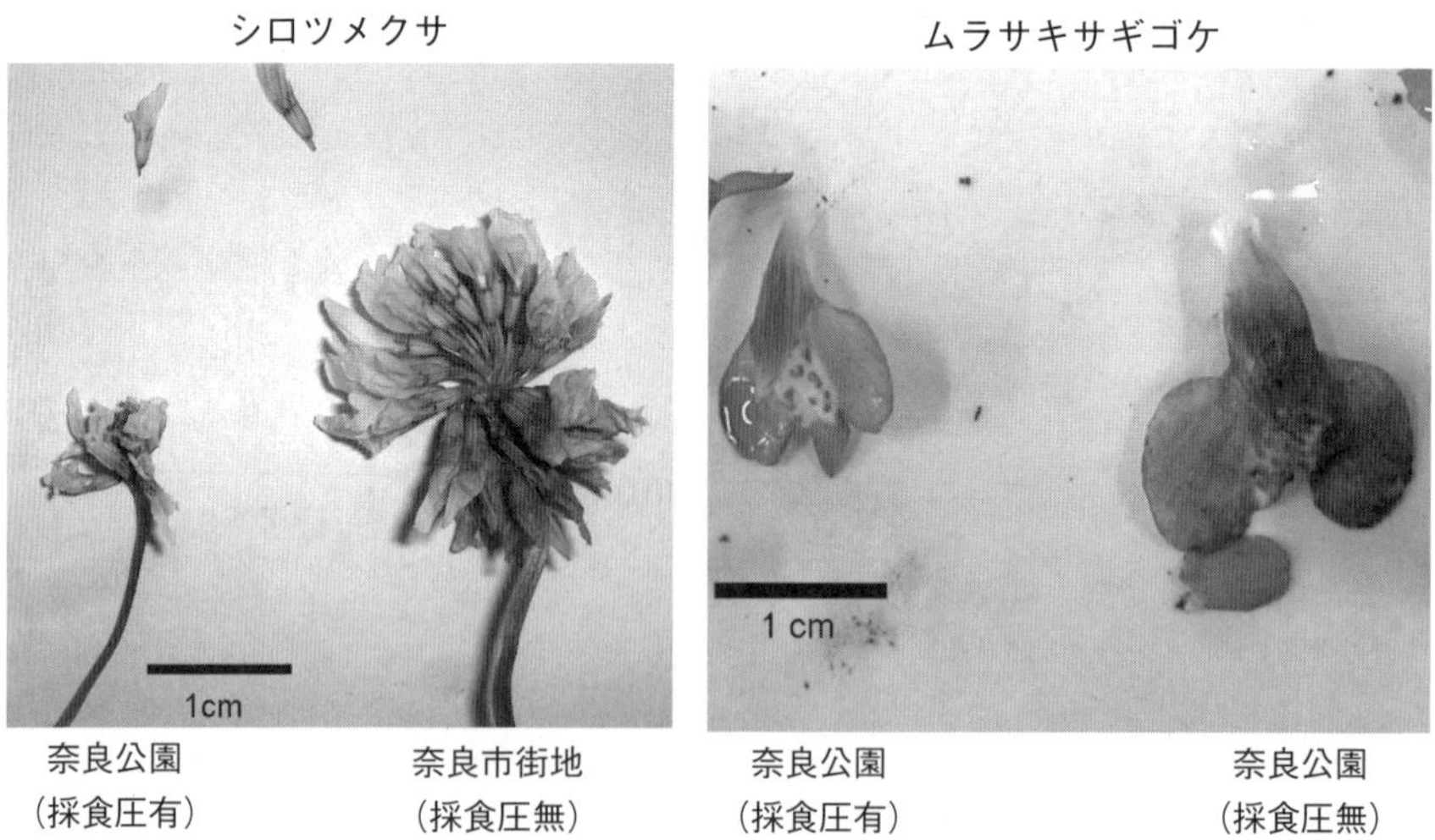

図2　花サイズの矮小化。奈良公園内に生える個体は、公園外に生える同種固体と比べ明らかに花サイズが小さい。ただしこの差が、遺伝的に固定した形質かどうかは不明。

物間の競争では、体が大きい個体が圧倒的に有利である。特に光は上からしか差し込まないので、より高く成長し相手を覆ってしまった個体が独占できる。光なくして植物はまず生きることができない。矮小化すると光をめぐる植物間競争において圧倒的に不利なのである。つまり、矮小化は、競争に負けるリスクにも耐える戦略なのだ。そのため、毒やトゲによる防御戦略を取る植物は矮小化していないため、体の大きい防御植物と矮小植物の競争では、防御植物が勝る。

　したがって奈良公園周辺は防御植物だけになってしまってもよさそうだ。実際に春日山原始林は、半ば防御植物だけになってしまっている。一方、奈良公園平坦部では矮小植物が多い。これは人間による草刈や踏みつけなど、防御植物に不利になる要因が働いているためであると考えられる。

　ところで、矮小化は、先天的な遺伝形質である場合もあるが（図3）、成長の過程で後天的に矮小化する場合もある。競争に弱い矮小植物にとって願わくは、採食圧が強い状況では矮小形態に、競争がより厳しい状況では矮小でない形態を示したい。実は植物にはそれを可能にする性質も備わっている（環境に応じて形態を変化させる性質は「表現型可塑性」と呼ぶ）。私たちは、奈良公園に生える植物二六種についてその性質があるのかを調べてみた。その結果、少なくとも

奈良公園（採食圧有）　平城宮跡（採食圧無）

図3　イヌタデにおける形態の矮小化。写真は、シカの採食を受けない場所で、同じ条件で育てた。栽培実験により、先天的に備わった遺伝形質であることが分かった。

一一種では採食圧をなくすと葉が大きくなる性質を示した[8]（図4）。しかし、この性質が植物にとって本当に有利かどうかは疑問点も多い。たとえば、採食圧があると葉が小さくなるのは、採食を回避するための反応ではなく、むしろ採食を受けたがために個体が弱って大きく成長できなかった結果であるかもしれない。また、目や鼻などの知覚器官のない植物では、周囲の環境をどう認識するのかが問題だ。隣に競争相手の植物がいるかどうかは、日陰されて光の波長が変化することで感知できるが、不意に訪れるシカを認識するのは容易ではない。おそらく、一度採食を経験するとそれが刺激となり、以後矮小な葉や茎を作るよう成長プログラムが変化するのだと考えられるが、そのメカニズムは全くの未知である。とはいえ、こうした植物の柔軟な対応術が、植物の生存や繁殖を有利にしていると説明する研究も数多い。

A　採食圧無（防鹿柵内）
B　採食圧有（防鹿柵外）
C　採食圧無（防鹿柵内）
D　採食圧有（防鹿柵外）

図4　植物の可塑的な矮小化。奈良公園内に防鹿柵を設置しシカの採食圧をなくすと、奈良公園に自生する植物でも形態が大きくなる（各図左側）。一方、柵の外にいる個体は小さいままである（右）。A：ヒメクグ、B：ノチドメ、C：ムラサキカタバミ、D：カタバミ

助けてもらう

三番目の「助けてもらう」という対応術は、植物が意図した対応術というよりは、偶然に頼った採食回避手段である。この対応術は、トゲや毒を持つ防御植物のすぐそばに防御形質を持たない植物が隠れる方法である。防御形質を持たない植物でも防御植物の草陰に生えていれば、シカに見つからず食べられずにすむ。こうして、防御植物の近くでは、往々にして他の植物も一緒に生きていける。植物が別の植物に助けられるというプラスの作用は、競争に支配された植物の世界では意外であり、近年とても注目されている。研究者の中には、放牧地など草食動物の多い地域では、植物間のプラス作用が植物の多様性維持にとても重要だと考える人もいる。しかし、春日山原始林や奈良公園に限っては、プラス作用はもはや重要ではないだろう。シカの採食の歴史が長いこれら地域では、防御植物か矮小化植物のみが生き残ることができた。そのため、プラス作用が起こるとすれば、防御植物の下に矮小化植物が隠れることである。ところが、矮小化植物は、競争に弱く防御植物の陰で生きていくことが困難なのである。それにそもそも、隠れなくても生きていくことができる「矮小化」という術を身につけている。だから、矮小化植物が防御植物の下に隠れても、競争にさらされるデメリットの方が大きい。このことは奈良公園における一連の実験によって証明することができた(9)。

植物は「動けない」という性質ゆえに、シカの採食を回避する様々な対応術を獲得してきた。その上に、植物間の競争や人間による踏圧や草刈など、多数の要因にも対応しなければならない。しかし、すべての要因に対応できる万能植物はこの世にいない。それはどれかに特化すれば、他の要因への対応が不得意になるトレードオフ（一方を追求すれば他方を犠牲にせざるを得ないという二律背反の関係）があるからだ。トレードオフは植物に限らず全ての生物に課せられた制約である。トレードオフの存在によって、万能生物が全世界を支配し尽くすことはなく、膨大な生物多様性が生み出された。防御植物は、シカの採食と競争には強いが踏圧や草刈に弱い。矮小植物は、採食・踏圧・草刈に強いが、競争に弱い。この違いが両者の共存を可能にする。では、防御植物同士、矮小植物同士はなぜ共存できるのか。それは、ここでは述べられていない別のトレードオフが関与していることであろう。

四　春日山原始林の林床植物の戦略

植物の被食回避戦略は、主に奈良公園の平坦部で行った研究からわかってきたことである。ところが、春日山原始林は平坦部とは少し様相が異なっている。まず林床にはほとんど草本植物がない。あるのは林冠を覆う大木ばかりで、その足元に稚樹も育っていない。そのため、春日山原始林の林床植物、特に草本植物は被食回避戦略を備えているのかが疑問になる。そこで私たちは、春日山原始林の林床草本の実態を解明するために、二〇一一年から林床植物の本格的調査を開始した。最後にその調査結果について簡単に紹介したい。

春日山原始林では比較的個体数が多い代表的林床植物であるミヤコアオイ、オカタツナミ、イナモリソウ、クリンソウの四種を対象に、シカの採食を回避するケージを設置し、ケージの外と中の個体を一年間の追跡調査を行った。クリンソウは毒がありシカが食べないと言われているが、それ以外の三種はそもそもシカがどれほど食べるのかもよく分かっていない。ただこれら四種は、春日山原始林内で地表まで光が届く環境（林冠ギャップと呼ばれ、成熟した林冠では植物が芽生えることができる貴重な環境である）では、ときに密集して生えていることがあり、何らかの理由でシカの採食を回避して個体数を維持しているものと考えられる。

予想に反し、調査の結果はこれらの種が強い採食圧のダメージを受けていることを示していた。たとえば、ミヤコアオイは、ケージ設置一年後には、ケージ内の個体はすべて生存していたのに対し、ケージ外の個体は一八・六％が地上部を消失していた。地上部の消失は、シカ以外にギフチョウの幼虫やナメクジによる食害の可能性もあるものの、ケージ外のみで消失していることから、シカによる食害が主要因であると推測される。また、葉数や花数もケージ外の個体の方が少なかった[10]。さらに、これまでシカが食べないとされたクリンソウも個体の消失が目立ち、一年間後生き残っていたのは、一五個体中四個体のみであった。私たちは、シカの嗜好性が変化したのではないかと予想している。いずれにしても、春日山原始林の林床植物は想像以上にシカに採食され、個体数を減少させている、あるいは消失している可能性があることがわかってきた。奈良公園平坦部では多くの植物が採食回避戦略を獲得していたことと比べると、春日山原始林の林床植物の脆弱さには謎が多い。一つの仮説として、春日山原始林の林床植物は、以前はさほど採食されていなかったのではないかと考えられる。それがここ数十年の急激なシカ個体数の増加により採食圧が厳しくなり、植物の進化がそれに追いついていないのかもしれない。春日山原始林の植物たちは、全国的に見られるシカによる森林の荒廃に同調あるいは先行しているともいえる。

古都奈良の文化財とともに、春日山原始林および奈良公園の植物たちは長い歴史を経て、独自の進化を遂げた。一見どこにでもいるありふれた植物であっても、彼らはこの地域だけに存在する固有の形態をもった植物となった。その植物たちは、大多数の観光客に知られることはなくても、盧舎那仏像と同等に奈良公園でしか出会えない貴重で歴史深い存在なのだ。だから、もし奈良を訪れる機会があれば、ぜひ足下の植物にも目を向けてほしい。歴史ある壮大な寺社と対峙するとても小さな植物に、地域固有の生態系から生まれた進化を感じていただけることと思う。

第13章 春日山原始林をとりまくマツ枯れとナラ枯れ
――春日山原始林を守るために

渡辺《わたなべ》　弘之《ひろゆき》

一　若草山のアカマツ・クロマツ混交林

沈黙の春

奈良のシカの保護・管理を考える場合、シカの行動範囲、すなわち奈良公園だけでなく、広く春日山原始林や春日大社ご神体の御蓋山《みかさやま》をも含めた範囲、そこの森林・植生の管理と同時に考えないといけないであろう。

奈良公園で大きく変わった景観の一つがマツ、マツ林の減少であろう。興福寺周辺から春日大社、東大寺までを歩いても、大きなマツの切株がたくさん残っている。つい最近までここに大きなマツのあったこと、マツ林のあったことがわかる。少し古い写真をみればマツが必ず写っているはずである。奈良公園を特徴づける景観であった。一九七〇年代、ここにも松くい虫、すなわちマツノザイセンチュウによる「松枯れ」が発生した。マツ林の維持、若草山の景観維持のため奈良県は公園内では地上からの薬剤散布、若草山など周辺山地のマツ林に対してはヘリコプターによる薬剤の空中散布での防除を続けた。しかし、効果は十分でなかったようで、次々に枯れてしまった。

当時、レイチェル・カーソンの『沈黙の春』が出版されたばかりであった。私自身、地中の動物（土壌動物）調査をしており、森林の土壌中の節足動物と比較として、樹上にはどのくらいの節足動物がいるのか知りたかった。土壌中の動物は自分で土を掘って、また抽出装置を使って調べることができた。しかし、樹上の節足動物調査には森林内で燻煙剤を自分で焚いてみるしかなかった。調査例はきわめて少なかったのである。そこへ、ヘリコプターで殺虫剤を散布するという。樹上の節足動物の組成や個体数を調べるいい機会だと考え、奈良県庁の許可を得て調査を行った。

マツ枯れの例（京都岩倉）

マツ林の樹上にどのくらいの節足動物がいるのか調べることができるという興味からであったが、もう一つの関心事は昆虫のいない森の出現であった。殺虫剤はマツノザイセンチュウを運ぶ大きなマツノマダラカミキリの発生期に一か月にわたって効果が持続する薬剤と散布量で、それも発生期間を二か月とし、五月と六月、年二回散布するものであった。大きなカミキリムシを殺すのだから樹上の蛾類の幼虫はもちろん、すべての節足動物を殺してしまうにちがいないと思った。

すなわち、マツ林の緑は保てたとしても、そこは節足動物のいない世界になっている。春、渡り鳥がやってきても、エサになるが蛾類の幼虫がいない、鳥類にとって食べもののない世界になっている。「沈黙の春」と同様、若草山が野鳥のいない、さえずりのない世界になるのではと危惧したのである。

マツ林の樹上節足動物を調べる

若草山山麓西斜面県有林のマツ林はアカマツ・クロマツの混交林で胸高直径はアカマツが三四～四九cm、クロマツが三五～五三cm、立木密度はともにヘクタールあたり一二五本、胸高断面積合計はアカマツが一八・八㎡、クロマツが二二・三㎡、下層は主としてアセビとクロバイで、直径五cm以上のこれら広葉樹の総本数は一・二三五本、胸高断面積合計は一〇・一㎡、全樹木の総本数は一、五七五本、胸高断面積合計は五一・一㎡であった。結構大きなアカマツ・クロマツで構成されるいいマツ林であった。

ここに「マツ枯れ」（マックイムシ）防除のため、薬剤ＭＥＰ（フェニトロチオン）四〇％、ＥＤＢ（エチレンディブロマイド）二〇％の混合剤三八倍希釈液がhaあたり九〇ℓ、またはＭＥＰ単体の希釈液が一九七四年から一九八一年まで、八年間、年二回五月と六月に、ヘリコプターによって散布された。

調査は薬剤散布前日の夕方、落下節足動物採集のため寒冷紗製の一㎡のトラップを林内に一〇個に設置、二四時間ごとに三～五日後まで回収を続けた。大きなマツノマダラカミキリの駆除を対象としたもの、小さな節足動物はすぐに死んで落下する、回収は二四時間後でいいと思ったのであるが、死んでも樹体にしがみついているらしく、風で揺さぶられないと落ちないことがわかった。多くは初日に落ちるのだが、無風だと、数日後の風のある日の方が落下個体が多かったのである。

どのくらい樹上にいるのか知りたくて、すぐに双眼顕微鏡下でグループ別の個体数を数えた。初回一九七四年五月に落下した節足動物はヨコバイ・ウンカの仲間が㎡あたり一九八・八（二九・二％）、アリ一七三・三（二五・五％）、トビムシ六四・五（九・五％）、チャタテムシ三八・五個体（五・七％）など、合計六八〇・五個体、現存量は一・五ｇであった。樹上性のアリは一三種であった。動物相は単純と思えるマツ林の樹上に㎡あたり六八〇・五個体もの節足動物が生息していたのである。この値には、マツ林でもこんなにもたくさん樹上の節足動物がいるのかとちょっと驚いた。ともかく、殺虫剤の空中散布を利用しての調査であったが、わかっていなかった樹上節足動物個体数調査の一例を付け加えることができた。

この当時、広範囲のマツクイムシ被害発生地に各地でヘリコプターによる薬剤散布が実行された。もちろん、海岸のクロマツ林、クロマツにウバメガシなど広葉樹の混じるところ、アカマツの天然林、アカマツの人工林など、マツ林といっても樹齢も立木密度もちがったし、散布された薬剤もＢＨＣ、ＤＤＶＰ、ＮＡＣ、ＭＥＰ・ＥＤＢなどさまざまであったし、散布量もちがった。マツ林といっても高知県の海岸クロマツ林ではわずか三六・二個体、三重県のアカマツ人工林（一四〜一八年生）ではなんと一、四六七個体であった。若草山のアカマツ・クロマツ混交林の六八〇・五個体も大きな値であった。

薬剤散布は続く

ところが、このあとすぐに第二回目の散布をするという。初回、五月に六八〇・五個体が落下した。これですべての節足動物が死亡・落下したのなら、六月にはなにも落下しないはずだと、六月にも同様にトラップをセットした。危惧したとおり、個体数はわずか二〇〇個体ほどであった。第一回の散布で全滅でなく、これだけ残っていたのであるが、それでも次年度までに回復するのか、次第に減少、絶滅してしまうのかが気になった。

次の年も県庁に問い合わせると、今年も散布するという。それならトラップを設置しようと、結局八年間、調査を続けることになった。逆に、興味あるデータが得られた。八年間、一六回もの薬剤散布で樹上に節足動物のいない、沈黙の若草山マツ林が出現するのではと思ったのであるが、実際には節足動物は絶滅することなく大きな変動をしながら推移したのである。

二年目の五月には約三〇〇個体、三年目の五月には一〇〇個体と減少したが、二年目の六月には五〇〇個体近くになり、三年目でも五月より六月の方が個体数が多かった。五月に薬剤が散布されているのに、一か月後の六月に五月よりも個体数が多いということの理由がわからなかった。四年目、五年目の五月などには五〇〇個体近くも落下してきた。最終的に八年後一九八一年には五月でも約二五〇個体の落下であった。二年目には五月より六月の方が多かったが、その後は第二回目の散布の六月の方が少なく、一九八一年でも六月は一〇〇個体に達しなかった。

五年目でも五〇〇個体近くが落下してきたのである。これは散布された薬剤があまり効いていないか、回復が予想外に早いということである。周辺からの移入は広範囲に薬剤散布をしているのだから、これはほとんどないと思った。

落下した節足動物の個体数は大きく変動しながらも、絶滅はしなかったといえる（図1）。大きく変動したのは初めに多かったアリ類、ウンカ・ヨコバイ類、トビムシ類が減少し、チャタテムシ、グンバイムシ、アザミウマ、タマバエなどが増えたためであった。後者は前者が減少したため増えたのか、薬剤に強いのかわからなかった。

毎年調査を続け、その結果を学会講演会などで発表し、その論文[1・2・3]を県庁へ送っておいた。私の研究はこの薬剤の空中散布に対して批判的であった自然保護団体も注目していた。その結果の一つが防除目的のマツノ

図１　８年間の落下樹上節足動物の推移　(Watanabe, H. 1983)

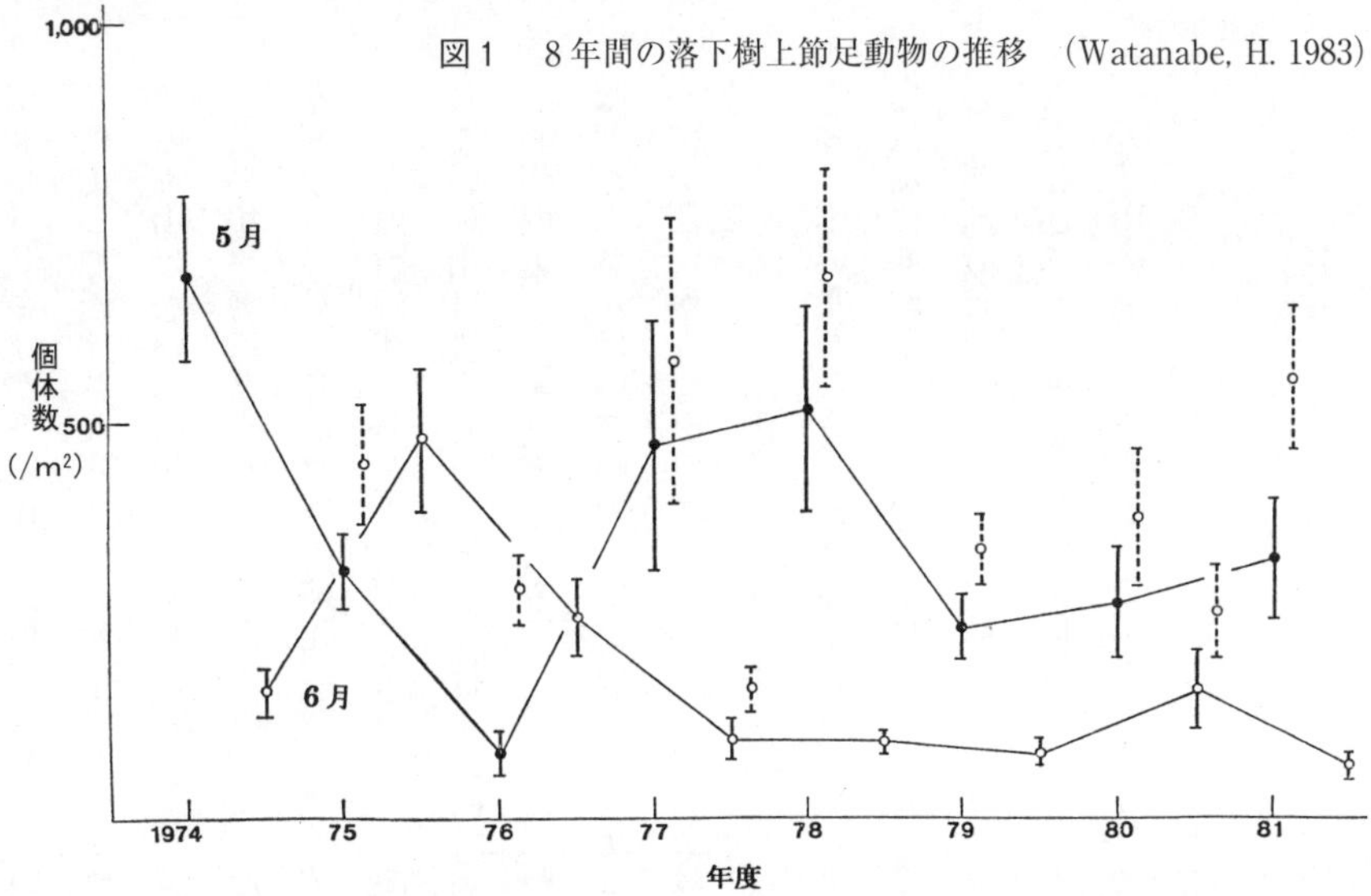

図２　減少した動物グループ（Watanabe, H. 1983)

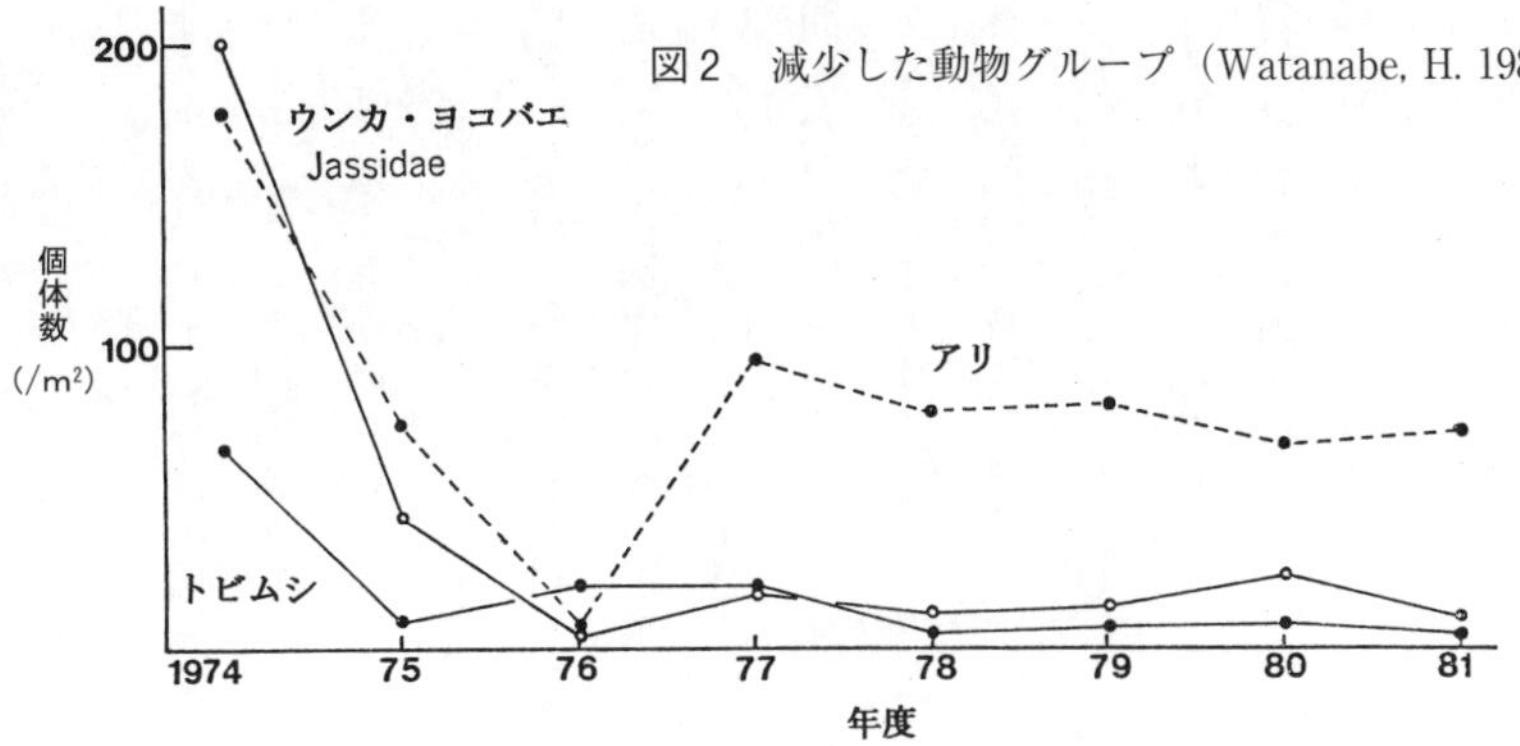

図３　増加した動物グループ
(Watanabe, H. 1983)

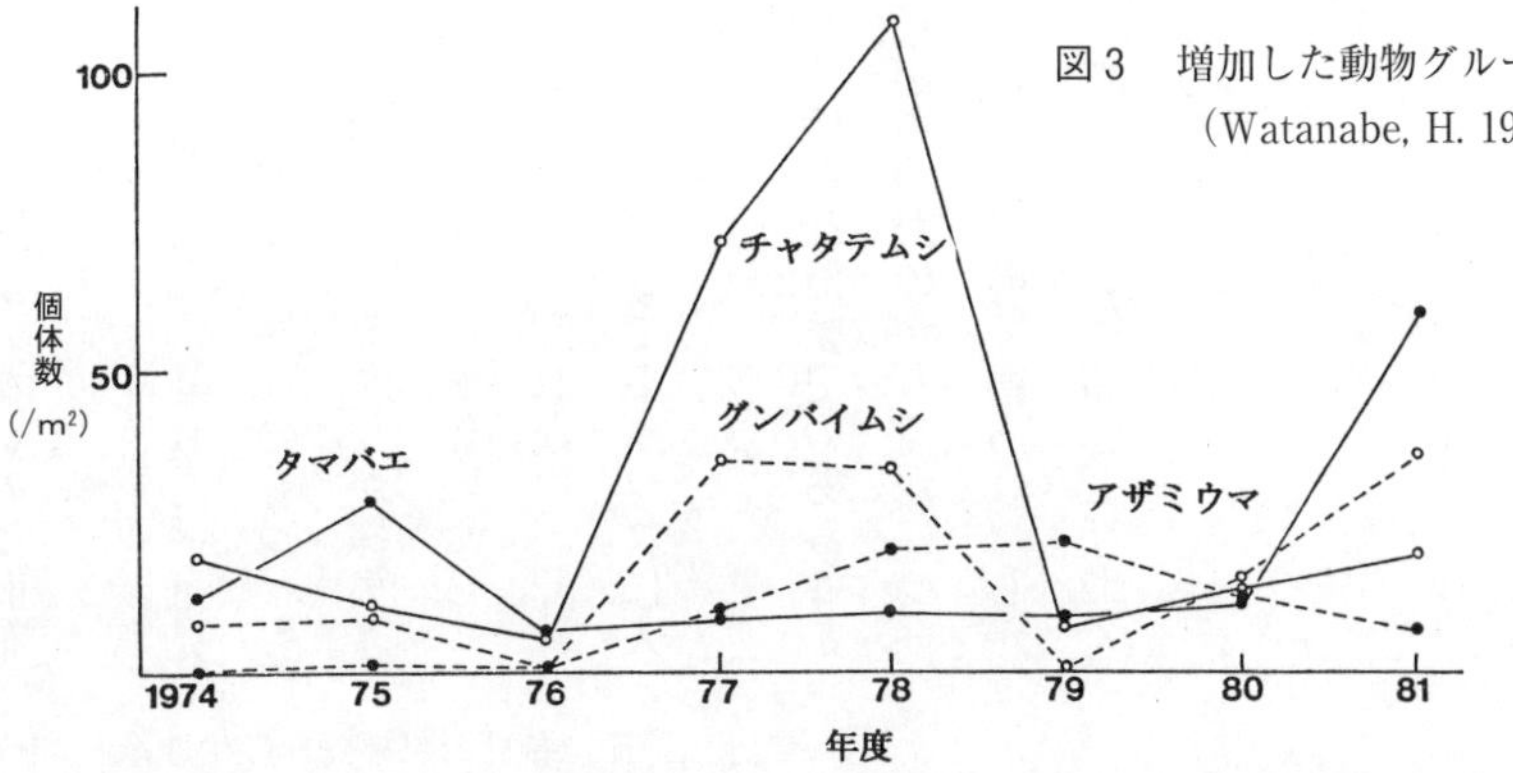

マダラカミキリが一個体も採集されていないことであった。自然保護団体はマツ枯れはマツノマダラカミキリによって伝播されるマツノザイセンチュウによるものではない、マツノマダラカミキリがいないのに散布する理由はないと県庁に抗議したようだ。

県の担当者はどうしたものかと困っていたようである。そこへ次の調査許可をもらいに私が訪れた。意見を聞かれ、私自身はマツの枯死木からマツノザイセンチュウ抽出調査をしていないが、マツ枯れのもっとも大きな原因はザイセンチュウによるものであることはまちがいないと思う。マツノマダラカミキリが採集されない理由は設定したトラップは一㎡のもの一〇個、わずか一〇㎡である。一haに一、〇〇〇個体いたら、一個体採集できる確率である。一、〇〇〇個体もいたら、あるいは肉眼でも確認できるかも知れない、それほどたくさんはいないのではないだろうかと述べた。自然保護団体の抗議に対し、私の調査でトラップに入っていないからマダラカミキリがいないとはいえないと説明したようだ。

ともかく、若草山のマツ林に年二回、八年間にわたって一六回もの薬剤散布が続けられた歴史のあることを知っていただこう。薬剤の空中散布がマツノマダラカミキリ防除に本当に効果があったのかどうかについては私にもわからないが、それによってマツ林の枯死が一時的にでも減少したとはいえるのであろう。しかし、薬剤散布のなかったマツ林とはやはり少し動物相は異なるのかも知れない。このことには留意しておく必要はあろう。薬剤散布中止後も、次々と大木が枯れ、大木の少ないマツ林の景観になっている。

若草山のマツ林みると、こんな研究をした若い日を思い出す。

二　ナラ枯れの発生

ナラ枯れとは

奈良公園や若草山の「マツ枯れ」がおさまり、大きな切株を残してアカマツ・クロマツが次第に消え、目立たないうちにシイ・アラカシなどの常緑の広葉樹に代わった。春日山原生林とほぼ一体の景観になり、春日山のバリアーゾーンとしての役割を果たしてくれると思っていた。ところが、最近（二〇一〇年）になって、ドライブウェイ沿いに「マツ枯れ」に代わり「ナラ枯れ」（C4）が発生した。

「ナラ枯れ」とは甲虫の仲間ナガキクイムシ科のカシノナガキクイムシ（Platypus quercivorus）のブナ科樹木の樹幹への穿孔により、急速に萎凋・枯死する現象で、現在、新潟から兵庫までの日本海沿いを主に、紀伊半島、中国西部、四国西部、九州南部などで猛威をふるっている。近畿では滋賀県・京都府での被害がすさまじい。突然の被害発生・拡大であったので、一時はこのカシノナガキクイムシも外来種かとも疑われたが、もともと本州・四国・九州・三宅島・奄美大島・沖縄本島などに広く分布していたらしい。

体長四～五㎜の小さな虫で、まずオス成虫がコナラ、ミズナラ、シイなどブナ科樹木の健全な生立木に穿孔し、そのあとメス成虫が入り、交尾・産卵する。この際、集合フェロモンの放出により狭い範囲に多くの個体が誘引される。マスアタックと呼ばれる現象である。産卵期は長く、先に孵化した幼虫が坑道を伸ばし、若い幼虫の世話をするなど、社会性昆虫の習性をもっているという。年輪に沿って坑道が広がるが、ここで糸状菌の一種ナラ菌（Raffaelea quercivora）と酵母菌を培養するようだ。このナラ菌が形成層を破壊し通水機能を失わせせる。酵母菌は幼虫の食べものらしい。このあたりのことはまだ十分には解明されていないよ

春日山原始林の東側の二次林一帯のナラ枯れ（2012年５月12日）

うだ。

ナガキクイムシの穿孔で、早い場合で二週間ほどで枯れてしまう。被害は遠くからでも確認できる。被害木をみると坑道入口から細かい粉（フラスと呼ばれる）がたくさんで、地表にも真白く貯まっている。自然落葉ではないので離層ができておらず、冬になって、被害を受けなかったコナラ・ミズナラが葉を落としているのに、被害木では枯れたが葉がついている。

このナラ枯れの発生は江戸時代にもあったようだが、戦後でも兵庫県や山形県などで発生している。しかし、いずれも数年で終息している。一九八〇年代、福井・富山県で発生した際も、一部には数年で終息する、大きな問題にはならないとの予測もあったが、この地域から日本海側を北上、山形・秋田県まで、南も日本海側を鳥取・島根県、滋賀・京都へ、さらには現在、名古屋から中山道・東海道を北上中とされている。

発生の原因は里山の放置と説明されているが、里山の放置は全国的なものであった。それなら全国各地でほぼ同時に発生してもいいのに、富山・福井ではじめに発生した理由、紀伊半島、四国、九州でも一部地域での発生に限定されていることの説明ができないように思う。当然、カシノナガキクイムシ・ナラ菌が原因ではない、酸性降下物・酸性雨の影響だといった説もだされている。いずれにしろ、高密度での発生になった場合、爆発的に増える別のメカニズムが働くのだろう。

被害はコナラ・ミズナラで目立つが、これは両種の分布域が広く本数が多いことと関係しよう。これまでのところ、コナラ属の落葉のコナラ、ミズナラ、クヌギ、アベマキ、カシワ、常緑のイチイガシ、アラカシ、アカガシ、ウラジロガシ、シラカシ、ウバメガシ、クリ属のクリ、シイ属のシイ（スダジイ・ツブラジイ）、マテバシイ属のマテバシイへの加害が確認されている。

京都大学農学部グラウンドにあった一九三六年のベルリンオリンピック三段跳びで金メダルをとった田島直人がヒトラーから副賞としてもらったというオリンピックオークと呼ばれていたヨーロッパナラ（Quercus robur）が二〇〇八年ナラ枯れで枯れてしまったし、京都府立植物園ではアメリカ原産のピンオーク（Quercus palustris）やアカガシワ（Q. rubra）などが枯れている。

春日山へ侵入するか

春日山は山麓から山頂までコジイが広く優占するが、北斜面にはウラジロガシ、水谷川沿いにはツクバネガシ、イチイガシ林もある。京都・東山で見てもまずコナラへの加害であるが、すでに一部地域ではシイ類・アラカシなどへの加害に及んでいる。初期のコナラへの加害時に防除できなければ春日山の主要樹木であるシイ、さらにはツクバネガシ・イチイガシなどへの加害へ進むのかも知れない。

被害防除には被害木の伐採・薬剤散布が勧められているが、マツ枯れの場合と同様、被害木を捜して一本一本、伐採・薬剤散布するのはたいへんだ。しかし、火事と同じだ、発生初期の今ならまだ根絶に間

ナラ枯れ防除のためのビニールシート（若草山山頂付近）

に合う。被害が拡大した場合、その経済的負担はとてつもなく大きく、とても拡大を止められないであろう。他府県の事例をみてもこのことは明らかだ。

被害木を伐倒・薬剤散布する以外に、無被害・健全木への薬剤注入、あるいは樹幹をビニールシートで覆うといった方法もあるが、無被害地の森林で一本ずつ処理してくるのも負担は大きい。プラスチック・ボトルを利用したトラップ、あるいはフェロモンを用いた誘引トラップもある。これなら労力的には楽だが、その有効範囲が狭いようだ。たくさんのトラップや誘引剤を列状に配置しないといけない。予防、あるいは拡大防止には点でなく、ある幅をもったベルトで防除策を講じない限り簡単に突破されてしまうであろう。

春日山でナラ枯れが自然に終息してくれるのか、防除策が効果を発揮し侵入を止めてくれるのか、あるいは悪い予想が的中し、シイやカシまで枯死する激害地になるのかまったく予想できない。ナラ枯れもマツ枯れも自然のこと、そのままにするのが適当だとの見解もあるが、ここは春日山原始林を守るためナラ枯れを抑えてみてはいかがだろう。

大きな実験だが、やってみる価値はある。

第14章
春日山照葉樹林の行く末を危惧する

山倉　拓夫

春日山照葉樹林の衰退が植物の愛好家や専門家にとどまらず、マスコミなどでも盛んに取り上げられるようになってきた。この照葉樹林衰退についての今日的議論の展開は、小清水卓二先生（奈良女子大学名誉教授）、菅沼孝之先生（元奈良女子大学教授）、北川尚史先生（奈良教育大学名誉教授）を始めとする諸先生方によって実施された、春日山の植物相と植生構造についての総合調査に始まる。(8) 先生方は、植生遷移の考え方を用いて、樹林と環境（自然災害、人のインパクトを含む）の調査時点（一九六〇代末）での実態および過去の状況を分析され、安泰とは言い難い森の未来を予測された。この予測を導きとし、樹林構成樹木の動態データを用いて、本章では春日山照葉樹林の行く末を検討する。

一　過去のデータに見る樹木の種数と個体数関係

小清水ら[8]による春日山植物目録では、変種や人工植栽による種を含め、一九一科一二七七種に及ぶ維管束植物が記載された。このうちツルを含めて木本植物は三一九種（変種を含む）であった。この目録をはじめ、過去の植物相についての資料を最近の分類体系で再検討すると、春日山照葉樹林およびその周辺にはこれまでに三六九種の木本植物が記載されてきたという（藤井俊夫未発表資料、図1）。これらの樹木たちは、将来も存続可能なのであろうか？　既に述べた先達によって発せられた問いである。この問に直接的に答えるため

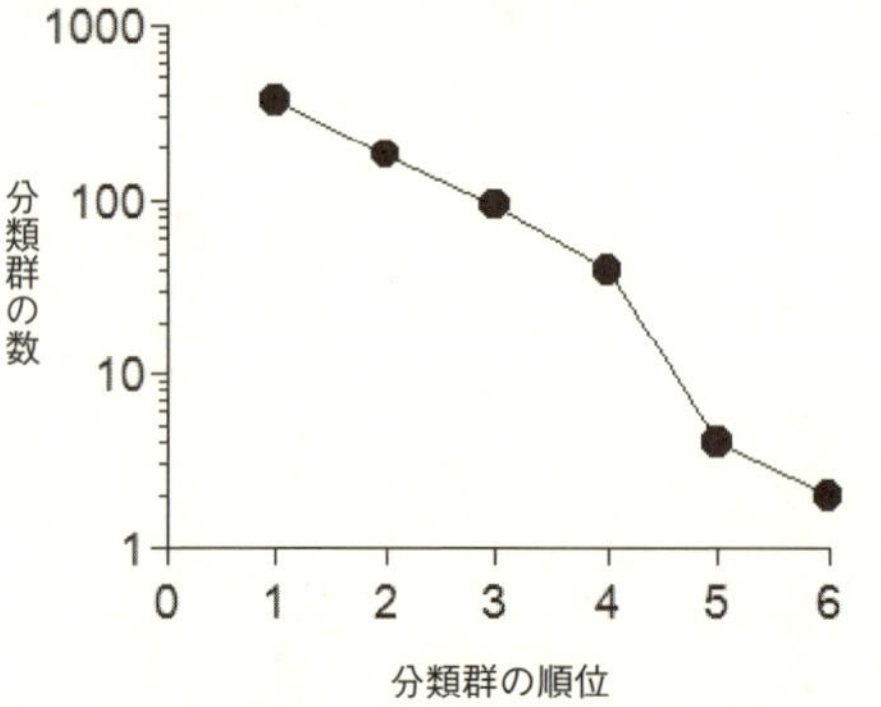

図1　春日山照葉樹林構成樹木の分類群別出現数
横軸は分類群の順位（1＝種、2＝属、3＝科、4＝目、5＝綱、6＝門）を表す。順位1～4までは直線で近似でき、この範囲の順位においては、隣接する分類群間の分岐率（例えば、属から種への分岐率）がほぼ一定（平均2.1）であることを示す。綱から目への分岐率は10、門から綱への分岐率は2.0となっている。データは藤井俊夫未発表資料による。

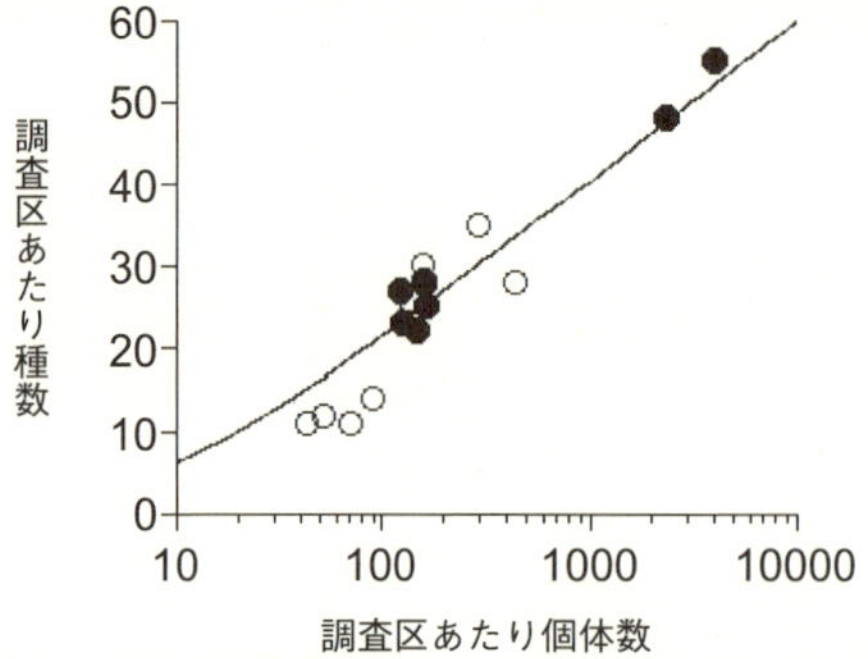

図2　春日山照葉樹林の種数～個体数関係　図の○記号は1980年以前の調査データを、●記号は1980年以後のデータを表す。図中の曲線は、フィッシャーの対数級数則（$S=\alpha \ln(1+N/\alpha)$、ただし、S, N, α は、それぞれ種数、個体数、データごとに定まる多様度指数といわれる係数を表す）に基づき、$\alpha=8.48$として算出した種数～個体数関係を表す。データは桐田博充（文献7）、中根周歩（文献13）、仲和夫（文献12）、藤井俊夫（文献2）、藤井範次（文献1）、水野貴司（文献10）及び筆者の未発表資料による。

には、樹林内にかなりの面積の調査区を設定し、樹木種の流入、滞留、消滅を長期にわたって反復観察することが必要である。しかし、このような観察はこれまで行われておらず、異なる研究者によって調べられた、調査年の異なる、一時点での樹木の胸高直径と種名の記録があるだけである（図2）。

図2で示した、調査区あたりの樹木の種数と個体数の関係についての一四データでは、どの調査も春日山照葉樹林の域内で行われているものの、調査場所はもちろん、調査区の大きさは、調査ごとに異なる（0・026ha～13ha）。調査区の狭い場合は成熟相の林分パッチを対象とし、調査区の広い場合はギャップ相、途中相、および成熟相を含む林分発達のモザイクを対象として調査が行われた。また、観察対象とした個体の下限胸高直径も調査ごとにまちまちである（2cm～20cm）。観察年は古いもので一九六四年、新しいもので一九九七年であった。調査法の不統一は否めないが、これらの期間内で、もし樹林に異変が起こりつつあったとしたなら、異変は種数～個体数関係などに表れるのではあるまいか。このような視点でデータを点検しても、図2の種数～個体数関係の一四データのように、一九八〇年以前と以後で大きな違いは認められなかった。図2のデータでは、フィッシャーの対数級数則（数式は図2参照）の係数α（多様度指数）は、データ間で大きくは違わず類似した値となり、第一次近似として一四データに共通の多様度指数（8・48）を仮定しても良いように思われた。すなわち、三三年間で種数～個体数関係および多様度指数に大きな変化は認められず、また個々の調査区で移入種（ナギ、ナンキンハゼ）の高頻度の出現や代表的在来種（シイ、カシ類）の欠落も認められなかった。二〇世紀末の三三年の期間と一四調査区に限って言えば、時間方向で安定した種構成が維持されてきたようだ。したがって、最近話題にされるようになった春日山照葉樹林の衰退は、二一世紀に入って顕著になり始めた現象かも知れない。二〇世紀末の樹林の種組成と構造（胸高直径組成）の一例を、藤井[1]および水野[10]の研究に従って次に示す。

二　面積13 haの生態調査区、森林攪乱、種組成および胸高直径組成

藤井と水野は協力して、春日山の妙見宮・奥の院の西側の谷の照葉樹林域で、集水域を囲むように面積13 haの生態調査区を設置し、林冠木（胸高直径20㎝以上の林木）のマッピング、樹種名の記録、および胸高直径の測定を行った（図3）。菅沼・高津[17]によれば、一九六一年に襲来した第二室戸台風によって、この集水域の森林は大きな被害を受けた。

森が被る台風の被害は、葉の落下、枝折れ、幹折れ、根返り倒木などとして観察される。被害の発生した所では、葉や樹冠が欠落して林床に強い光が射し込み、林冠ギャップ（またはギャップ）ができる。ギャップの強光環境は、埋土種子の発芽、新たに芽生えた実生の成長、および風害をまぬがれた若木の成長を促進するから、ギャップは大木亡き後の後継樹の更新の場となる。春日山照葉樹林を住み場所とする多くの樹種について、その主要な更新の場がギャップであることが判明している[12]。

落葉樹カラスザンショウは春日山照葉樹林に

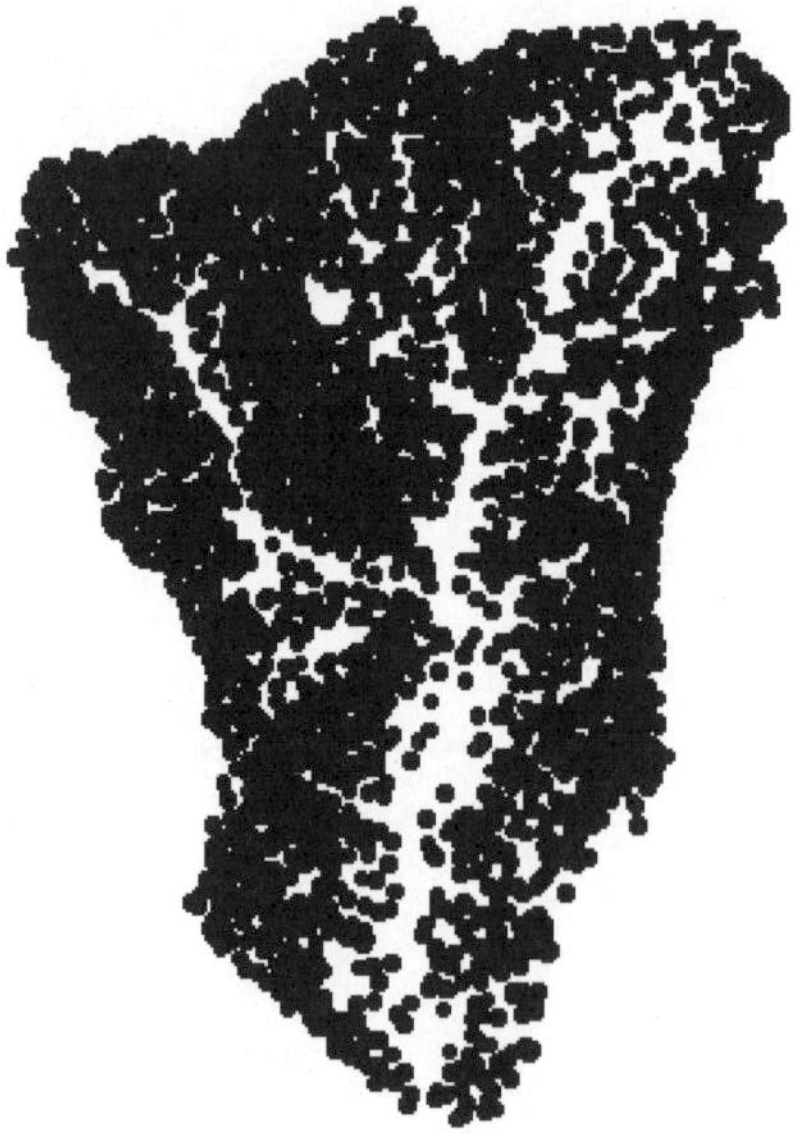

図3　面積13 haの調査区における林冠木の分布地図　調査区は起伏に富み、谷の部分では樹木が分布せず、図で白く抜けた部分として表されている。

も出現する大形先駆種で、ギャップで更新し、その樹齢にギャップ形成年の記憶を刻みこんでいた[16]。13ha調査区には、一九八七年二月時点で、胸高直径5cm以上のカラスザンショウが110個体存在した。この110個体の樹齢を調べると、その度数分布には二つのピーク（モード）が認められ、第一のピークは樹齢二四年〜二五年の若齢集団の存在を、第二のピークは樹齢七二年〜七三年の老齢集団の存在を示唆した。春日山には平均6・57年に一回の確率で大形台風が襲う[12]。二つの樹齢集団の形成時期を、奈良地方を襲った台風の記録と重ね合わせると、若齢集団の形成年は第二室戸台風襲来年（一九六一年）または伊勢湾台風襲来年（一九五九年）に、老齢集団の形成年は奈良地方に襲来した台風の中で最低気圧を記録した大形台風襲来年（一九一二年）と対応した[16]。カラスザンショウ個体群の樹齢の度数分布は、菅沼・高津[17]が指摘した第二室戸台風襲来時の森林攪乱を見事に記録していた。したがって、13ha調査区域にはたびたび台風が襲来し、時には大攪乱を引き起こしたようである。このような自然災害の歴史を反映してか、調査区で林冠木個体数が最も多かった種は、アカシデであった。この落葉性の樹木は、春日山ではカラスザンショウと同様、先駆種としてふるまう。

元村の等比級数則に倣い、13ha調査区出現種の種当たり個体数と個体数順位の関係を描くと図4を得た。図で順位一を占める種がアカシデ（730個体）、引き続いてスギ（605）、コジイ（341）、ウラジロガシ（274）、アカガシ（218）、ウリハダカエデ（202）、イヌガシ（192）、ツガ（167）、ヒノキ（166）、ヤマザクラ（158）、ツクバネガシ（128）の順となる。調査区全体で、3850個体、55種の林冠木が確認されているが、更なる詳細はMizuno et al.[11]を参照されたい。ここで、スギやヒノキは植栽に起源を持つ。春日山では、台風などで林木と林地に攪乱が起きると、植生の回復を促進する目的で、スギやヒノキが植えられてきた。照葉樹に交じって、ウリハダカエデ、ヤマザクラなどの落葉樹が数多く表れることも、台風による自然攪乱の影響を示唆する。

調査区に出現した樹木の、胸高直径1cmあたりの度数分布（分布密度）を図5に示す。胸高直径1cmから20cm未満の樹木の分布密度については、調査区の一部（5・06ha）で行った胸高直径1cm以上の樹木の毎木調査結果（藤井範次未発表）を拝借した。胸高直径が増加するにつれて大形樹木の分布密度は急激に減少し、小型の樹木が多数を占める天然林の一般的特徴が保存されている。作図法にもよるが、この図を見る限り、胸高直径方向で分布密度は連続的に変化し、特定の胸高直径階において、値がゼロとなる更新阻害の兆候は

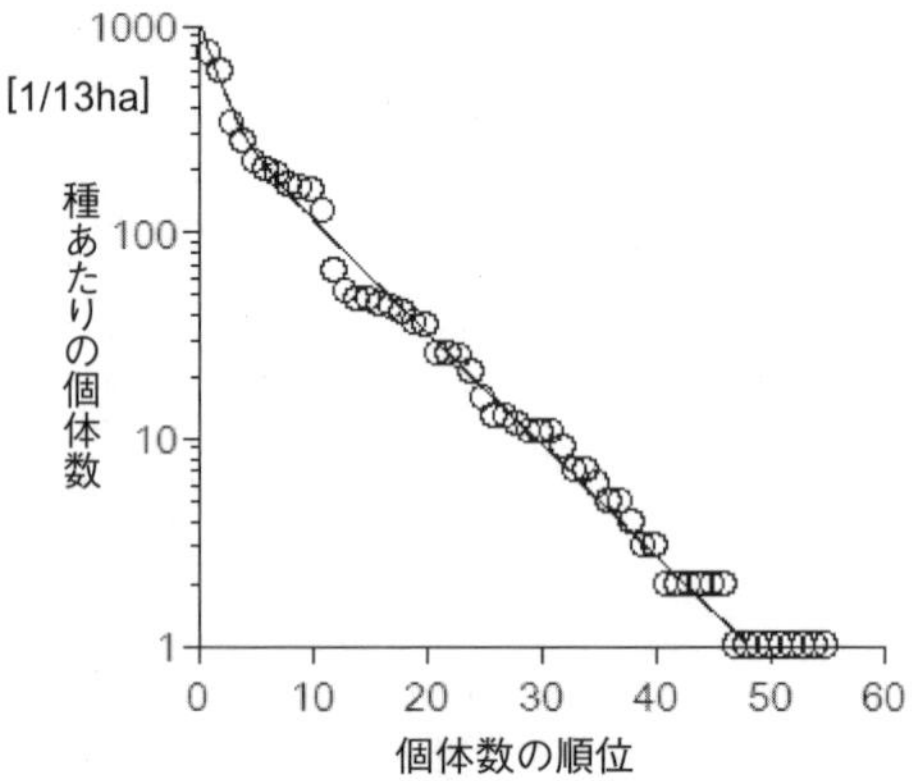

図4　出現種の種当たりの個体数と個体数順位の関係　調査区は図3と同じ。3850個体、55種の林冠木が確認された。図の○は観測値を、曲線は元村の等比数級則に従い、初項と公比の異なる二つの等比数列を重ね合わせて算出した。初項と公比の組み合わせ（初項、公比）は（756、0.534）および（396、0.883）となった。

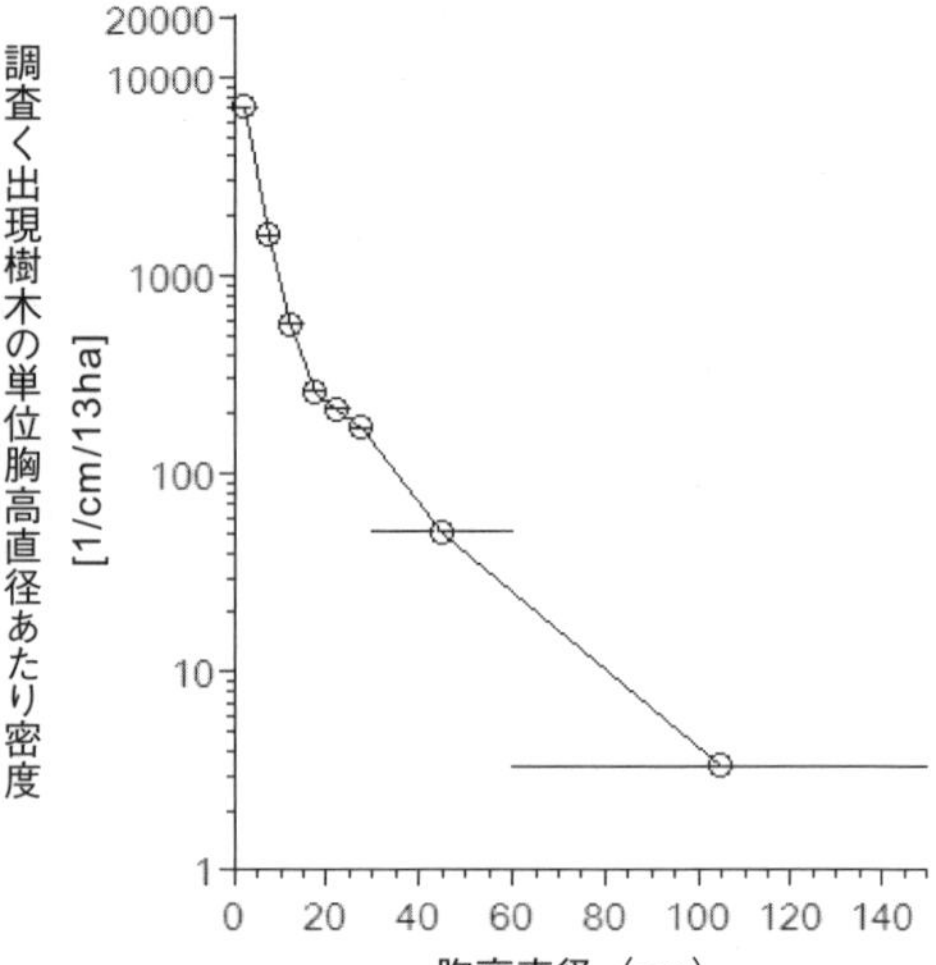

図5　調査区（13 ha）出現樹木の胸高直径の度数分布　胸高直径の階級数は8階級で階級幅は階級ごとに異なる（[1 cm ～5 cm)、[5～10)、[10～15)、[15～20)、[20～25)、[25～30)、[30～60)、[60～150)]）。図中の○記号は各階級の級心を、横線は階級幅を表す。

認められない。したがって、種組成や胸高直径組成を見る限りでは、調査区内の樹木は、台風による自然攪乱を克服して、懸命に生存努力を続けてきたと解釈できるであろう。

三　当年生実生と稚樹たちは警告する

一九九〇年代までの調査データに限るが、実生定着を完了後、小形稚樹の段階を経てある程度の大きさに育った樹木については、森林の組成と構造に森林衰退の予兆は認め難かった。とはいえ、データはすべて一時点のデータであり、春日山照葉樹林で暮らす樹木の時間方向の性質については何も分かっていない。ここでは、固定調査区で樹木の成長と死亡を複数回調べることができた、御蓋山ナギ林のデータをも援用して、春日山照葉樹林の行く末を推定する。

御蓋山調査区の広葉樹

御蓋山の調査区はお山の西斜面のナギ林内にある。調査区面積は370m×40m（1・48ha）、毎木調査時の下限胸高直径は4㎝、ツルを含む木本の一九九二年時点での総個体数および総種数はそれぞれ3058個体、34種であった。針葉樹として、ナギ、スギ、カヤ、イヌマキの4種が、ツル植物としてフジ、ウドカズラなど8種が出現し、残る22種が常緑および落葉の広葉樹となる。この広葉樹にはナンキンハゼが含まれていて、その個体数は12であった。シイ・カシ類としては、イチイガシおよびウラジロガシが各1個体出現するのみで、春日山とはこの点で大きく異なっている。御蓋山は春日山に比べ鹿の被食圧が大きく、出現する広葉樹は鹿に対する耐性の強い種が多い(14)。このような違いはあるが、ナンキンハゼを除く21種は春日山照葉樹林に現在も出現し、小清水ら[8]による春日山植物目録に記載されている古くからの樹林構成種である。この21種の広葉樹のデータを用いて、生残曲線を描き、一世代あたり純繁殖率を推定すると、次の結果を得た。

生残曲線

当該調査区は一九八八年に設定され[9]、以後二〇〇六年までの一八年間で、調査区内樹木の成長、死亡、新規加入についての調査が10回反復されてきた[14]。この間に死亡した広葉樹21種、369個体の死亡データを用いて、胸高直径ベースの生残曲線を求めると図6のようになった。生残曲線の求め方は専門書[4]に譲るが、死亡個体の死亡時の年齢を用いて、寿命の長い大形野生動物の生命表を作成する手法に準じている。樹木については、これまでに類似の生残曲線が存在しないため、比較例としてマレーシアの熱帯雨林で観察したブナ科とクスノキ科の二科をひとまとめにした生残曲線も合わせて例示する。森林タイプの大きな違いを超えて、二森林の生残曲線は類似している。

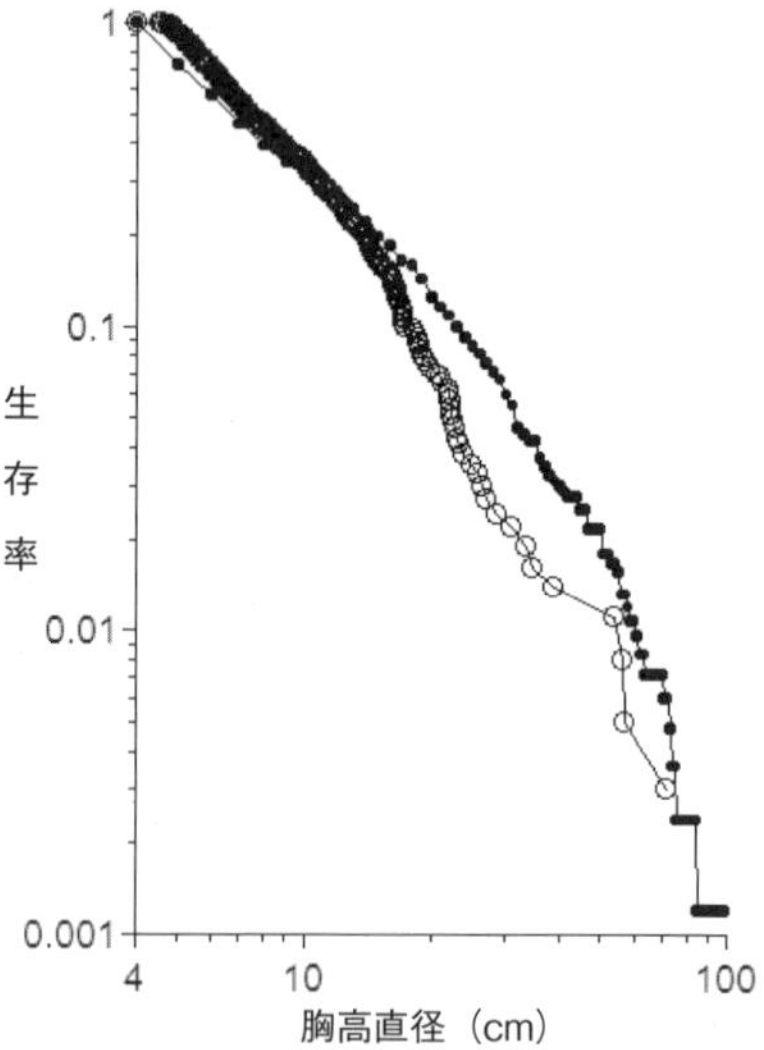

図6　御蓋山の広葉樹21種の死亡個体から求めた胸高直径ベースの生残曲線　作図に際し、下限胸高直径を4 cmとした。図中の○記号は御蓋山のデータを、●記号はマレーシアの熱帯雨林のデータを表す。マレーシアの面積52 haの調査区では、ブナ科樹木21種およびクスノキ科樹木78種が出現し、胸高直径4 cm以上の樹木が10年間で892個体（ブナ科）および3462個体（クスノキ科）死亡した。

図6の横軸は胸高直径を示す。この横軸を時間で置き換えることができれば、サイズベースの生残曲線を通常の年齢ベースの生残曲線へ変換することができる。ここでは、胸高直径が定係数のロジスチック式で近

似できると仮定し、胸高直径の平均的軌道を求め、この軌道を利用して胸高直径を時間（樹齢）に変換した（Box 1参照）。図6の生残曲線では、データの制約から胸高直径の下限が4cmとなっている。このため、胸高直径の初期値を4cmとして成長軌道を求め、図7の生残曲線を得た。二つの森林で成長曲線の係数が類似しており（Box 1）、かつ胸高直径ベースの生残曲線も類似していたため（図6）、二森林の樹齢ベース生残曲線も良く似たものとなった。生残曲線から平均寿命を求めると、御蓋山の広葉樹で49・3年、熱帯雨林のブナ科とクスノキ科樹木で47・5年となった。ただしこの値は胸高直径4cmの個体の樹齢をゼロ年とした値であるので、その解釈には注意を要するが、樹木の平均寿命は日本人の平均寿命よりは短そうである。

一世代あたりの純繁殖率

生残曲線に個体の種子生産数を組み込むと、一世代あたりの純繁殖率 R_0 を求めることができる[4]。春日山照葉樹林に設置した13ha調査区に出現するアカガシ亜属4種17個体（アカガシ4個体、ウラジロガシ5、ツクバネガシ5、アラカシ3）については、個体あたり結実年あたり種子生産量が、平山[3]によって詳しく調べられている。これらの樹種には隔年結果の性質があり、二年に一回、全種が同調して大量に結実する、

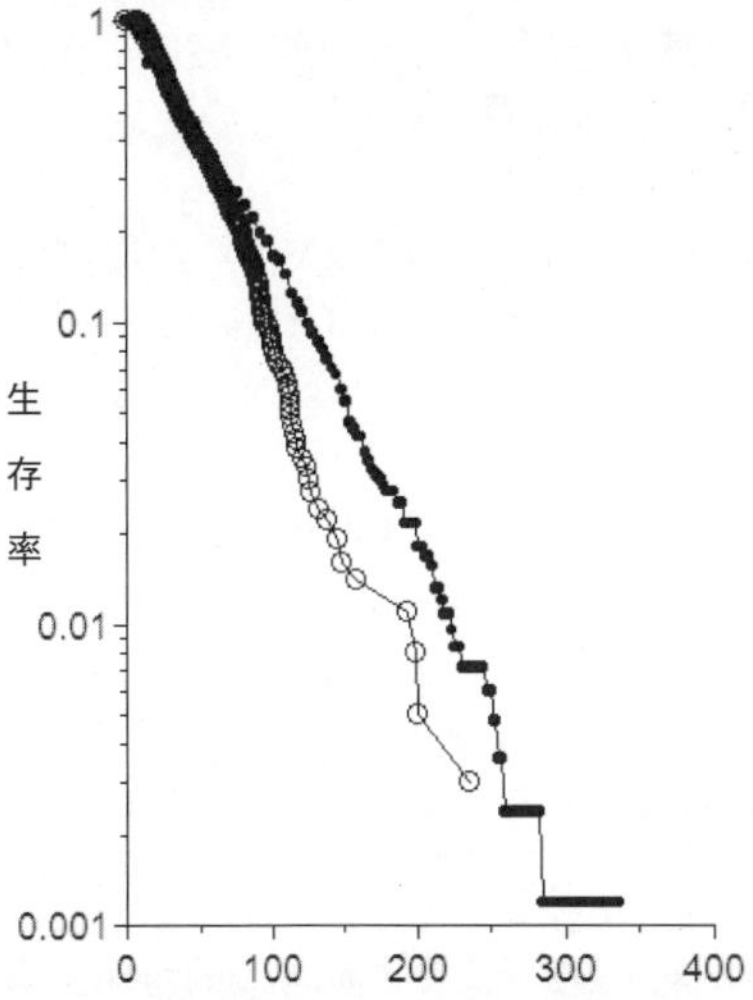

図7　広葉樹21種の死亡個体から求めた生残曲線
データは図6と同じ。横軸の時間は図6の胸高直径を変換して求めた。図中の○記号および●記号は、それぞれ御蓋山の広葉樹および熱帯雨林のブナ科とクスノキ科の樹木を合わせた生残曲線を表す。

いわゆる「なり年」現象が認められる。平山が観測した17個体のなり年の種子生産データを用いて、個体あたり種子乾重量W_{seed}（kg/tree）を推定した（Box 2参照）。

R_0の算出には、種子生産量を重量ではなく、種子の個数で表す必要がある。このため、種子1個の乾燥重量を求め、この値でW_{seed}を除し、個体あたり種子数N_{seed}に変換しなければならない。アカガシ種子は大きく（平均乾重1・3g）、アラカシ種子は小さい（平均乾重0・3g）。樹種によって種子サイズが異なるため、推定の精度を高めようとすれば、樹種ごとにW_{seed}からN_{seed}への変換式を求めなければならない。しかし、W_{seed}の推定式は4樹種に共通と仮定しているので、ここでも第一次近似として、4樹種に共通の変換式求めることにする。すなわち、4樹種の平均種子乾重を1・0gとして、$N_{seed}=1000W_{seed}$の換算式を得る。これは、二年に一回のなり年の換算式であるから、不作年も考慮して、$N_{seed}=500W_{seed}$をR_0の計算に用いた。また、胸高

Box 1　時間をt、時間tにおける胸高直径を$x(t)$と表記し、$x(t)$がロジスチック式に従うと仮定する時、$x(t)$は1階の微分方程式

$$dx(t)/dt=rx(t)(1-x(t)/K)$$

で書き表される。ただし、rおよびKはデータによって定まる係数で、人口曲線ではそれぞれ内的自然増加率、環境収容力と呼ばれる。微分方程式をオイラー法で差分化し、次の$x(t)$に関する2次式を得る。すなわち、

$$x(t+\Delta t)=ax(t)-bx(t)^2$$

である。ただしΔtは$x(t)$の測定時間間隔、$a=(1+r\Delta t)$、$b=r\Delta \mathrm{t}/K$である。2次式の係数（aとb）を最小二乗法によって求めれば、求めたaおよびbからrおよびKを算出できる。御蓋山の広葉樹については、$r=0.01704$（1/年）、$K=103.9$（cm）、熱帯雨林のブナ科とクスノキ科の樹木については$r=0.01552$（1/年）、$K=112.6$（cm）の推定値を得た。

Box 2　アカガシ亜属樹木1個体あたり種子生産量w_{seed}(kg/tree)と葉乾重量w_L(kg/tree)の関係を求めると、

$$\log w_{seed}=2.796\times\log w_L-2.571(r=0.785,\ p<0.01)$$

の関係を得た。ここでw_Lは小川・斉藤（1965）の相対成長関係を用いて胸高直径から推定した。4種を区別せずデータを扱ったためか、式の決定係数は62%と低い

直径20㎝以下の個体は種子をつけないことが多いから、20㎝以上の個体で種子生産が行われることも仮定する。アカガシ亜属の性表現は雌雄同株であるので、雌雄の区別は考えなくて良い。このようにして求めた R_0 は851となったこの値はアカガシ亜属樹木4種の平均的な値であり、個々の樹種の値を示すものではない。しかし、この値は日本の樹木について初めて推定された値である。また、これと対応する一世代の平均時間[4]は165年となり、仲[12]が単位土地面積あたり単位時間あたりギャップ発生面積から求めた、春日山照葉樹林の平均回転時間180年に近い。樹木1個体がその165年の生涯を通じて、平均851個の種子を生産することを示すこの R_0 の値は、種子の発芽から実生定着に至る過程が支障なく進行するならば、御蓋山と春日山に住むアカガシ亜属の樹木が、大きな増殖能力を持つことを示唆する。したがって、既存のデータを見る限り、このカシ類の種子生産不足を心配する必要はないようである。

御蓋山ナギ林での困難な実生定着

一九八七年六月から一九八九年一二月までの二年半、玉井[9]はシカの被食から植物を守る面積1㎡の防護柵をギャップ下に13個設置し、柵の内側と外側で樹木の新たな芽生えにマーキングし、新規加入した芽生えの生存率を調べた。柵内では206個体／13㎡、柵外では270個体／13㎡が芽生えた。これらの芽生えの中、鹿が好んで食べる種の個体数は柵内で96個体／13㎡、柵外で133個体／13㎡であった。鹿の食べる種の死亡率を柵の内外で求めると、それぞれ0.758/yr、0.982/yr となった。二つの死亡率の値を用いて、ある時に芽生えた千個体の実生の生残を計算すると、柵内では5年を経ずに1個体以下、柵外では2年を経ずに1個体以下に減少し、実生が消滅することが分かった。実生定着には数年を要することが多いので、照葉樹林構成種が御蓋山で定着できないのも肯ける。

春日山照葉樹林での困難な実生定着

実生の定着が困難なのは、御蓋山ナギ林で芽生える樹木だけではない。春日山照葉樹林においても状況は変わらない。ギャップで更新するカラスザンショウの樹齢の二山型度数分布については、既にのべた。この樹種の個体群動態の様相をコンパートメントモデルで表すと、図８のようになった。

既に述べた面積13ha調査区には胸高直径５cm以上のカラスザンショウ110個体が存在し、毎年２・７７個体が死亡する。これらの個体はたとえ小さくとも種子を作る能力があるので、その呼称として成熟木の語を用いる。彼らは種子生産に努め、毎年９５６０００個の種子を埋土種子バンクに貯め込む。埋土種子バンクの種子貯留量は7メガ個、そこから発芽する種子は毎年３８９００個、発芽種子はそのまま当年生実生として貯留される（図８）。

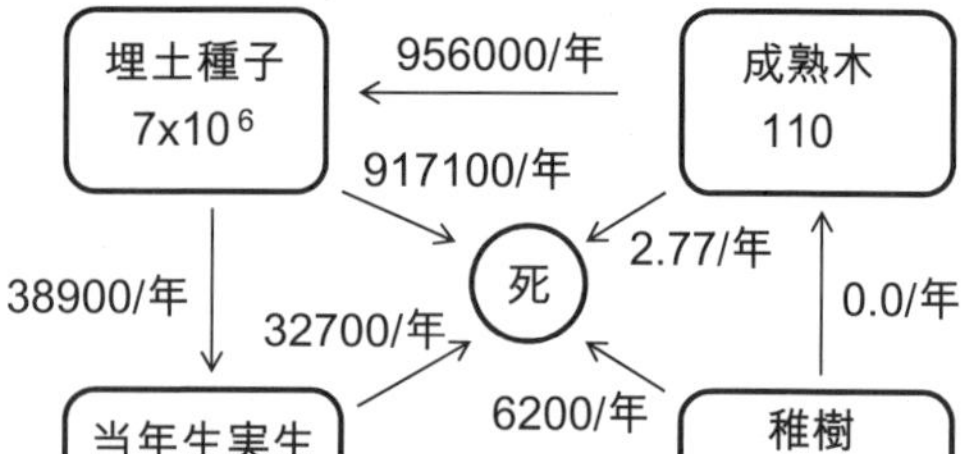

図８　面積13 ha 調査区におけるカラスザンショウの個体群動態のコンパートメントモデル　図でボックスは存在量（1/13 ha）を、矢印を付した線はボックス間を結ぶフロー（1/13 ha/年）を表す。諸量の算出には、仲（1984）、下田（1998）、および川崎（1993）の数値を引用した。〔文献(12)(16)(5)参照〕

当年生実生の中、３２７０００個体は水や光などの資源不足よりは、むしろ奈良鹿の食害によって死亡するため、樹齢1年の稚樹になれるのは当年生実生の16%、年あたり６２００個体でしかない。実生時代の困難をくぐりぬけた1年生の稚樹は、その後もさらに厳しい鹿の食害にさらされ、胸高直径５cm以上の成熟木に成長することなく死に絶える。高さ30cmくらいに稚樹が育つと、鹿による食害は特に高頻度で発生する（図８）。

稚樹から成熟木への道が閉ざされたままであるなら、やがて種子を産む成熟木も死に絶える。これに要する年数は約185年（ln(1/110)/ln{(110−2.77)/110}）である。成熟木が無ければ種子は実らず、埋土種子バンクもいつかは種子数1個以下となって枯渇する。これに要する年数を求めるため、コンパートメントモデルを埋土種子、当年生実生、稚樹、成熟木についての推移確率行列に書き改め、推定を行うと626年で種子バンクが枯渇することが分かった。成熟木の消滅後も441年間にわたって種子バンクは存続する。したがって、成熟木が消滅しても、種子バンクによって個体群が復活できる可能性は残る。ただし、この441年の数値は計算上の年数で、野外条件での種子寿命の限界を考えると、441年は過大であるように見える。休眠性の種子を持たず、稚樹バンクを作るシイ・カシ類においては、稚樹バンクが鹿の食害に最も脆弱であるから、成熟木消滅後のバンク利用の個体群復活はないであろう。

実生定着過程における厳しい現実は、カラスザンショウだけではない。ムクロジ[18]、ヒサカキ[19]においても同様である。過去において鹿が好まない樹種とされたクロバイにおいてさえ、実生定着に問題を抱えている[2]。

余談になるが、現状の春日山照葉樹林で樹木個体群の動態や維持機構を研究することは徒労に終わる可能性が高い。開花、結実、種子生産、種子散布、発芽までは何とかデータ化できたとしても、その次の段階である実生動態のデータが取れない。マーキングした実生が、すべて食べられてしまうからである。動物の踏圧および地表攪乱による実生の死も、次第に無視できなくなってきた。当年生実生および稚樹から成熟木に至る樹木の動態を知るためには、別の場所へ行かなければならない。

絶滅までの時間

春日山照葉樹林の存続を考える時、最も脆弱な生態過程が実生の定着にあることが分かってきた。この弱い部分が防護柵などによって強化されない限り、樹林は消滅し、別タイプの植生にとって代わられることになる。要点は絶滅までの時間の推定の問題となってきた。ここでは、樹林維持機構の弱点が改善されずに継続し、当年生実生や稚樹が育たないという条件下で、絶滅までの時間を推定する。この推定では、樹木の動態データが豊富な御蓋山ナギ林の21種の広葉樹のデータを援用する。

その作成手順については専門書に譲るが(6・15)、表1に御蓋山の広葉樹から得た樹木の動態についての推移確率行列を示す。広葉樹集団を胸高直径に従って、7階級(部分集団)に区分した。出現数が少ない大形個体の推移確率のバラツキを抑えるため、部分集団の区分に用いた胸高直径の階級幅は一定ではない。また、個体が大形になるほど胸高直径の成長速度は小さい。大形個体でも明瞭な成長を確保するため、推移の時間間隔は15年と長い。また、更新阻害のため、若木の成長による集団への新規加入はないと仮定した。表2に、春日山照葉樹林に設置した13ha調査区から得た、表1の部分集団に対応する個体数を示す。総個体数は15869個体/13haである。表2の数値が現在の胸高直径の度数分布の状態を表すと考える。この個体数の縦ベクトルを表1の推移確率行列に右側から1回掛けると、15年後の各部分集団の個体数を得る。また、推移確率行列をn乗し、同様に表1のベクトル掛けると15×n年後の各部分集団の個体数を得ることができる。このようにして、未来の個体数を推定すると、総個体数は時間方向でほぼ指数関数的に減少し、一二〇〇年後に1・1個体/13haとなり、一二一五年後には1個体以下となって調査区から消滅する(図9a)。この値はカラスザンショウの成熟木の消滅に要する年数に比べはるかに長い。これは最大胸高直径クラスの樹木の死亡率が低いためである(0.00782/yr)。しかし、胸高直径の小さな個体の消滅は速く、直径30㎝未満の個体は350年を経ずして、60㎝未満の個体は400年を経ずして消滅し、以後の約八〇〇年間は60㎝以上の個体のみが林内に散在する林形となる(図9b)。この八〇〇年間の樹木の時間方向の平均個体数は概算で34個体/

13haとなる。なんともみすぼらしい森林である。

今から千二百年先の未来のことは、想像しにくいことがらではある。まだ時間があるようにも見える。しかし、その半減期を考えると、状況の深刻さが理解できる。半減期は九〇年に満たないのである。広葉樹の減少と並行して、鹿が好まない植物が増えるなら、問題は大きい。したがって、一二〇〇年で1個体という予測値は、何もしなくて良いという根拠にはならない。むしろ、何かしなければならないのである。四百年先の未来では、小さな個体数の多い、自然な森の形は崩壊している。これらの数値が誤っているとしたら、推移確率の推定が現実と違うか、ないしはゼロとして取り扱った新規加入がゼロではないからである。もしそうであるなら、大規模な森林調査を春日山で反復して行い、照葉樹の推移確率と新規加入を精度高く測定しなければならない。個人の努力にとどまらない、人材の結集が必要である。

四　さらに気がかりなこと

春日山照葉樹林の行方を考える時、森林構成樹木の動きとは別の気がかりなことがある。それは奈良市の気温が上昇してきていることである。日単位、月単位、年単位の気温ではなく、植物の地理分布の研究で頻用され

表1　照葉樹および落葉広葉樹の胸高直径の推移確率行列

直径階		時刻 t における胸高直径 D（cm）の階級						
		4≦D＜10	10≦D＜15	15≦D＜20	20≦D＜25	25≦D＜30	30≦D＜60	D ≧60
時刻 $t+\Delta t$ における D	4≦D＜10	0.6633	0	0	0	0	0	0
	10≦D＜15	0.1673	0.4640	0	0	0	0	0
	15≦D＜20	0.0169	0.3849	0.3668	0	0	0	0
	20≦D＜25	0	0.0504	0.4322	0.2021	0	0	0
	25≦D＜30	0	0	0.0653	0.4681	0.2000	0	0
	30≦D＜60	0	0	0	0.2021	0.6667	0.6571	0
	D ≧60	0	0	0	0	0.0333	0.1714	0.8889

＊ Δt は15年を表す。

る温かさの指数*WI*と寒さの指数*CI*で考えると更に明瞭になる（図10）。*WI*の年あたり昇温率は０・１９７℃月／年で、この値は年平均気温の昇温率０・０１９５℃／年の10倍である。*CI*の昇温率は０・０３６３℃月／年となって、*WI*に比べて小さいように見える。しかし、*CI*が負の値を取る変量で、その上限が０・０であることを考えると、*CI*の昇温率も大きいと言える。この昇温の原因が、不適当な温度計設置場所によるものでさえなければ、気象台が管轄する奈良地区の昇温傾向は確かと思う。春日山と気象観測所の距離は近く、昇温の影響は直接に春日山の樹林に及ぶであろう。昇温は生物の暮らしにプラスとマイナスの両方の効果をもたらすが、それらはいつ、どの程度の強さで春日山照葉樹林に表れるのであろうか？　恐れるのは、生物季節の異常化によって、照葉樹の種子生産が崩壊することである。御蓋山のナギではその予兆が現れているように見える。

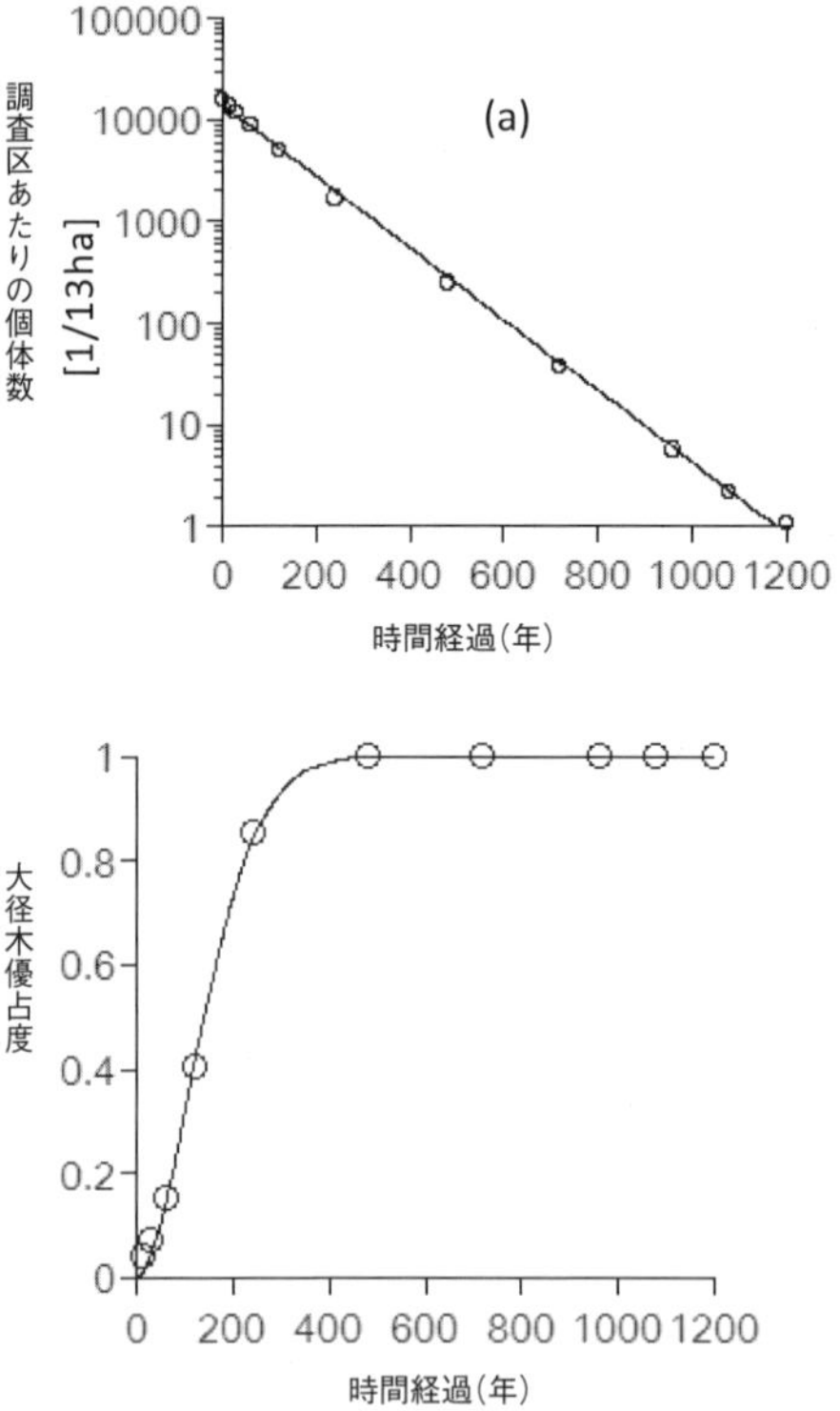

図９　春日山照葉樹林に設定した13 ha 調査区における樹木個体数の減少の推定　1215年後には、樹木個体数は1/13 ha 以下となって樹林は消滅する（図９a）。大径木優占度（生残総個体数に対する胸高直径60 cm 以上の樹木個体数の比率）は、森林構造の劣化度を表し、400年で上限値1.0に達する（図９b）。

表２　胸高直径階ごとの個体数の初期値

胸高直径の階級（cm）	個体数（1/13 ha）
4≦D＜10	7907
10≦D＜15	2839
15≦D＜20	1273
20≦D＜25	1034
25≦D＜30	1000
30≦D＜60	1520
D ≧60	296

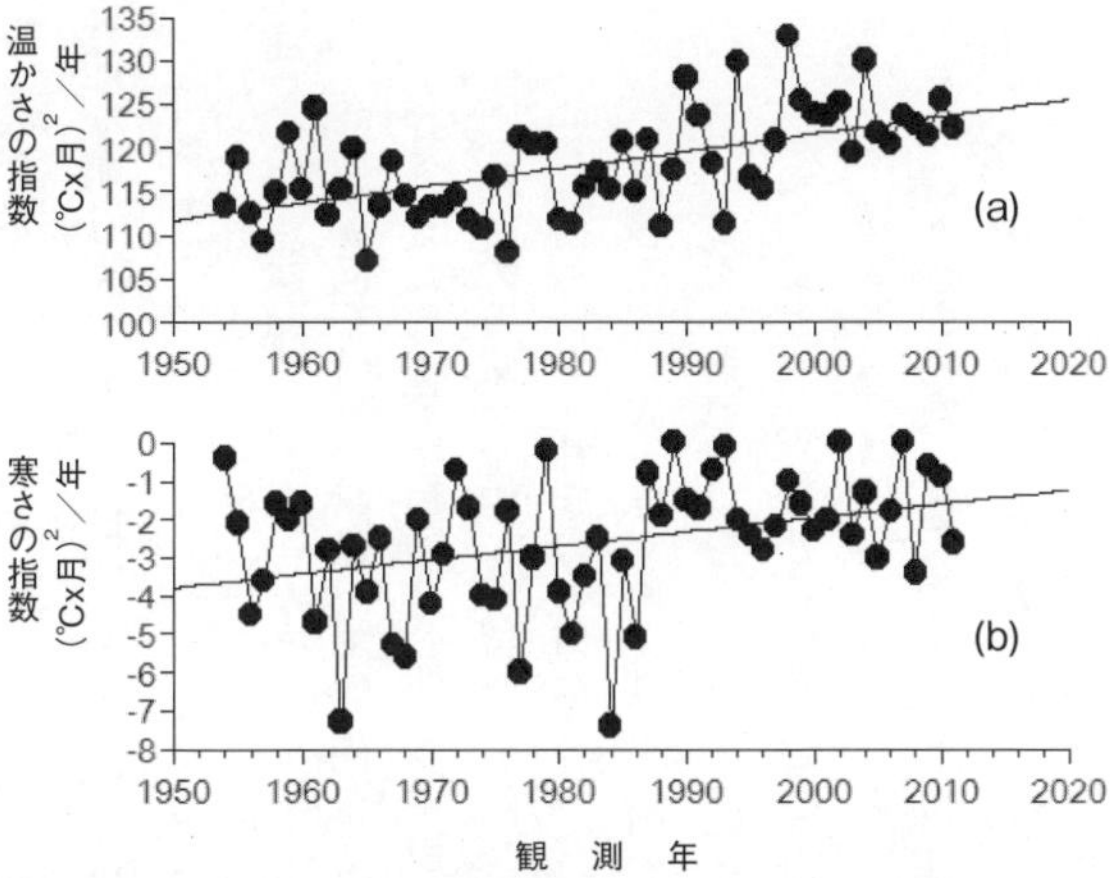

図10　奈良気象台の月平均気温データから算出した温かさの指数 *WI* および寒さの指数 *CI* の年次変動　直線は傾向線を表し、その傾きは *WI* で0.197℃月/年、CI で0.0363℃月/年となった。

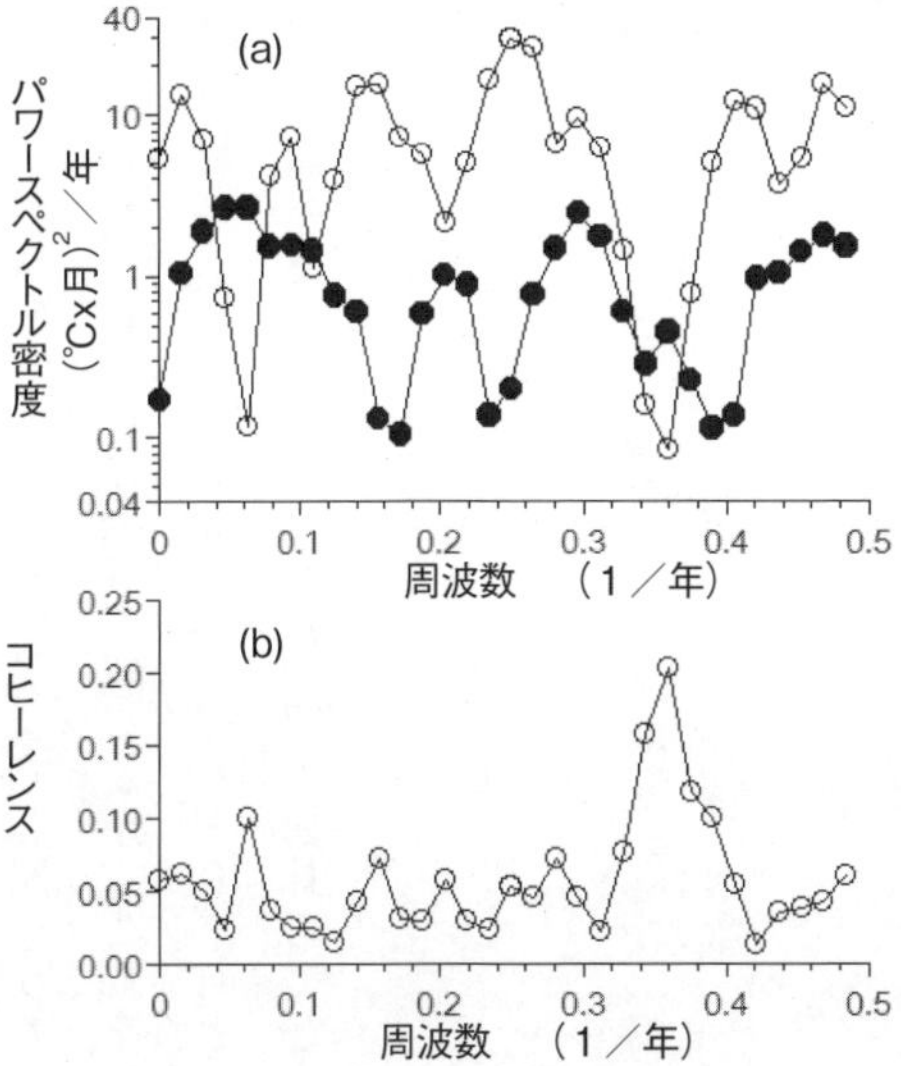

図11　温かさの指数 *WI* および寒さの指数 *CI* の傾向線からの偏差のスペクトル解析　傾向線は図10 a および図10 b の直線とし、直線と観測値の偏差を FFT 法により解析し、パワースペクトルを算出した。*WI* のスペクトル（○）は周波数0.25/yr で最大となり、弱度ながら 4 年周期で変化する傾向があるが、*CI* のスペクトル（●）にはその傾向を認めにくい。*WI* の周期はエルニーニョの平均発生間隔や桜開花の早晩の周期と一致する（a)。コヒーレンスは、*WI* と *CI* の周波数領域におけるスペクトル間の相関を表す。相関は低いが、両者の変動には周波数0.359/年（周期約 3 年）前後のラグ時間が存在する（b)。

現在までの WI と CI の傾向線（図10）および偏差のリズム（図11）の様相は、他の気象要素でも知られている事柄と同じである。時間方向の変動についての傾向線を未来へ延長することに抵抗を感ずるが、これを実施すると、２２９８年後に WI は亜熱帯域の値（１８０℃月）に達し、CI は２０５４年後に０・０℃月となる。この年数は、千二百年よりは長い。奈良地区が亜熱帯域に飲み込まれる前に、春日山照葉樹林のことを、可能な限り調べあげ、記録しておかなければならない。

［注］——用語解説

平均回転時間　単位土地面積を単位土地面積当たり年あたりギャップ発生面積で除した値。林木の総入れ替えに要する平均的な時間として解釈可能。

種子貯留量　土中に貯留された種子の総数。

稚樹バンク　林床の稚樹だまり。

推移確率　表1で、第一行第一列の数値（推移確率）0.6633および第二行第一列の推移確率0.1673は、時刻 t で最小胸高直径階（4 cm≦D＜10 cm）に n 個体の樹木が属する時、時間後の時点では0.6633n 個体の樹木が成長せずに最小直径階に留まり、0.1673n 個体が成長して次の胸高直径階（10 cm≦D＜15 cm）に移ることを表す。

暖かさの指数（WI）　5℃以上の月平均気温を用いた積算温度の一種で（℃・月）の単位を持つ。当該月気温から5℃を減じた値の年間の総和として算出。照葉樹林は温度気候が85≦WI＜180となる多雨地帯で発達。180≦WI＜240の温度帯は亜熱帯に対応。

寒さの指数（CI）　5℃以下の月平均気温を用いた積算温度の一種で単位は WI と同じ。5℃から当該月気温を減じた値の年間の総和を求め、マイナスの記号を付して表記。

FFT法　高速フーリエ変換として知られるデータ解析手法。図10のような時系列データの解析では、周期性の有無や白色雑音などのノイズパターンの検出に有効。

木本植物　木質の茎を有する（多年生）植物の総称。高木、低木、ツルなどの生活形に分ける。

ギャップ相・途中相・成熟相　自然かく乱により発生するギャップを契機とする循環遷移（または発達サイクル）の記述のための植物群落発達段階の三区分。ギャップ発生後の遷移の初期段階をギャップ相、遷移の最終段階を成熟相、二つの相をつなぐ中間の段階を（発達）途中相という。成熟相は不変ではなく、新たなかく乱によりギャップ相に戻り、三相は環状に連なる。

林冠木　林冠（森林の葉の茂る部分）構成樹木の中、林冠の主要部分を形成する樹木。成熟した照葉樹林では高木がこれに相当。

Ⅳ　シカの生態と地域生態系の保全

第15章 「奈良のシカ」の生態と管理
――〝野生〟と〝馴致〟は両立するか

立澤《たつざわ》 史郎《しろう》

「奈良のシカ」が天然記念物であること、その指定理由が、特有の歴史を背景に野生ながらよく馴致《じゅんち》（自然馴致）している点にあることは、よく知られている。しかし、一一〇〇頭以上といわれる「奈良のシカ」が、はたしてどのくらい人に依存しているのか、そもそも何を指して彼らが〝野生〟と言えるのか、実はあまり明らかにされていない。本章では、まず、「奈良のシカ」の生態学的な特性を概観した上で、「奈良のシカ」の〝野生〟と〝馴致〟の現状を検討し、今後の保全・管理のあり方を考えてみたい。なお本章では、断りがない限り、春日山原始林だけでなく、春日大社よりも東側の広い範囲を〝春日山〟または〝山域〟と呼ぶことにする。

一 「奈良のシカ」の〝野生〟

はじめに、ニホンジカの生態を理解する上で基本となる、食性、土地利用、日周移動という三点から、「奈良のシカ」の特徴をみてみよう。

食　性

ニホンジカ、なかでも奈良公園のシカは、シバを食んでいるイメージが強い。もちろん、シバ類をはじめとするイネ科植物は、採食に対する高い耐性を獲得し、食べられてもよく生長するので、シカたちのベストパートナーである。しかし、実はシカたちは、草（草本）だけを食べているのではない。たとえば西南日本では、ノイチゴ類（漿果）やドングリ（堅果）類などの嗜好性が高く、逆に、シダ類のようにほぼ全国共通で〝苦手〟な植物もある。

他の大型草食獣と較べてニホンジカの食性で特徴的なのは、草本だけでなく、小低木の葉から高木の樹皮、はては落葉まで、食性の幅が非常に広い

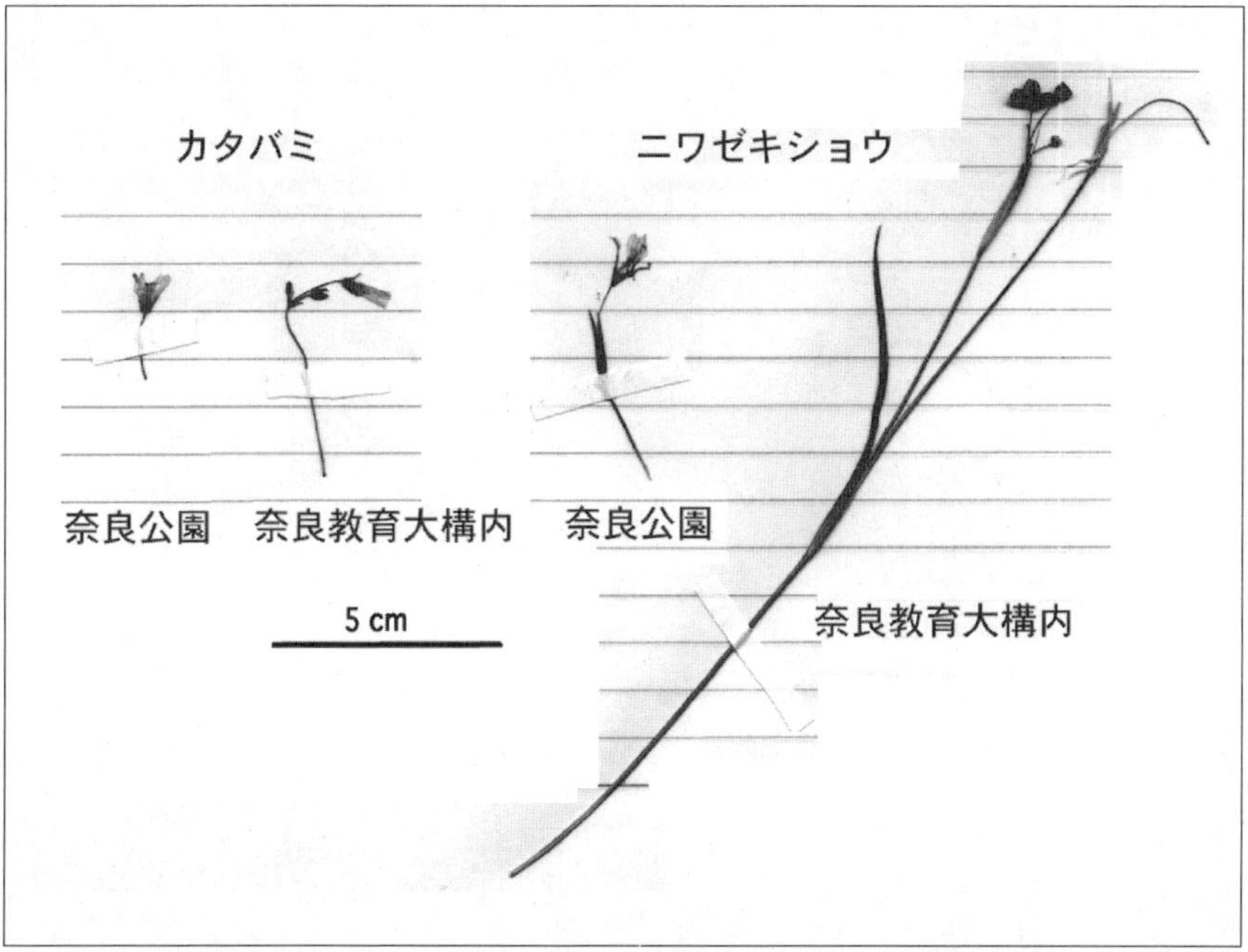

図1　シカの採食圧が植物サイズに与える影響　奈良公園周辺に一般的に見られるカタバミとニワゼキショウ。採食圧の高い奈良公園（飛火野周辺）と採食圧の低い奈良教育大学構内との比較。

（広食性）ことと、その時々に利用できる植物へと食性をシフトすることにある。ニホンジカは、〝草〟食動物ではなく、まさしく〝植〟食動物なのである（図1）。

食性のシフトとは、それまでほとんど食べなかった〝不嗜好〟性植物を食べ始めるということで、たいていはそれまで好んで食べていた品目の利用可能量が減少することで起こる。奈良公園のシキミやナギが近年よく食べられているのも、同じ理由によると思われる。かつてはシカの口が届く範囲にある枝葉だけがすっかりなくなる〝ブラウジングライン〟の形成でシカと森の関係が均衡（安定）すると考えられたこともあったが、その後の樹皮食いなどの勢いをみると、食性シフトはまだまだ進むように思える。

なお、「奈良のシカ」はシカ煎餅だけを食べていると思っている人もいるが、彼らには、春夏はシバ、秋冬はドングリと落ち葉というかなり明瞭な〝主食〟がある(8)（仲未発表）。シカ煎餅を食べる個体は、近年増加しているとは言え一〇〇頭程度で、一日せいぜい五〇枚、一年で最もシカ煎餅を食べる秋の観光シーズンでも、採食量の一割には満たない（仲未発表）。馴化はしていても、〝自然食〟なのである。

生息地利用

このようにニホンジカの食性は幅広く、かつシフトするが、その採食戦略は性や齢によって異なる。基本的に、オスは草本に、メスは木本の実生や堅果に偏る傾向がある。オスは体サイズが大きく、身体を動かすエネルギーの獲得が優先されるため、現存量の大きい食物を選ぶ。一方、メスは、体が小さく胎児の成長や授乳に必要な栄養価の高い食物を選ぶというわけである。

そこに、警戒心の性差、つまり、メス（特に子連れのメス）は警戒心が強く、オスは弱いという違いも影響して、雌雄の利用する場所がより分離してくる。つまり、メスは森林や林縁部の草地を好んで利用し、オスは大きな草地など開けた場所もよく使うという〝ハビタット・セグリゲーション〟（生息地分離・棲み分け）が生じるのである。生まれた子供も、一年間は母親と過ごすが、その後、やはりオスの子はメス集団から離れ、分散と放浪の数年間を過ごしてオス集団に合流し、繁殖に参加するようになる。

奈良公園でそんなことが起こるものかと疑問に思う方は、どこにどういうシカがいるか、ぜひ観察してみてほしい。例えば、興福寺や飛火野《とびひの》など開けた場所をうろついている個体にはオスが多く、春日大社や東大寺二月堂近辺には圧倒的にメスや子供が多いはずだ（図2）。ただし、近年は、おそらくメスの数が増えたためだろうが、開けた場所のメスの割合が増えているという情報もある（鳥居私信）。

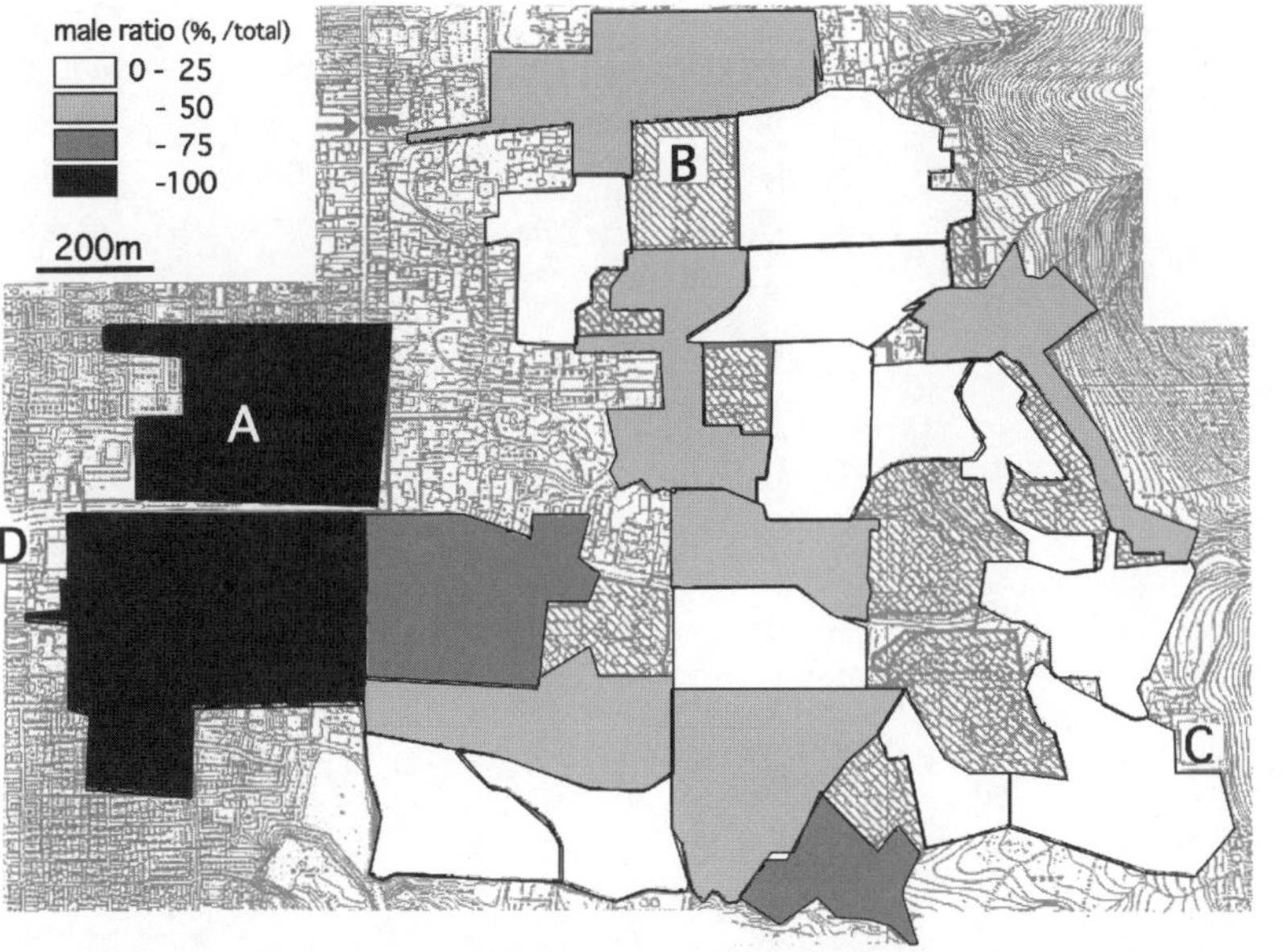

図2　奈良公園における区画別のオスの割合　A：興福寺、B：東大寺。C：春日大社、D：近鉄奈良駅。色が濃いほどオスの比率が大きく、オスは開けた草地に、メスは春日山に近く森林率の高い区画に多い。とくに春日大社参道沿いの主要日周移動ルート（C-D）に沿って、性比が大きく変化する。〔「奈良のシカ」市民調査〕の1993年夏の調査結果より筆者が作成。〔文献（1）〕

もちろん、シカ煎餅屋や観光客の配置はシカたちの行動に少なからず影響を与える。しかし、人工的な（〝地面のない〟）場所に滞在するシカは全体の一割以下であり、それも昼間の数時間に限られる。ほとんどの個体は、本来の生息地利用の範囲内で行動しており、生息地環境（森、草地など）に応じて公園内を構造的に利用しているのである。

日周移動

「奈良のシカ」はオスとメス、昼と夜で、奈良公園を使い分けている。それればかりか、彼らは昼と夜で全く別の〝顔〟を見せる。嘘だと思うなら、飛火野などで人に餌をねだっていた個体が、夕方、森に戻ってゆく後を、そっと追ってみていただきたい。森に入る頃からそわそわしだし、森に入っても人が後をつけてくることがわかれば、「ピャッ」という警戒声を発したり、逃げ出したりすることだろう。シカたちは、森に入ると〝野生〟に戻るのである。

夜には、メスや子に加え、オスでも森に入って休息する個体が増える。そして、朝にはまた草地に〝出勤〟し、さらにシバや植え込みを目指して街中へと出動してゆく。つまり彼らの多くは、山地と平地（平坦部）を往復する〝日周移動〟を繰り返しているのである。この日周移動は、実は野生のシカであればたいてい行っており、その際に移動しながら採食するという「採食移動」（移動採食）は、シカ類に見られる特徴的な行動型なのである。

一九九〇年代の奈良公園では、夜間、森に戻る個体の中には、春日大社や東大寺近辺の山裾だけでなく、御蓋山やそれを越えて戻る個体もいた。一九八七年から一〇年間、奈良公園と奈良のシカを愛する市民の手で続けられた「「奈良のシカ」市民調査」の結果では、山域と平坦部を日周移動する〝通勤ジカ〟の数は、な

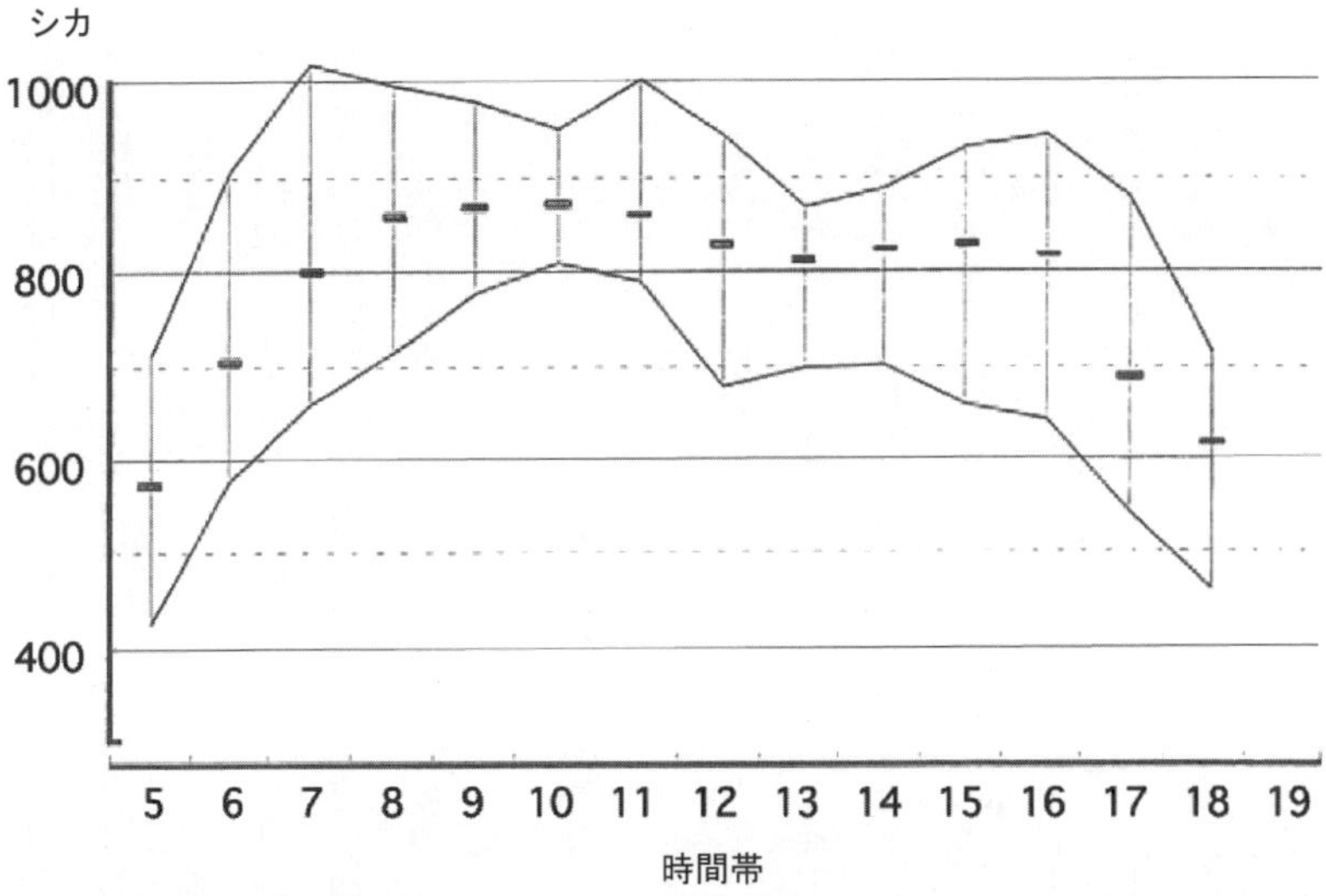

図3　奈良公園平坦部を利用するシカ個体数の時間変化　早朝・夕方は山域に入っている個体が多いため日中のピークと較べると300頭前後の開きがある。「奈良のシカ」市民調査会の1990年から1999年の秋期調査結果による。立澤ほか（2002）より転載。

山域と平坦部を移動するシカの群れ　シカの日周移動は、フェンスの設置や交通量の増加などのためにすっかり規模が縮小した。「奈良のシカ」市民調査会提供。

んと三〇〇頭以上（確認最大頭数の約三〇％）に及んだ（6）（図3）。その数は今でこそずいぶん減ったが、一九八〇年代には、御蓋山から春日大社の参道、そして博物館敷地を通って興福寺まで（一部のオスはさらにはJR奈良駅方面まで）、多い時は二〇〇頭前後が毎日〝通勤〟する姿が眺められたのだ。

このように「奈良のシカ」は、けっしてシカ煎餅とシバだけを食べて二四時間を漫然と過ごしているのではなく、山域までを含む本来の意味での奈良公園を、時間的にも空間的にもダイナミックに利用していたのである。春日山原始林と平坦部の両方を使う個体がどの程度いるか、それが増えているのか減っているのか、この日周移動の全容をつかむことは、今後の春日山原始林の管理上も、重要なポイントとなるだろう（5）。

二　シカたちの変容

このように「奈良のシカ」は、実は〝野生〟のシカの生態を維持しつつ、奈良公園という環境をうまく使いこなしてきたと言える。そして、その〝野生〟を維持する鍵が、ドングリであり、雌雄の棲み分けであり、日周移動だったのである。もうお気付きだと思うが、これはすなわち、春日山（山域）の存在の重要性を意味する。山域を生息地に含むからこそ、この三つの鍵が維持できた、野生でいられたのである。

ところが、シカたちの数が頭打ちになりはじめた一九九四年前後から、様子が変わってきた。春日山でシカの食痕や樹皮剥ぎが増えただけではない、日頃見慣れている平坦部においても、シバの密度や現存量の低下、それにおそらく表土の流亡なども活発になっているようだ。高密度化したシカのために、野生状態でいるための基盤そのものが変化し、それがまた「奈良のシカ」の姿を変えつつあるのではないか。ここでは、個体数や出生率といった指標をもとに、「奈良のシカ」という集団がどのように変化してきたのか、その変化が今後の保全・管理とどうかかわってくるのか、考えてみたい。

個体数の変動

食物などの環境条件の悪化は、個体としては栄養状態の悪化、集団としては死亡率の上昇や出生率の低下、ひいては個体数の減少につながる。野生動物ではこのように、密度や環境の変化に応じて個体数を決定する要因（個体群パラメーター）が変動するのが普通だが、はたして「奈良のシカ」ではどうだろうか。

まず、個体数の変化を見てみよう。個体数や他のパラメーターについて、「奈良のシカ」は、世界に誇りうるデータを持っている。（財）奈良のシカ愛護会により戦後続けられている頭数調査がそれである[2]。これによれば、一九九四年（平成六年）以降、「奈良のシカ」の個体数は、それまでの増加傾向から減少傾向に転じているように見える（図5）。

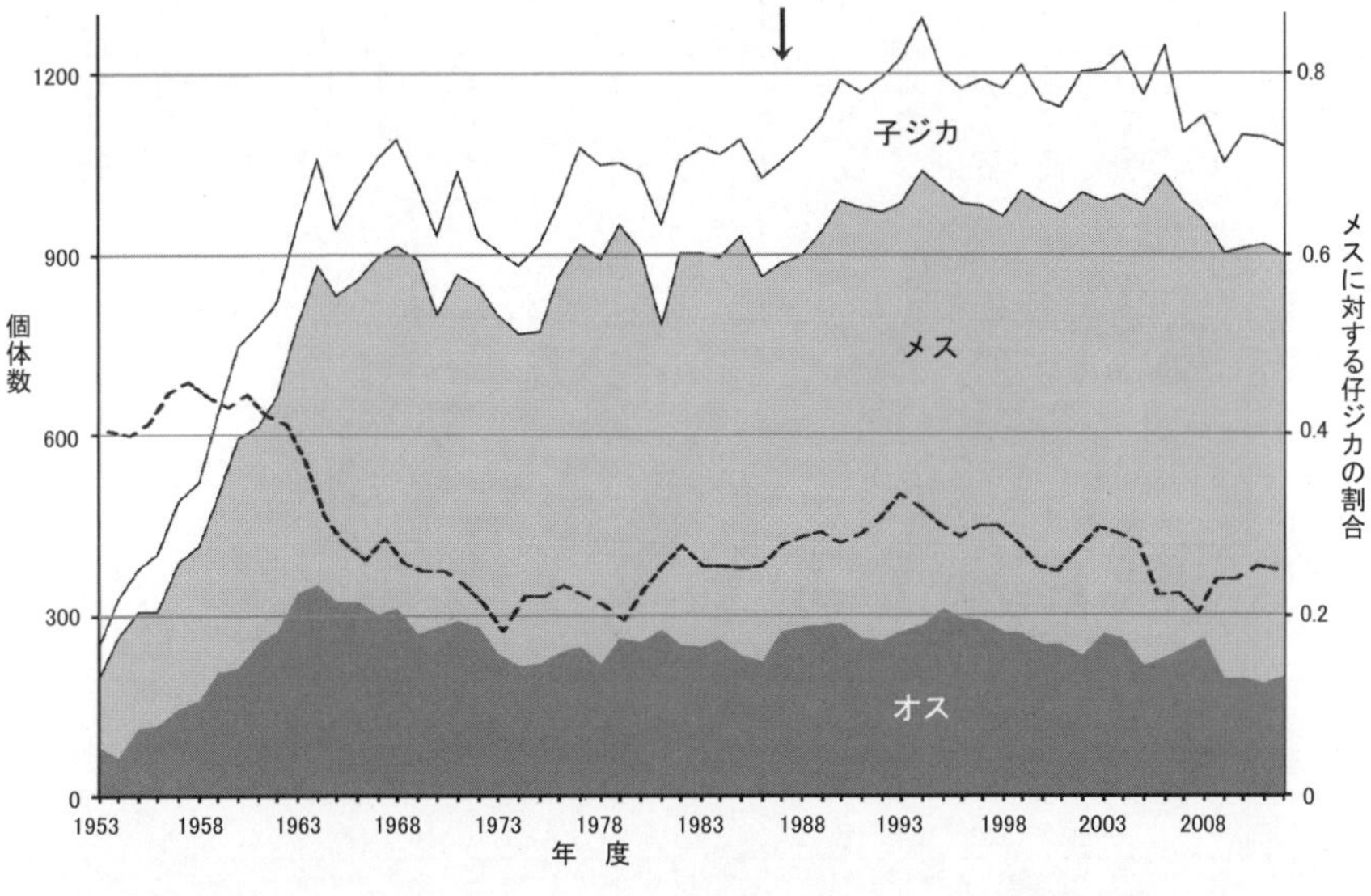

図4　「奈良のシカ」の個体数の変化　(財)奈良のシカ愛護会による調査結果（奈良のシカ愛護会2012、ほか）より作成）。オス・メス・子の数を積み重ねグラフ（左縦軸）で示す。破線はその年のメス数にしめる子の割合を示す（右縦軸）。

ただ、個体数が一時的に減少しても、実は子供がたくさん生まれているのであれば、将来的には増加が見込まれる。そこで、その年のメス数に対する新生仔数の割合（擬似的な出生率、新生仔率）を見ると、近年はメス四頭のうち一頭（二五％）以下しか子を連れていないことがわかる。これは全国的に見ても、極めて低い値であり、しかも一九九三年以降、徐々に低下している。子供が生まれないか、生まれても育たなくなっているのである。

次に、もう少し増減のようすを見るために、同じ頭数データを用いて、出生率と死亡率の比較をしてみよう。ここでは、その年の新生仔数を前年の全数で除したものを出生率、その年の（一歳以上の）オスとメスの合計を前年の全数で除したものを死亡率とする。このグラフ（図6）からは、「奈良のシカ」の個体数変化が、みかけ（個体数）に加え、パラメーターで見ても、三期に区分できることがわかる。すなわち、戦後から一九六三年頃までの明らかな「増加期」（環境条件が良好で出生率が死亡率をはるかに上回っている時期）、その後一九八七年頃までの「安定期」（出生率と死亡率が交錯し個体数が頭打ちとなる）、そしてその後の「変動期」である。

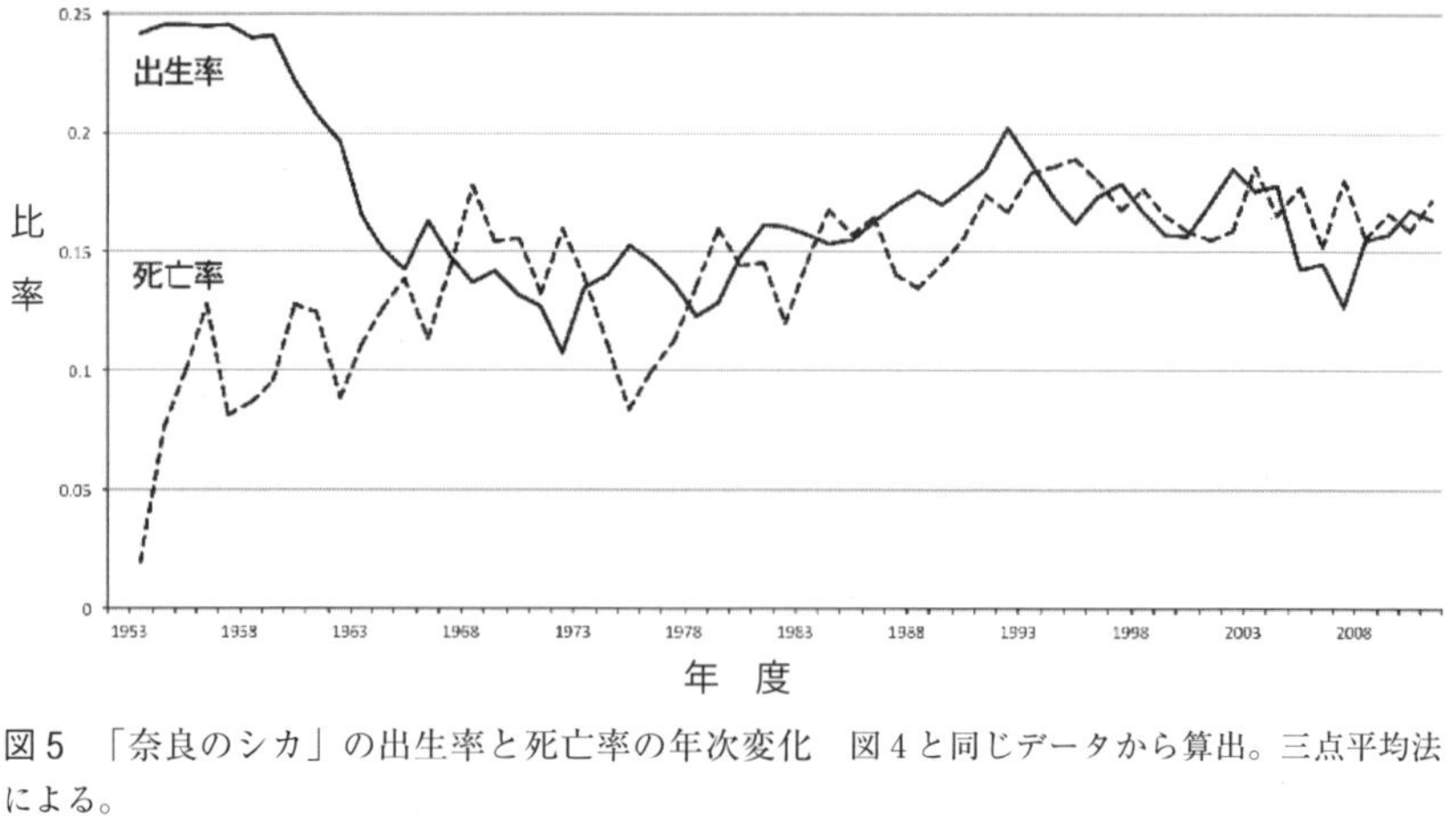

図5　「奈良のシカ」の出生率と死亡率の年次変化　図4と同じデータから算出。三点平均法による。

「変動期」の特徴としては、安定期に見られた出生率と死亡率の相補的な関係が破れ、死亡率は全般的に高止まりする一方、出生率に（一九九三年から二〇〇七年にかけての）長期的な減少傾向が指摘できる（図5）。この結果、特に二〇〇六年以降に、個体数が比較的大きく減少した（図4）。ただし、図4をよく見ればわかるが、オスと子（出生率）が減少傾向にあるのに対して、メスはほとんど減少していない。

これは、当初の環境収容力を越えて高密度化する過程で見られる現象（性比のメス偏向の強化）であり（立澤未発表）、高密度化した（半）閉鎖個体群の密度調節現象として理解できる。ただし、奈良公園の場合、このオスの減少が、死亡によるものか分散によるものかは明らかでない。というのも、この現象がみられはじめた一九九四年頃から、公園外部（例えば岩井川ダム工事現場付近など）で、人慣れしたオス個体の徘徊情報が増えており、高密度化が公園外への分散を加速した可能性があるからだ。「奈良のシカ」

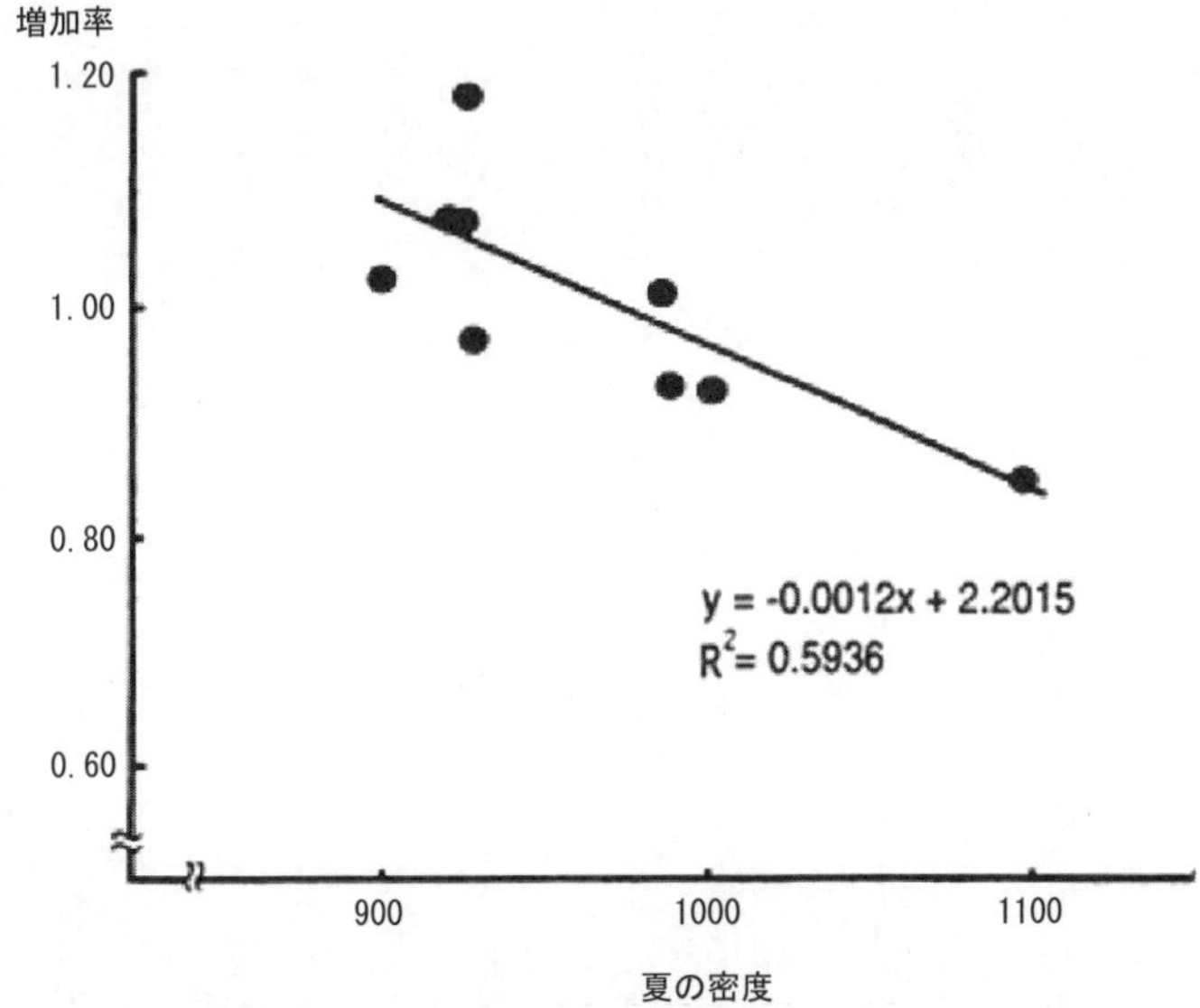

図6　「奈良のシカ」の密度依存性　前年と比べた総数の増加率（縦軸）と前年夏の密度（横軸）との関係。密度が低いとより増加率が大きく、高いと小さい。立澤ほか（2002）より転載。

の管理においては、奈良公園だけでなく、分散状況など公園外での調査も今後力を入れる必要がある。

減少の可能性と問題点

さて、個体数が減少に転じている時、「奈良のシカ」には何が起こっているだろうか。実は、近年の「奈良のシカ」は極度の貧栄養状態にあることがわかっている。[9] 一方、寿命については、他地域と較べて長く（最高齢は二四－五歳）、高齢個体の割合が多い。[4]

栄養状態が悪いが長生きするというのは、何とも矛盾したように聞こえるが、これこそが「奈良のシカ」の特徴である。[4] つまり、捕食や狩猟がなく、給餌や栄養補給がされることで、完全な野生状態なら死亡しているはずの老齢個体が生き残っているのだ。そしてそのしわ寄せは、最も弱い存在である胎児や新生仔に、妊娠率の低下や、流産率や出生後の死亡率の増加という形で現れる。実際、先に見た出生率の低下だけでなく、初期死亡率（一歳未満の死亡率）の上昇も報告されている。[10]

高齢化して、しかも貧栄養という集団で、さらに出生率の低下と初期死亡率の上昇が進めば、個体群の構造はやがて不安定な〝逆ピラミッド型〟になる。この状態では、免疫力の低下や衛生状態の悪化が起こりやすく、豪雪や低温などの環境変化に対してクラッシュ（大量死亡）も危惧される。

ならば、人が個体数調整しなくとも、個体数が急減するのを待てばいいだろうか。そこには問題が二つある。一つは、自然環境へのインパクトは、悪影響が顕在化しているような状況では、よほどシカの密度が低下しない限り軽減されないという点だ。シカの数が減り始めているとはいっても、高密度状態によるインパクトは継続・累積しているのである。これはまた、個体数が減少した後、すぐに植生が回復するとは限らないということでもある。

もう一つは、シカ個体群の回復力（レシリエンス）の問題である。高齢化・貧栄養の集団がクラッシュした場合、〝減りすぎ〟たり、長期間個体数が増加しないこともある。今の「奈良のシカ」は、まさしくこの段階にあり、それが人間による保護や温暖化（小雪など）のおかげでかろうじて大事に至っていないのだろう。人間が個体数調整をするにせよしないにせよ、「奈良のシカ」はすでに、個体数が急減した場合の対策も考えておかねばならない段階に来てしまっているのである。

密度依存性と植生

このように、「奈良のシカ」は、植生などへの累積的なインパクトの軽減と、シカ個体数が急減した場合の対策とを、同時に考えねばならない状態にある。そこで重要になるのが、個体数の変動が〝密度依存的〟かどうかという点である。

〝密度依存的〟というのは、集団の密度（個体数）を決定するパラメーター（ここでは出生率と死亡率）が、密度そのものの影響（多くの場合は競合による食物不足）により変動することを指す。閉鎖個体群で食物を巡る競争が激化し、増加した死亡率が減少した出生率を上回れば、個体数は減少する。そこでは、シカにも食物（植物）にも、状況が好転した場合に〝回復〟する力（レシリエンス）が残っていなければならない。つまり、密度依存性が認められるということは、〝回復〟の余地があるということでもあり、〝野生〟の証しとしても重要なポイントだと言える。

この分析には、精度の高い個体数調査、例えばブロック別カウント法が必要になる。そこで、この手法を採用していた先の市民調査の結果からこの〝密度依存性〟を検討したところ、あれだけ人に攪乱されているように見えて、「奈良のシカ」には自律的な密度調節過程が働いていることが示されたのである（図6）。

これは、「奈良のシカ」が、いわゆる環境収容力周辺で増減を繰り返してきた、つまり、慢性的な食物不足（貧栄養状態）が続いている可能性を示し、鳥居・高野の結果とも呼応している[9]。もちろん、それだけ植生にも採食圧がかかっているわけで、先述のように、個体数が減っても植生は累積的にダメージを受け続けてより脆弱化する。このような状況では、クラッシュのリスクが高まると同時に、人間の行為（給餌や生息地改変）がより影響力を持つようになり、シカ集団は人間への依存度を高めざるをえなくなる。

ところで、シカと植生の相互の密度依存性は、一般論としてはレシリエンス（回復力）の存在を示すので喜ばしいことだが、各論的には問題もはらんでいる。なぜなら、例えばシバ地がいち早く回復することでシカ密度を下支えする結果、回復していない森林や山域への採食圧がさらに増すことも十分考えられるからである。この点に考慮するならば、今後はシカ集団の行動圏を意識しつつ、そこに含まれる植生帯ごとの採食圧と回復可能性を検討する必要がある。ちなみに、市民調査によるブロック別カウント法調査[3]は一九九九年で終了したが、その後（財）奈良のシカ愛護会でもほぼ同一手法による調査を開始しており、これらの比較検討により「変動期」の実態が明らかになることが期待される。

三　管理方策はどうあるべきか？

さて、以上のように「奈良のシカ」の生態と動態をみると、改めて「変動期」のシカ・人・植物の関係の不安定さが実感される。いま「奈良のシカ」は、単に個体数や植生へのダメージの大小だけでなく、〝野生動物〟としての特性を失うかどうかの瀬戸際に来ていると言える。そこでこれらの特性を踏まえながら、今後の「奈良のシカ」の管理に必要な観点を整理してみたい。

管理目的の明確化

そもそも「奈良のシカ」の価値とは何であろうか？もちろん、天然記念物としての価値は、自然（野生）状態にありながら馴致されていることである。では「奈良のシカ」にとっての「野生」および「馴致」とはどういう状態をイメージすればよいだろうか？

「奈良のシカ」がいかなる野生状態にあるかは、本章で概観した。つまり、①自らシバ、ドングリ、落葉といった自然物を採食し、②そのために性や齢で公園内の使い分け・棲み分けをし、③その結果として森と草地との間の日周移動を行い、そして、④植生との応答を介して密度調節機構を発現させる、というものである。

本章では割愛したが、神鹿としての「奈良のシカ」の成立過程を追うと、政治的なツールとして利用されてきた一方で、春日山と興福寺を結ぶ〝神使〟の日周移動ルートが常に意識された結果、神鹿の〝野生性〟が担保されていたという事実に行き当たる（1・5・7）。ここにおいて、天然記念物指定時にも重視された、「奈良のシカ」の歴史・文化的背景と、その生態学的特性とが重なり合う。つまり、「奈良のシカ」の〝野生〟を維持することが、すなわち神鹿の歴史・文化を〝生きた形で〟維持し後世に伝えることになるのである。

一方、「馴致」については、それが「人付け」の意味であり、「餌付け」では決して無いということを強調しておきたい。「人付け」とは、人間が危害を及ぼす存在でないことを動物に学習させ、個体間距離を縮めたり観察しやすくする手段や状態のことであり、食や行動を量的・質的に変化させる「餌付け」とは異なるものである。もちろん、人付け個体は餌付けもされ易く、管理上、一層の注意が必要だが、人付け自体は動物の生活史を大きく変えるものではなく、神鹿の起源もそこ（人付け）にこそあると思われる（立澤・藤田、制作中）。しかし、江戸時代以降の観光ブームを背景に、神鹿は「餌付け」集団へと変貌し、私たち現代人も基本的にその関係を強化し、「奈良のシカ」は変質し続けている。しかし、それにもかかわらず大半のシカたちは、まだ〝野生性〟を維持している。人付け（馴致）と野生は両立するのであり、重要なのは人間側が「野性」と「野生」の切り分けを行うことにある。これ以上「奈良のシカ」の本質を失う前に、撹乱（介入）の度合いを増さない工夫を進める必要があるだろう。

人為関与の客観的評価とコントロール

では具体的に、私たちはどのように「奈良のシカ」の〝野生〟を撹乱しているだろうか？ここで再度、図4と図5をにらんでいただきたい。一九六四年（昭和三九年）までの増加期の後、出生率と死亡率が相補的に変動する「安定期」を迎えるが、この時期には、先述のように高密度（半）閉鎖個体群の特性として、オスの比率が次第に落ちてくる。ところが一九八七年頃から、突如全体の数が〝底上げ〟され、一九九四年のピークまで増加が続く。この時期は増加期にも似て、雌雄および新生仔とも増加し、その後成獣（雌雄）の数が九〇〇頭を下回る年はない。この時期、シカたちの個体群パラメーターを変える何らかの事態が起こったと思われる。

実は一九八八年は、なら・シルクロード博覧会が開催された年であり、その前年の一九八七年から、平坦部の大規模な改変が進んだ。もちろんシカたちの保護策はとられたものの、飛火野や興福寺のシバ地の消失（剝ぎとり：その後復元）、メインの日周移動ルートにあたる博物館周辺での柵設置、森林部の下刈りや除伐など、シカたちの〝野生〟的行動を阻害する多くの生息地改変が進んだのである。同時に、保護策の一環として、鹿苑で多くの個体が周年的に保護されるようになり、シカの餌不足を危惧する市民や行政による大規模な給餌も行われるようになった。この博覧会を機に、野生ジカ生息地としての奈良公園の質は明らかに劣化したのである（図8）。

一方で、「奈良のシカ」の管理を一手に担っている（財）奈良のシカ愛護会の作業量は増加し、鹿苑の収容能力も職員の労力も限界を超えた状態が続いている。鹿苑からの一時飼育個体の放逐は、食物が不足しがちな時期だとシカ集団の競合と植生へのインパクトを強化することになるが、そのような検討をするための予算や人員もない。

おそらくこのような、生息地の悪化とそれを補うための人為的介入の影響が、出生率と死亡率双方の上昇と相補性の消失、いわば〝野生の消失〟という形で現れたのだろう。これは言い換えれば、胎児や新生仔を含めて、死ぬはずだった個体を生きながらえさせた結果、環境収容力をはるかに越える集団が維持されてしまい、そのツケが植生とシカ自身の栄養

昭和初期の奈良公園（Adolfo Farsari 撮影 “Park, Nara”） 一の鳥居あたりと思われる。現在と較べて左右の土手の下草量がずいぶん多く、シカ生息地としての奈良公園の質が高かったことがうかがえる。[http://www.museumsyndicate.com/images/7/68601.jpg]

状態にいま回ってきているということである。

期せずしてわれわれは、先人が培い、「神鹿」として結実させた、シカと奈良公園の〝野生的〟な関係を、打ち消す方向に〝管理〟を進めてきたのである。今また、開発・改変のハードルを下げる特区申請など、奈良公園周辺の整備に期待がかけられているが、野生動物の生息地管理という側面を忘れて人の都合だけで公園管理を進めれば、私たちはシカたちと植生に〝最後の一押し〟をすることになるかもしれない。

平坦部と春日山の一体的管理

本書は世界遺産・春日山の保全を議論するためのものであり、読者や著者の中には、平坦部と春日山（山域）の間にフェンスを張り巡らせ、春日山からシカを追い出せばいいと思う人もいるかもしれない。そこで最後に、平坦部と春日山をフェンスで分断したらどうなるかを考えてみたい(5)。

予想される結論を簡単に言えば、平坦部では、〝野生〟を失った高齢のシカ集団が、クラッシュのおそれを引きずりながら、人為介入のもとで維持されつづけるだろう。一方、春日山やその周辺域では、イヌなども使ってよほど根気強い追い出しか捕獲を行わなければ、山域からのシカ排除は成功せず、また追い出した個体が周辺農地などを徘徊してトラブルが増え、結果的に高いコストを払い続けることになるかもしれない。さらに、食物条件のよい山域側では、例えば同じ照葉樹林帯にある屋久島（世界遺産地域内の狩猟・捕獲は原則禁止）のように、栄養状態のよい集団が急速に高密度化するだろう。

ではどうすればよいか。これは試論だが、春日山と平坦部は、本来の日周移動ルートが確保できる形で連続させ、一方で平坦部の環境収容力を高めるような生息地（植生）と個体数管理を行う。栄養状態を改善して回復力のある個体群をつくりつつ、春日山（山域）への採食圧を軽減しようというねらいだ。

現状の個体数のままで平坦部の収容力を落とすと、やはり山域の植生がよりダメージを受けるので、悪い方向（山域のダメージ増加＋シカの高齢化）に進んでしまう。それを防ぐには、一時的にせよ、人為的に個体数を減らさざるを得ないだろう。もちろん、〝野生〟状態の個体数を減らし、山域の植生を回復させることが目的だから、殺すのでなく、捕獲した多数のシカをどこかで養育することは何の問題もない。

この「一体型管理」の最大のメリットは、〝伝統的〟な生態と文化を一体で保全できること、および、別々に管理するよりも採食圧がかかりにくい形で高い収容力を維持できることにある。また、大規模な日周移動が復活するくらいにシカによる一体的利用が進めば、春日山の山域（神域）で捕殺を行わずとも、平坦部で捕獲をすることで、全体の利用頭数を下げることも可能になるかもしれない。

四　統合的管理をめざして

本章では、世界的にも希有な歴史・文化的背景を有する「奈良のシカ」が、実は生態学的に〝野生〟と判断できる特性を維持しており、それが、過去二五年ほどの間の生息地改変や人為介入により変容しつつあることを指摘した。この〝野生〟状態を維持することは、天然記念物指定の要である〝馴致〟（人付け）状態と矛盾するものではなく、むしろ両者の維持こそが、「神鹿」の本質を後世に伝えることになる。ただし、変容しつつある現在の高密度個体群が自然に減少しても、安定的な個体群が復活するとは限らず、植生への累積的な影響も考慮するならば、人為的な個体数調整もやむない状態にまできている。

このような「奈良のシカ」とその生息地の現状をみるならば、今後の春日山と「奈良のシカ」の管理は、一体的に行うことが効率的かつ持続的であり、その最大の鍵は、両者を行き来するシカ集団の日周移動の復元にあると思われる。それは、自然植生への悪影響やシカ集団のクラッシュのリスクを軽減するための生態系管理の作業であると同時に、歴史・文化を後世に引き継ぐも行為でもあるのだ。

野生動物の大型プロジェクト研究、民間による個体群管理、市民による長期のモニタリング調査や多くの環境学習活動。これまで経験・蓄積してきた多くのノウハウを生かし、「春日山」と「奈良のシカ」という二つの遺産を統合的に管理・保全することが求められている。

第16章 春日山原始林のニホンジカ

——春日山原始林の保全とシカの棲息数

鳥居　春己

一　はじめに

ニホンジカ（以後、シカと呼ぶ）に関わって春日山の保全を検討する際に、もっとも重要視されるのは、何頭のシカが棲息しているかである。棲息数は少ないに超したことはない。しかし、シカは森林を構成する重要な種であり、押しつけられた神鹿であっても、長年に渡って奈良市民と付き合って、奈良の文化の一翼を担ってきた動物であることから、春日山からシカを排除することはできない。それよりも、後述するように植生や生物多様性の保全という視点であっても、春日山のシカには適正密度と言う概念は存在しないのである。春日山のシカは保護される存在で、個体数調整はできないからだ。それを承知で春日山を保全するには、どれだけのシカが棲息しているかを明らかにしなければならないのだ。そんなことから、数年前から行っているシカの密度推定などを紹介しよう。

二　ニホンジカの棲息数

野生動物の密度あるいは棲息数を調べることは並大抵のことではない。たとえ一時、数えられたとしても、相手は動く動物だし、外にも出て行き、外からも入ってくるから常に変化する。それよりも正確に数える方法が確立されていないのが現状だ。それでもいくつかの方法で春日山のシカの棲息密度推定を試みた。

区画法

最初は区画法である。ニホンカモシカの調査方法として考案された方法[5]であるが、今ではシカの密度推定にも広く用いられている方法である。区画法とは次のような調査方法である。

まず、春日山を図一のようにA、B、Cの区画に区切り、その中をさらに五～六ヘクタール程度のいくつかの区画に区切り、それぞれに一～二名の調査員を配置し、区画内を一斉に一時間半から二時間かけてくまなく歩いてシカ

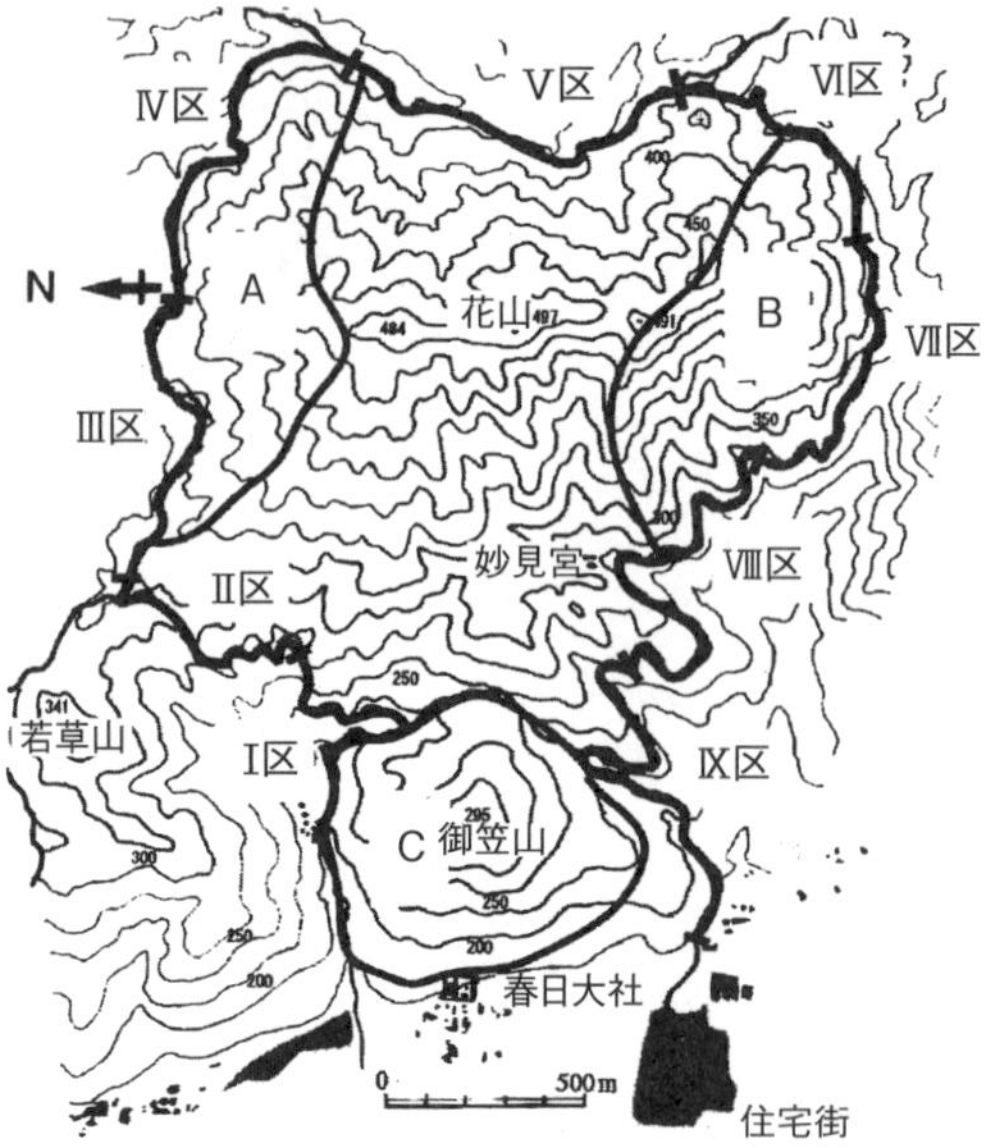

図1　ライトセンサスのルート（太線）と区画法を実施した区画（A、B、C）
ライトセンサスルートは、月日亭から若草山ドライブウェー駐車場、芳山交番を経て、飛鳥中学までの春日山遊歩道（調査距離 9 km）に設定した。（鳥居他2007より）

を探す。シカに遭遇したら、その個体の情報（性別、年齢、個体数、角の枝数等）、遭遇地点、時刻、行動（主に移動方向）などを地図上に記載する。調査終了後に時刻や個体構成、移動方向などから同一個体の重複を排除して、調査面積と確認個体数から密度を推定するという方法である。

二〇〇五年三月と一一月に実施した区画法では、調査面積約一二〇haに一八頭と二六頭が目撃され、平方㎞あたりそれぞれ一五、三頭と二二、八頭という結果となった。

ライトセンサス

次は、春日山周遊道九㎞を時速一〇㎞の低速で走る車からのライトセンサスである。トラックの荷台に外向きに背中合わせに二台の椅子を固定し、両側を観察できるように調査者を座らせる。助手席には進行方向の道路脇などにいるシカの確認や記録のための係が座る。荷台の観察者はサーチライトを道路脇の林の中に向けて照射する（八三頁参照）。ライトが当たったシカの目は光るので、暗闇や茂みの中でも確認できる。見つけた時には、スタートからの走行距離や位置をGPSから記録し、区画法と同様に性別や大まかな年齢などの個体情報、レーザー距離計でシカまでの距離や方位を記録する。いくつもの地点ごとに照射できる距離を計っておいて、測点会間の距離と照射距離から照射面積を算出し、確認したシカ個体数から密度を推定する。この調査を二〇〇五年四月から、毎月四～五回、合

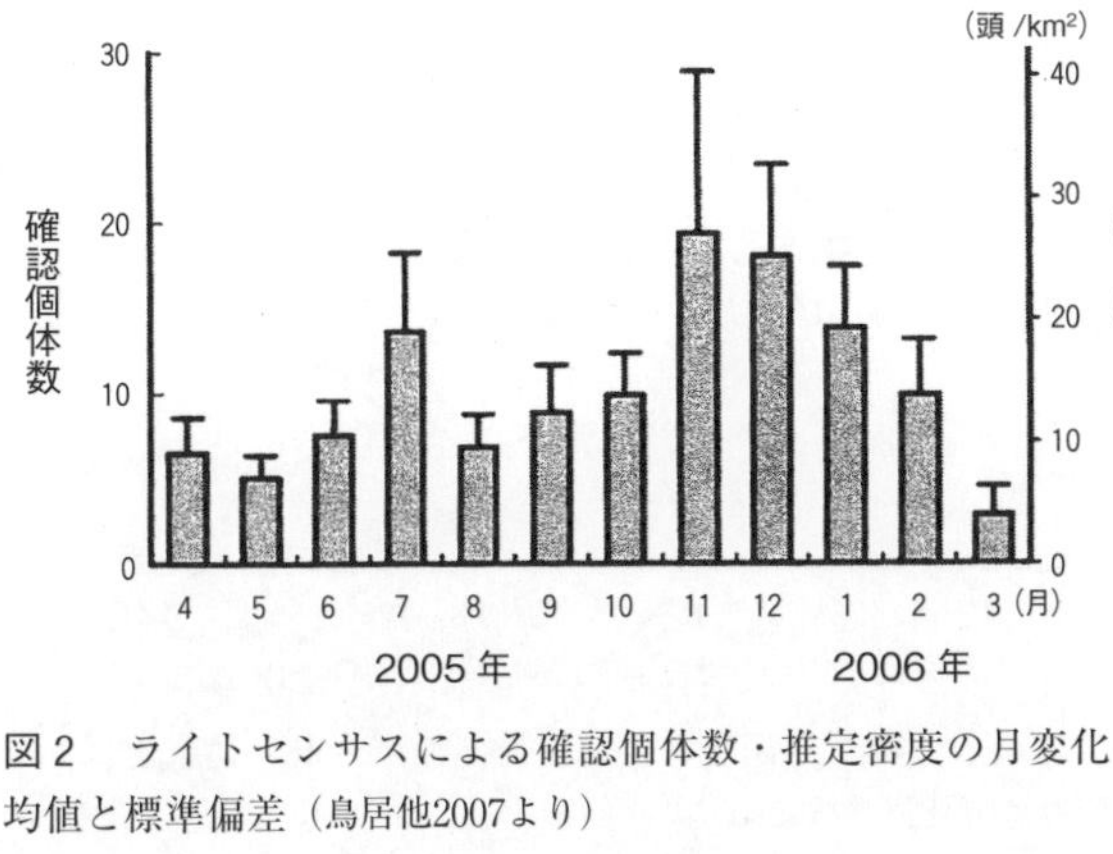

図２　ライトセンサスによる確認個体数・推定密度の月変化・平均値と標準偏差（鳥居他2007より）

計五〇回実施した。

ライトセンサスによる月ごとの確認個体数は秋に多く、冬から春に少ないという結果となった。特に少なかった三月と四月には一晩でわずか一頭ということもあった。最大では一一月に二九頭が確認されているが、その個体数からは平方km当たり四〇頭を越える密度となった。月ごとの密度の平均値では三月が最低で三、九頭、最大の一一月では二六、八頭であった（図2）。

ライトセンサスで特徴的なことは、発見されるのがほとんどメスばかりということである。性比（全体に占めるメスの割合）の変動を見ると、秋になるとオスの比率が増えている（図3）。その時期はシカにとって交尾期にあたる。メスが多く発見される傾向があると言うことは九州中央山地[12]、屋久島[10]や島根半島弥山山地[3]などでも同様の結果で、シカに共通するのかもしれない。しかし、性比は地域やセンサスルートの設定に影響され、それらの地域においても、場合によってはオスが大半を占めることもあった。春日山でも周遊道の南部交番所近くの空き地には交尾期に、縄張りを持てないいわゆるあぶれオスが集まっていた。

周遊道の道路脇は太陽光が入るので草本類が伸び、それを求めてメスが集中する。交尾期になると、メスを求めてオスが周遊道近くに姿を見せ、確認されやすいのではないかと考えている。オスの個体数が少なく、目撃されにくいことも一つの理由かもしれない。それに、メスは子どもを含めて、群れで確認される傾向が

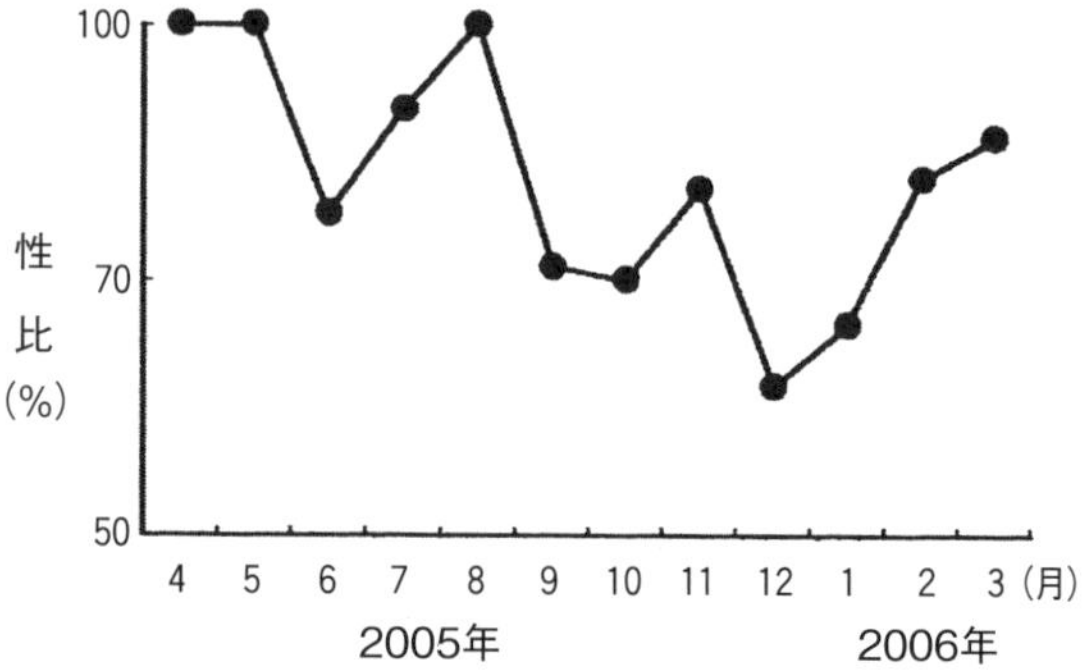

図3　ライトセンサス調査による性比（雌／合計：当歳子は除く）の月変化（鳥居他2007より）

あるので発見されやすいが、オスは単独行動が基本なので、発見しにくいのかもしれない。

区画法とライトセンサスにおける確認された群れ構成を表１・２に示した。それからも交尾期にオスがメスに接近し、それ以外は単独行動であることが読み取れる。ただ、メスは群れ行動とは言っても、公園平坦部のような数十頭もの集団を見ることはない。また、春日山山中で出会うシカは、人慣れした公園ジカとは全く別の動物のような警戒心で人に接してくる。

区画法もライトセンサスも春日山にシカは均等に分布していることを前提としている。また、オスよりもメスが周遊道近くに行動圏を持つようだとしたが、今後はそれらの仮定が正しいのかを明らかにしなければならないだろう。

糞粒法

三つめは糞粒法である。これはある区画内の糞すべてを一旦除去し、数日後に区画内の糞すべて

表１　区画法により確認したシカの群れ構成（性別不明個体を除く）.

調査月	(調査日数)	成雌単独	雌グループ			成雄単独	雄グループ			混群			合計
			群数	個体数	平均		群数	個体数	平均	群数	個体数	平均	
2005年３月	(1)	3	3	14	4.7	0	0	0		0	0		17
11月	(1)	7	2	7	3.5	3	1	2	2.0	1	4	4.0	23

（鳥居他2007より）

表２　ライトセンサスにより確認したシカの群れ構成（性別不明個体を除いた月毎の合計数）.

調査月	(調査日数)	若雌単独	成雌単独	雌グループ			若雄単独	成雄単独	雄グループ			混群			合計
				群数	個体数	平均			群数	個体数	平均	群数	個体数	平均	
2005年４月	(4)	0	6	5	12	2.4	0	0	0	0		0	0		18
5	(4)	3	8	3	6	2.0	0	0	0	0		0	0		14
6	(4)	0	15	4	8	2.0	3	4	0	0		0	0		30
7	(5)	0	30	12	25	2.1	1	4	1	2	2.0	0	0		62
8	(4)	2	8	5	10	2.0	0	2	0	0		0	0		20
9	(5)*	0	12	9	18	2.0	1	8	0	0		0	0		39
10	(4)*	0	11	5	10	2.0	2	4	0	0		2	4	2.0	31
11	(4)	0	14	13	37	2.8	5	2	1	3	3.0	1	4	2.0	65
12	(4)	0	15	9	25	2.8	5	3	4	12	3.0	2	8	4.0	68
2006年１月	(4)	0	10	8	20	2.5	1	6	3	7	2.3	1	2	2.0	46
2	(4)	0	7	7	20	2.9	1	1	1	2	2.0	1	5	5.0	36
3	(4)	0	5	2	5	2.5	1	0	0	0		0	0		11

＊９月と10月は徒歩により実施した。（鳥居他2007より）

を数え、シカ一頭の一日分の脱糞数をもとに、密度を推定するという方法である。春日山を五〇〇m四方の区画で一三に区切り、その中に長さ一〇〇m、幅二mのベルトを設定し、ベルト内の糞すべてを除去し、ほぼ一ヶ月後に新らたに追加された糞粒数を数えて密度を推定した。その結果、二〇〇七年の調査では平方kmあたり一二頭、翌年は一三頭という結果になった。調査は糞の消失を考慮しなくて良いとみられる二月を中心に実施し、一頭のシカが一日に九〇〇粒の糞を出すものとして計算した[8]。この九〇〇粒というのは、飼育個体から算出されたものである。推定に用いた糞粒数を少なくすると密度は高いものとなる。一日あたりの糞粒数は季節や餌植物によっても大きく変化してくるものとみられている。

これらが春日山で行った密度推定である。糞粒法によるものが他の二法と比べると低い密度となった。それぞれの方法に一長一短があることと、まだ確立した方法になっていない点で、精度を欠いたものではある。しかし、三〇頭なのか三〇〇頭なのかというような桁が違うほどの誤差にはなっていない。ライトセンサスでは通常は一〇頭前後で推移し、交尾期前後に高い密度になっている。この変動の原因は早急に突き止めなければならない課題である。しかし、少し多めに見積もった三〇頭程度という密度は大きくは間違ってはいないように思われる。

三〇頭という密度だと、春日山はほぼ三平方kmの広さなので、単純計算では九〇頭が棲息していることになる。大阪市立大学の山倉拓夫氏は落ち葉を含めた餌生産量からは六〇〇頭までは棲息することができるのではないかと予想している[13]。そのことを考慮すると、九〇頭であっても安心できる棲息数と言えるのかもしれない。しかし、植生への影響を見る限りでは九〇頭でも多すぎることは明らかだ。

また、三〇頭を追える密度というのは、北海道洞爺湖中之島[2]（三〇~五〇頭）、栃木県日光[4]（三五頭）、大台ヶ原[6]（三〇頭）、長崎県野崎島[1]（八〇頭）など、各地で発生している。これらの地域では植生が壊滅的に破壊され、森林の更新が阻害され、植生だけでなく他の生物群集にも大きな影響を与えている。

奈良公園のシカの棲息数

ここで言う奈良公園は広義の奈良公園で、平坦部から若草山、春日山、高円山とその周辺地域を含んだ地域である。

奈良公園平坦部では昭和二十年から(財)奈良の鹿愛護会が個体数調査を行っている。七〇年近く同じ方法で大型獣の調査を継続している例は世界的にも希有なこと。その調査の結果、近年の奈良公園平坦部では一一〇〇～一二〇〇頭が数えられている。春日山には九〇～一二〇頭。若草山や高円山にも相当数が棲息している。

高円山と若草山ドライブウエーでも春日山と同じ時期に調査回数は少ないものの、ライトセンサスを実施した。ただし、両ドライブウエーは一般車両も常時通行するため、トラックでのんびり走ることはできない。そのため、他車の走行を妨害しないように、普通車の助手席からサーチライトで片側だけ照らし、発見した位置と、個体数、性別などを記録し、復路で同じ個体と見なせる個体を除いた。調査回数が少ないため季節別にまとめると、高円山では夏には四〇頭を越え、若草山では秋以外は五〇頭を越えるという結果だった。両ドライブウエーは春日山周遊道と比べると、道幅は広く、明るいことから道路脇に草本が豊富で、シカが集中することと、ドライブウエー脇に多くのシカが休息する空き地があり、そこでの確認個体が多かったことから、高い密度になったものと考えられる。

若草山山中ではかつて残飯が多量に給餌されていたことがあり、夜間に四〇頭以上のシカが集まっていたことがある。一部の個体を追跡したところ、若草山北斜面と西斜面下部に戻っていった。

また、奈良公園の周辺地域では農業被害防止のため、捕獲檻が仕掛けられ、捕獲されたシカは愛護会鹿苑で飼育されている。この捕獲数は年により異なるものの六〇から七〇頭に及んでいる。その背後にも相当数の個体がいるものと考えられる

それら以外にも春日山の東の奈良市須山などにもシカ分布域は広がっている。また、近年は奈良教育大学構内には一〇〜二〇頭のシカが棲みついている。奈良ドリームランドや奈良女子大学構内などにも棲みついたシカがいるらしい。これらを含めると相当数のシカが市街地にも棲息していることになる。

平坦部との交流

ところで、平坦部のシカと春日山のシカは交流しているのだろうか、高円山など周辺とも同様のことが重要な課題である。先のライトセンサス中に角《つの》きりされたシカは春日山の西端では確認されているが、それほど奥までは入り込んではいない。ただ、春日山などから平地に出て行っても、角を切られることなく、交尾期が終わって戻っている個体がいないとは言いきれない。愛護会によると高円山中でも角きりされたオスが見つかっているので、交尾期になるとメスを求めて周辺の山中から平坦部に移動して来るオスがいることは確かなのであろう。

ところで、平坦部から春日山へいわゆる移住する個体はいるのだろうか。春日山の棲息数に影響を与えるのだが、資料はない。

平坦部では戦後七九頭がカウントされている。その後、一九五七

オスシカ

年に天然記念物に指定されてからは急激に個体数を増加させた。その増加した個体の一部が春日山に侵入したのか、それとも春日山は春日山で独自に個体数を増加させたのか詳細は不明である。

三　シカは何を食べている？

第7章の春日山の哺乳類相では、多くの哺乳類にとって、春日山は棲みにくい環境だと紹介した。では、春日山はシカにとって棲みやすいのだろうか。特に、餌は充分にあるのだろうかと考え、何を食べているのか確認したいと思っている。夜間にサーチライトで見つけたシカも、静かに見ているだけならばそのうちに観察者を無視することもある。そんな時、彼らは何やら地面から探して食べているように見えるのだが、ほとんど植物の緑は見えない。高密度になった北海道の洞爺湖中之島のシカは餌不足を補うように枯れ葉を食べるように適応したという(7)。私は、春日山でも枯れ葉食いをしているのだろうと思っていた。自然環境研究センターの荒木氏にそんな話をしてみた。予想に反して、春日山は枯れ葉食いするような餌条件ではないと言う。彼の修論での研究対象はやはり高密度で枯れ葉食いする対馬保護区のシカだった。対馬と比べると春日山にははるかに多くの餌資源があると言う。落ちたばかりの常緑樹の緑の落ち葉に依存しているのだろうか。

そこで、春日山と似た植生で、人を警戒しない若草山の駐車場周辺のシカを二～三月に、延べ一六時間、シカの脇に立って直接観察してみた。その結果、冬であっても枯れ葉の中から緑の落ち葉を選んで食べているのを数回目撃できただけであった。

次に、最も餌が少ない時期から少し遅くなってしまったが、四月に転害門近くと若草山山頂駐車場のシカに給餌テストを試みた。転害門では七頭の雌グループ（一歳オス二頭を含む）にアラカシの新葉、旧葉、落ち葉だが緑の葉、若干変色してきた落ち葉、茶色に変色した枯れ葉を与えた。新葉は積極的ではなかったが、採食された。しかし、それ以外は全く見向きもされなかった。同時に、イロハカエデとケヤキの新葉はしっかり食べてくれた。そして、それらを乾燥機で枯れさせた枯れ葉は全く見向きもされなかった。この時のシカはケヤキなどを食べた経験がない個体だったかもしれないと考えた。そこで、若草山駐車場の雌四頭に、その場で採取したシラカシの生葉を与えるとすべてが食べた。それに反し、その場に落ちている変色しかかった葉や枯れ葉は食べられなかった。クヌギも同じ結果だった。春日山のシカはまだ枯れ葉を食べるような状況ではないのかもしれない。

二〇一一年夏に春日山で死亡したシカが見つけられ、その個体を回収した愛護会から胃内容物を提供してもらった。わずか一頭だが、ポイントフレーム法で分析した。驚くことに半分が落葉広葉樹の緑の葉で占められていたのである。春日山もシカの口の届く範囲は食べ尽くされ、緑の葉を食べる余裕はないと思われる。丁度その頃に周遊道の管理のため、道路に伸びた枝などを刈り払っていたことから、その落葉広葉樹の葉を集中的に食べていたものとも考えられる。しかし、落葉広葉樹と常緑広葉樹の半枯れ葉や枯れ葉も合計で二〇パーセントを占めていた。枯れ葉も餌になっていることも事実だった。また、胃内容物の中から比較的大きいまま残った葉を広げて樹種を特定した。常緑広葉樹はクスノキやサカキが確認され、落葉広葉樹ではミツバアケビやカラスザンショウなど数種が確認された。また、ムクロジの種子も多量に出現した。春日山には堅果類を供給する多くのシイ・カシ類が生育しており、それらは重要な栄養源になっているのだろう。

ところで、春日山ではシカの忌避植物と考えられてきたイズセンリョウが食べられている[9]。また、奈良公園平坦部ではナンキンハゼを食べる個体も観察されている（C16）。奈良公園一帯で餌不足となっているものと考えられる。しかし、前述した洞爺湖中之島で枯れ葉食いを始めたように、奈良公園一帯で食性を変化させることで対応しそうな予感もしている。

四　春日山にシカ柵は作れない？

前述した山倉氏は長期に渡って春日山の植生調査を継続している。その調査から、今のままシカの高密度状態が継続すれば、二〇〇年後に春日山はイヌガシとナンキンハゼだけの山になってしまうと予測し、春日山の生物多様性を保全するため早急なシカ柵の設置を提言した(13)。シカ柵の効果は全国各地で確認されている。春日山林内に設置したシカ柵二基の六～七年後の柵内の稚樹の生育状況を見ると、樹冠の開空度が低い柵では沢山の実生が発生したものの、林内が暗いためか稚樹はほとんど生育していない。頻繁にイノシシに侵入されたことも原因しているかもしれない。また、周遊道路脇に設置してあるため、乗用車が飛び込んで柵を壊しており、修理までに時間がかかっていたことからシカも侵入していたかもしれない。しかし、別の二基では柵内外の実生や稚樹の生育に大きな違いがあり、柵設置は春日山の保全に有効なことは間違いないと考えられる。しかし、シカ柵で新たなシカの被害は防げるかもしれないが、本当に柵に効果を発揮させるには課題も多い。既に春日山に広がったナンキンハゼとナギや、これからも種子の供給源となる奈良公園一帯に植栽されているナンキンハゼの処理も検討しなければならない。

植生保護に威力を発揮しそうなシカ柵だが、春日山では大規模柵は許されないのかもしれない。奈良市に棲息するシカは天然記念物となっている。しかし、昭和五十年代には農業被害の補償を求めて、公園周辺農家が奈良市、春日大社と奈良の鹿愛護会を被告に訴訟が起きている。その際、保護する地域を定め、それ以外ではシカ柵などでも被害防除できない場合には、捕殺も可とする和解が成立した(11)。個体数調整は可能になったとは言うものの、その後三〇年間に和解条項をもととしては一頭も駆除されてはいない。その和解条項を根拠に駆除が始まれば、春日山では大規模なシカ柵は設置できなくなる。和解において春日山は保護される地域とされており、大規模柵は春日山からシカを排除することとなり、本来保護されるはずが、周辺に出没することで駆除の対象となる可能性を否定できないからである。

ここで、誤解を招かないよう、前述した農業被害防止の捕獲があることを紹介しておこう。裁判以降、捕殺という形での被害防除は行われていない。その代わり、捕獲檻で捕獲された個体は愛護会の鹿苑で終生飼育されている。死亡と新たに加わる個体とが入れ替わりながら、飼育個体数は常に二〇〇～三〇〇頭になると言う。

春日山の保全に何らかの原因でギャップが生じるごとに小規模な簡易柵を数多く、かつシカの密度に影響を与えない程度に設置することで対処するしかないようだ。シカに採食されるためギャップには不嗜好性植物しか生育できず、そんな植物だらけになってしまえば、シカにとっても利用できないはずだ。

ここ数年、特に若草山でカシノナ

シカ柵内の実生

シカ柵外では植物の生育がない

ガキクイムシによるシイ・カシ類の枯れが急激に進んでいる。まだ少ないが春日山では、今後、急激にギャップが増えそうである。小規模柵に春日山の植生回復の鍵があるのではないだろうか。しかし、ギャップに設置するシカ柵だけですべて解決するとは考えられない。

五　神鹿と原始林

先に、春日山では大規模シカ柵を作れない可能性が大きいと述べた。そうは言うものの、訴訟が起きた当時とは状況が大きく異なっている。訴訟は農業被害が原因だったが、春日山には農業被害はなく、別の被害が起きている。春日山原始林は一九九八年指定の古都奈良世界遺産の一部を担っている。自然遺産ではなく、文化遺産ではあるが、春日山は近畿地方に僅かに残る照葉樹林の貴重な生態系が残る原始林として認識されてきた。春日大社の神域として八四一年に狩猟と樹木の伐採が禁止されたことにより、今に至っていることは紛れもない事実であろう。しかし、第17章に紹介されるようにシカによる植生改変が大きく、原始の名称も名ばかりとなりつつある。棲息数をなんとかコントロールする必要があるのではないだろうか。

それには法的な問題やその手法以外にも多くの課題が山積する。棲息数コントロールは神鹿と原始林の存続を天秤にかけることを意味し、観光地奈良のイメージを損なうことにもなり、国内外から批判を浴びることになることは大いに予想される。そうであっても将来に渡って春日山原始林の保全と課題の解決のため、議論をオープンにして、叡智を集める時期にあると言えるだろう。

《山に異変が起きている——登山者として、市民として山を守りたい》

登山者から見た山の劇的変化

私たち登山者を魅惑してやまない山岳地帯の一つ、大峰の山々が、そのみずみずしい生命力を失いつつあることに気づいたのは、今から二十年程前、一九九三年頃のことだった。足下を覆っていた草花やササ類、四季折々に自然の妙を楽しませてくれるブナ・ミズナラ等の木々、山の息吹を謳歌するかのように咲くオオヤマレンゲ、そして、シラビソの純林（後者二つは国の天然記念物）等が徐々に衰退し、消失していった。立ち枯れ現象は土砂崩壊を招き、埋め尽くされた弥山川最源流部の沢では、キリクチが行き場を失っていた……それは、山が、まるで悲鳴をあげているかのような光景だった。

そこで奈良県勤労者山岳連盟（以下、「労山奈良県連」という）は、一九九八年から大峰山脈立ち枯れ調査を開始、二〇〇四年まで計七回かけて、大普賢岳（一七八〇m）周辺から釈迦ヶ岳（一八〇〇m）周辺までの大峰山脈主稜線及び派生尾根を約三〇㎞に亘り踏破し立枯れ状況を調査した。

ブナ、モミ等の立枯れ、トウヒ、シラビソ等亜寒帯針葉樹の集中的な立枯れ・倒木の惨状は、特に弥山（一八一九m）、八経ヶ岳（一九一五m）、明星ヶ岳（一八九四m）、孔雀岳（一七七九m）周辺で顕著であった。大峰山脈の東に位置する大台ケ原

八経ヶ岳から弥山を望む。立枯れの集中が随所に見える
（2001年10月14日）

（一五〇〇～一六五〇ｍ）も同様、稜線付近のトウヒ林が広範囲に立ち枯れ、白骨化、倒木、そして次第にトウヒ林は消滅した。今は背の低いミヤコザサが広がっている。

なぜこのような異変が高山帯で見られるようになったのだろうか？　シカ等動物の食害、大気汚染・酸性雨・酸性霧、地球温暖化、台風、ササの一斉枯れ死などの原因があげられ、様々な要因が複合的に重なって起きた現象だと言われている。各地で調査活動が続けられているが、今も山の風景は加速度を増して変化し続けている。

市民連絡会の立ち上げ

保全活動に繋がる困難さを抱える中、二〇〇四年、奈良で開催されたシンポジウム「シカと森の今を確かめる」で、一つの方向性を示された講演を聴く機会に恵まれた。保全策策定には、行政（制度・財政的支援）・研究者（学術的支援）・市民（行動支援）が同じテーブルに着き、合意形成のもとで行われるべき……というものである。憂える日本各地での森林の衰退が報告される中、演者の中でただお一人、ビジョンを示された前迫先生の言葉である。その言葉は、私たちの道標となった。

そして、二〇一〇年、労山奈良県連は日本野鳥の会奈良支部と共催で、私たちの身近にあり、親しまれている春日山原始林にスポットを当てた観察会とシンポジウムを企画し、合わせて二九三名の参加を得た。春日山原始林も多様な生態系が失われ、危機に直面していること、危惧する市民の関心が高いことを痛感した。市民の声を行政に届けるため、同野鳥の会奈良支部他二団体と協議を重ね、二〇一二年一〇月に「春日山原始林の自然を考える市民連絡会」を立ち上げ、保全活動を開始したところである。

山歩きに置き換えると、まだ登山口に立ったばかりといえる。これから長い道のりが続くことだろう。しかし、幾世代を通して守られてきた豊かな自然を引き継ぐためにそれぞれの会の良さを活かしながらパーティを組み、輪を広げながら、一歩ずつ、できることから始めることで、道は開けていくと考えている。

（奈良県勤労者山岳連盟　由良　行基周・高橋　円）

第17章　「奈良のシカ」と照葉樹林の未来

前迫　ゆり

一　はじめに

ニホンジカ（以下、シカと呼ぶ）は、日本が誇る文化的・経済的価値を持つ自然資源とされている。(1) 一方、高密度状態のシカ個体群は、植物に対する摂食によって樹木枯死や森林更新の阻害を招き、森林生態系に大きな影響をもたらしている。(2・3・4)

植食性動物であるシカは植物に対してさまざまな働きかけを行う。シカはもっぱらシバに代表されるグラミノイド系草本を摂食するが、密度が高い状態では樹皮剥ぎを行う。なぜシカは樹皮剥ぎをするのか？という素朴な疑問から、奈良の鹿愛護会に許可いただき、鹿苑に植物ポットを置く実験を行ったことがある。植物ポットを設置した数分後に、シカが植物に集まり、樹皮の内側の維管束や形成層などの生細胞だけを食べてしまった。有毒成分アニサチンを含むシキミの枝葉は食べないが、不思議なことに樹皮剥ぎは行ったので

シカの樹皮剥ぎ行動実験。シキミ（左）とクロガネモチ（右）を設置後すぐにシカは植物に近づき、樹皮剥ぎを行った。クロガネモチは樹皮剥ぎと枝葉の採食を行ったが、シキミは樹皮剥ぎのみ行った。矢印は樹皮剥ぎ行動をしているシカ。

ある（その後、体長不良になったシカはいない）。樹皮剥ぎ行動は栄養摂取の一環と考えられるが、シカの樹皮剥ぎに対する反応の速さに驚いた。

本章では、日本のシカ問題を俯瞰しながら、天然記念物「奈良のシカ」による植物に対する直接的影響とシカの森林利用について紹介し、奈良のシカと照葉樹林の相互作用を通して地域生態系の保護・管理の視座について考えたい。

二　日本のシカ問題

植生学会が全国で実施したシカの影響調査アンケート（二〇〇九年～二〇一〇年）によると、日本の約五〇％の植生でシカの影響が生じている（C8）。逆に、約五〇％の植生は、まだシカによる影響をうけていない植生が残されているともいえる。[5] シカ個体群による採食・樹皮剥ぎなどの影響は、森林崩壊のみならず、土壌流出・斜面崩壊といった自然災害や生態系レベルの崩壊を招く可能性もある（表1）。一九九〇年以降、わずか数十年間に日本列島は北から南まで、海岸部から高山・奥山まで、あらゆる植生がシカに喰われてしまった。なかでも紀伊半島の植生被害は甚大である（C19）。

林野庁によると、鳥獣による国有林被害は毎年八〇〇〇ha、そのうちシカとカモシカによる被害は、全体の六割に及んでいる。農作物に対する鳥獣被害は年間二〇〇億円とされるが、なかでもシカによる被害は突出しており、ニホンジカに対する特定鳥獣保護管理計画は四六都道府県のうち三四件で策定されている(6)。しかし近年、シカの被害対策に苦慮しているのは、農林業被害よりもむしろ生態系への影響であろう。

生物多様性保全を掲げて、環境省は日本各地で生態系保全事業を進めている。たとえば、一九六〇年代に林床に苔が密生していた奈良県大台ヶ原のトウヒ林は、一九九〇年代になると高木層のトウヒのほとんどが枯死し、壊滅状態となった。これに対して二〇〇五年一月に「大台ヶ原自然再生推進計画」（環境省ホームページ、http://www.env.go.jp/info/iken/h170414a/a-5.pdf）が策定され、防鹿柵設置や樹木のラス巻、シカの駆除といった対策がなされている。しかし環境省の再生事業によって森林は回復したかというと、あらたな課題（たとえば、防鹿柵を設置することによって成長したササが森林更新の阻害を引き起こすなど）が生じており、森林再生には長い時間を要するとともに、シナリオ通りに進まないことを示している。また大杉谷では二〇〇八年に林野庁（近畿中国森林

表1　日本の植生へのシカの影響調査結果。植生学会（2011）によるアンケート調査（回答数　1127）より植生への影響が明らかにされた。回答数1127のうち、約半数は植生への影響がないと回答した。一方、影響が激甚とする回答は6.2%であった。数字は%。

影響の程度	なし	軽度	中度	強度	激甚	合計
回答数者数	583	182	133	159	70	1127
回答数の比率　（%）	51.7	16.1	11.8	14.1	6.2	100.0
食痕	0.3	81.9	82.0	93.7	90.0	41.9
樹皮剝ぎ	0.2	26.9	48.9	62.3	80.0	24.0
ディアライン	0.0	2.2	20.3	45.9	57.1	12.8
表土の流亡	0.0	0.5	4.5	16.4	57.1	6.5
斜面崩壊	0.0	0.0	0.0	3.1	18.6	1.6
シカの糞	0.0	33.0	59.4	69.2	81.4	27.2
シカ道	0.3	26.9	57.9	69.2	72.9	25.6
シカの落葉食い	0.0	0.0	1.5	10.1	18.6	2.8

奈良公園付近でネザサを採食する成雌シカ（2007年1月17日）

奈良公園でイチイガシの枝葉を採食するシカ

シカによる樹皮剝ぎ

スギに対して頭部をこすりつけるシカ

管理局）が「大杉谷国有林におけるニホンジカによる森林被害対策指針検討ワーキングチーム」（著者もワーキングメンバーのひとり）を発足させ、人工林管理だけでなく、自然林の保護と野生動物管理に力を注いでいる。

早期にシカの野生動物保護管理計画にとりくんだ地方自治体として、北海道があげられる。「エゾシカ保護管理計画」にもとづいて「エゾシカの有効活用ガイドライン」が策定され、「鹿肉」や「鹿角」の有効利用が積極的に実施されているが、この施策が実施された背景として手堅い生態学的研究がなされたことが指摘されている[1]。現在、国レベルから地方自治体レベル、あるいは集落レベルでのシカ被害に対する対策がとられてはいるが、日本において成功している事例はきわめて少ない。これは、シカ被害が個体数管理といった単一の問題だけでは解決しないことを示すものであろう。

高柳[7]は、生物多様性の維持・増大を目的として、野生動物が生息する自然環境を保全・管理する「生息環境管理」、社会的に最適な個体数をめざす「個体数管理」、生息環境と個体数の中でもっとも効率的に被害を許容限界以下にする「被害管理」の三つの管理から野生動物保護管理が成立するとしている。また村上[6]は、ニホンジカの野生動物管理に関しては、個体数管理だけでなく、地域の土地利用や生活様式も含めた総合的な対策が必要であると指摘している。複合的要因のもとに生じている問題に対する解決策は、総合的に行われるべきであり、かつ市民の協力体制、行政と市民と研究者との連携が不可欠であろう。

本章の主人公である天然記念物「奈良のシカ」は、奈良を代表する文化的シンボルであると同時に、若草山や奈良公園飛火野のシバ草地を維持するという生物的役割も果たしている。しかしその一方で、かつて不嗜好植物とされたイズセンリョウやクリンソウ、イワヒメワラビ、ナチシダ、イラクサ[8]に対しても活発な採食を行い[9]、地域植生の生物多様性に甚大な負の影響を与えている。

三　奈良のシンボル「奈良のシカ」

奈良公園や春日山原始林では、シカが樹木に体をこすりつけたり、樹木の枝葉を食べたり、角研ぎ・樹皮剝ぎをしている野生ジカとしての行動をしばしばみかける。奈良公園では人々がシカに感動したり、シカせんべいを楽しそうに与えている笑顔に出会う。これらは、「奈良公園の風景の中にとけこんで、わが国では数少ないすぐれた動物景観をうみだす」という天然記念物の指定事由とよく合致している風景といえよう。

　奈良公園一帯に生息する「奈良のシカ」は、春日大社の古文書（七六八年・神護景雲二年）に「鹿島明神は白鹿にまたがって春日山に入山された」と記載されていたことから、歴史上、神鹿とされたことはよく知られている。春日大社の神域として今に残された照葉樹林と奈良のシカとの関係は、世界でも類を見ない長い歴史と文化を有する。一九三〇年に動物学者八田三郎が書いた「奈良と鹿」には、「奈良の鹿は奈良を自然と自分のものとしてしまっている。しかもそれが自然とできていて、少しもわざとらしくないところが限りなくゆかしい。……やはり奈良の鹿は奈良の主である」と、絶賛している。人にお辞儀をするシカの行動は記されていない。この頃は、若草山や浅茅が原一帯のシバ草地の餌量にみあったシカ個体群と人と自然が共生していたのだろう。

　戦後、数一〇頭に激減したシカは、その後、保護の意味もあって一九五七年に国の天然記念物に指定された。近年、遷都一三〇〇年のイメージキャラクタにはシカの角がデザインされるなど、「奈良のシカ」は自然観光資源として大きな経済効果をもたらす存在でもあり、地域において多様な価値を発揮している。

　一九八八年以降、奈良公園のシカは約一一〇〇－一三〇〇頭で推移しており、平成二十三年の資料では一〇九五頭（財団法人奈良の鹿愛護会ホームページ。http://naradeer.com/images/23census.pdf）とされている。奈良公園一帯のシカは夏期には九六一・一頭／㎢、秋期には九〇七・七頭／㎢[10]、また春日山原始林においても二〇－三〇頭／㎢[11]という高密度で生息している（シカの個体密度、保護の経緯と生態などについては15章と16章に詳しい）。

四　奈良公園の樹皮剝ぎと樹種選択

奈良公園は一八八〇年に興福寺旧境内および猿沢池を範囲として開設され、一八八八年に範囲を拡大して県立奈良公園として告示された[12]。奈良市街地の東方、佐保川上流から南、菩提川より北、そして若草山（三笠山）、春日山、花山・芳山を含む平坦部三九・二ha、山地部四六二・八haの地域がいわゆる「奈良公園」とされている。

どのような樹木に「樹皮剝ぎ」をするのか

奈良公園平坦域の東端から西端までの範囲で、森林を形成する代表的な一〇エリアを選定して、計一〇四一本について樹皮剝ぎを調査したところ、樹高一・三m以上の三九種一〇四一本の樹木のうち、樹皮剝ぎは三一種三五二本に認められた（表2）。これは樹皮剝ぎが行われた樹木の種数比率では七九・四%、個体数比率では三三・八%という高い値に相当する。

樹皮剝ぎ個体を部位別に見ると、根に対する樹皮剝ぎは六・三%（イチイガシ、ソメイヨシノ、アラカシ、クロマツ、クスノキ、モミ、ケヤキ、コジイなど）、幹

表2　奈良公園における樹皮剝ぎ率とイブレフの選択性指数（E）

種名	調査本数	樹皮剝ぎ本数	樹皮剝ぎ率 %	選択性指数 E
サルスベリ	26	23	88.5	0.447
サンゴジュ	8	7	87.5	0.443
イヌマキ	37	29	78.4	0.397
アセビ	140	82	58.6	0.268
クスノキ	19	11	57.9	0.263
アラカシ	46	18	39.1	0.073
ナギ	86	32	37.2	0.048
イヌガシ	54	20	37.0	0.045
モミ	27	10	37.0	0.045
ヒノキ	14	5	35.7	0.027
カマツカ	3	1	33.3	−0.007
スギ	42	12	28.6	−0.084
コジイ	11	3	27.3	−0.107
イロハモミジ	45	12	26.7	−0.118
ソメイヨシノ	55	13	23.6	−0.177
イチイガシ	68	13	19.1	−0.278
クロマツ	145	26	17.9	−0.307
ケヤキ	18	3	16.7	−0.340
ナンキンハゼ	94	15	16.0	−0.359
シラカシ	37	5	13.5	−0.429
イチョウ	16	2	12.5	−0.460
イヌシデ	19	1	5.3	−0.731
ウメ	5	0	0.0	−1.000
合計	1015	343	—	—

に対する樹皮剥ぎは九五・八%と高い。エリア別にみると、もっとも樹皮剥ぎ率が低いエリアは戒壇院周辺の一一・五%、もっとも高いのは奈良県新公会堂周辺で四九・五%であった（一〇カ所の平均値および標準偏差値は33.8±12.0%）[13]。

シカが積極的に樹種を選んで樹皮剥ぎをしているのか否かをみるために、イブレフの選択性指数（E）を算出すると、サルスベリ、サンゴジュ、イヌマキ、アセビ、クスノキなどが正の選択性を、ウメ、イヌシデ、イチョウ、シラカシ、ナンキンハゼ、ケヤキ、クロマツなどが負の選択性を示した[13]。樹皮剥ぎ樹木のうちアセビ、スギ、ナギのいずれも胸高直径一〇cm以下で枯死が確認された。すでに枯死し、消失した樹木については確認できていないので、実際にはもっと多くの樹木が枯死している可能性がある。サルスベリは正の選択性が高く、繰り返し樹皮剥ぎされているが、カルス形成することによって枯死を回避しており、シカの採食に適応しているともいえる。

サルスベリの樹皮剥ぎ

奈良公園のサルスベリはシカの大好物であるが、植物はかろうじて生育している。シカの採食に対してこの植物は適応的に生育しているのかもしれない。

シカの行動範囲と樹皮剥ぎとの関係は？

奈良公園では植栽時に樹木毎に金網を巻くことにより、小径木の枯死を回避する保護策がとられている。

胸高直径と樹皮剥ぎの関係を調べると、胸高直径四〇cm未満に樹皮剥ぎが多い傾向がみられた（図1）。

樹皮剥ぎと地理的条件との関係をみると、市街地から遠いほど、あるいは若草山や春日山原始林に近いほ

図1　奈良公園における樹皮剝ぎと樹木サイズの関係（前迫ほか、二〇〇六）

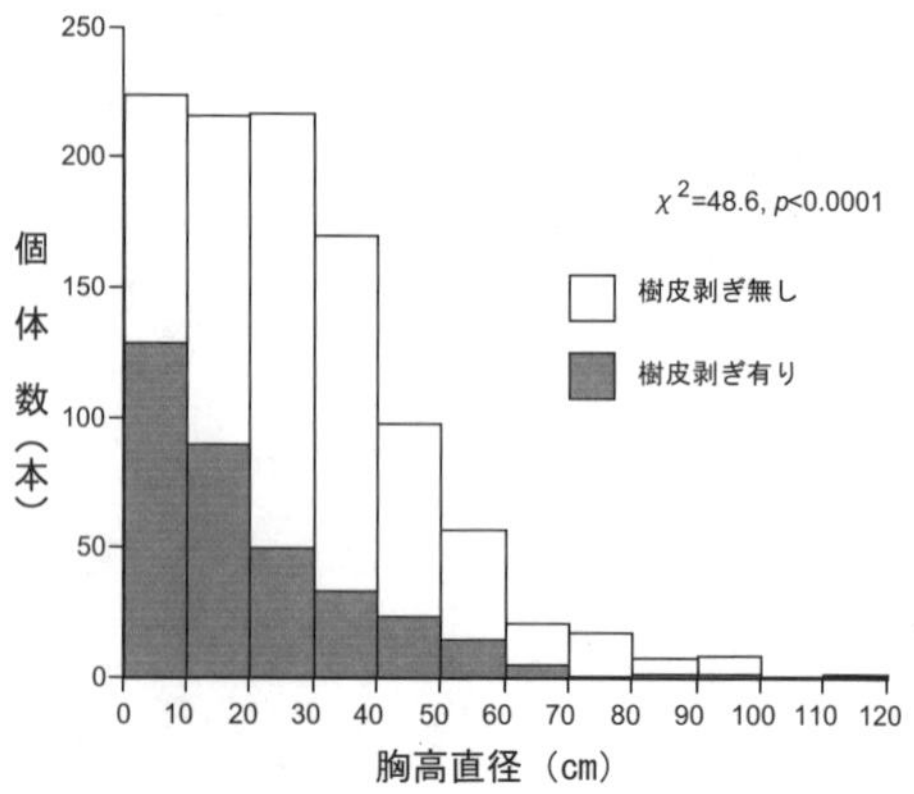

図2　樹皮剝ぎ樹木と地理的空間分布の関係（前迫ほか、二〇〇六）

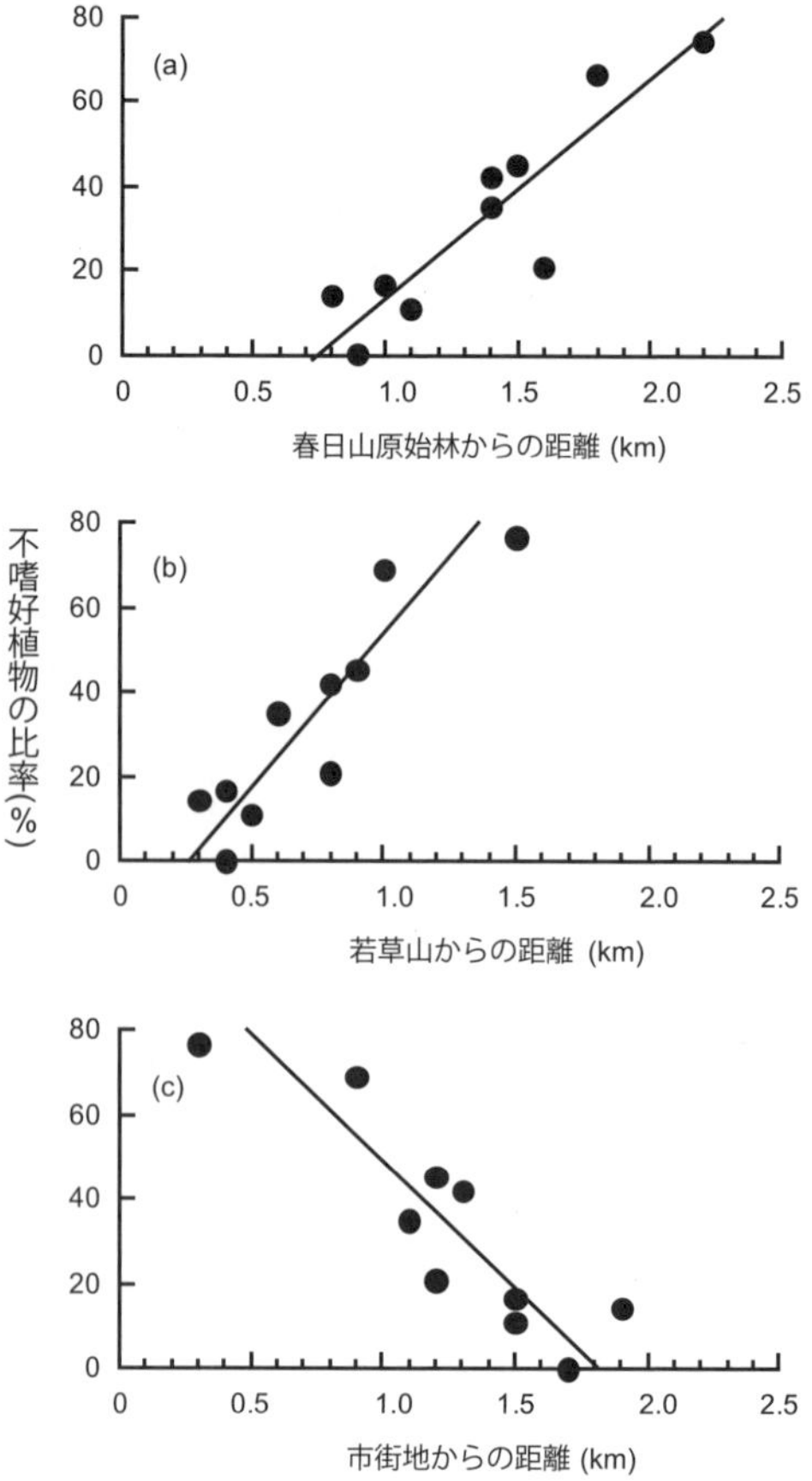

ど、不嗜好植物の比率は高くなり、空間的環境傾度とシカの樹皮剝ぎに一定の傾向がみられる（図2）。一九八〇年代後半まで春日山（御蓋山北麓）方面から市内までをシカが日周移動する大規模な動線があったとされている[10]。また奈良公園平地部と山地部で個体数の日内変動が確認されるなど、奈良公園西端（市街地方面）から東端（春日山原始林あるいは若草山方面）への空間的環境傾度はシカの動線や個体群密度分布を反映していると考えられる。しかし奈良公園におけるシカの生息密度分布については、まだ明らかにされていない。

五　春日山原始林の樹皮剝ぎと樹種選択

春日大社水谷社のそばを流れる水谷川沿いにはシカがよく集まっている。その水谷川沿いの大きなケヤキには相当時間が経った大きな樹皮剝ぎ跡がみられる（C11）。樹皮の下の維管束が分断されると水や栄養分の通り道が遮断されるので、胸高直径が小さい樹木は樹皮剝ぎされると枯死することが多い。ヤブツバキ、コジイ、ナギの小径木では樹皮剝ぎによる立ち枯れをよく目にする。大きな樹木ではクロガネモチ、ソヨゴ、タマミズキ（いずれもモチノキ科）の樹皮剝ぎが繰り返し行われているが（C20）、大台ヶ原の針葉樹のように、直径の大きい広葉樹が全周樹皮剝ぎされることはほとんどない。

どのような樹木に「樹皮剝ぎ」をするのか

春日山原始林で一九九九年から二〇〇〇年にかけて五六種二三五一本に対して樹皮剝ぎ調査を行ったところ、種数の六六・一％、個体数比率では一〇・七％が樹皮剝ぎを受けていた[14]。これは奈良公園平坦域の種数比率七九・四％と個体数比率三三・八％に比較すると若干下回るが、奈良公園のシカ密度の高

表3　春日山照葉樹林におけるシカの樹皮剝ぎ選択（1999-2000）（前迫未発表）。春日山原始林で2351本42種を調査し（20種を掲載）、X^2検定を行った（NS：有意差なし）。

	種　名	樹皮剝ぎ（本数）	調査樹木（本数）	検定
正の選択性	シキミ	60	188	＜0.0001
	ナギ	31	150	＜0.005
	モミ	20	83	＜0.005
	スギ	12	42	＜0.005
	ヤブツバキ	10	43	＜0.005
	ヤブムラサキ	4	9	＜0.005
	クロガネモチ	4	6	＜0.005
負の選択性	ヒサカキ	3	221	＜0.0001
	クロバイ	4	196	＜0.0001
	サカキ	14	301	＜0.005
	イヌガシ	15	444	＜0.0001
	イヌシデ	0	39	＜0.005
選択性なし	コジイ	20	173	NS
	アセビ	7	125	NS
	ウラジロガシ	5	53	NS
	ツクバネガシ	4	43	NS
	ホソバタブ	5	26	NS

さを考えると、自然林としては十分に高い値といえるだろう。樹皮剥ぎの嗜好性を調べるためにイブレフの選択性指数（E）を算出した（図3、表3）。

春日山原始林におけるシカの樹皮剥ぎ樹木に対する樹種選択は、シキミ、ナギ、モミ、スギ、ヤブツバキ、ヤブムラサキ、クロガネモチに対しては正の選択性を示した。一方、ヒサカキ、クロバイ、サカキ、イヌガシ、イヌシデは樹皮剥ぎに対して負の選択性を示した。樹皮剥ぎに対する嗜好性は季節によっても変化する。

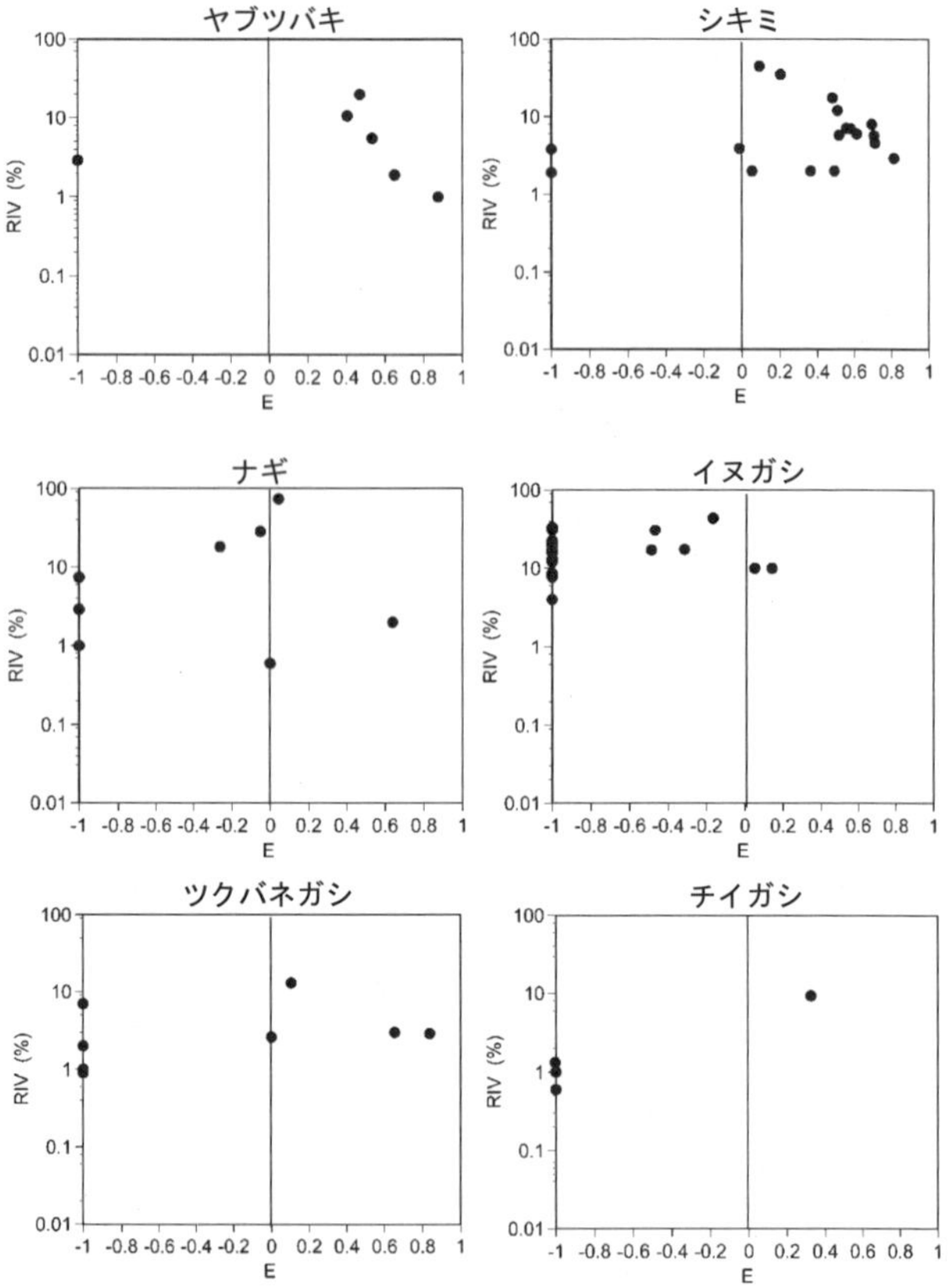

図3　春日山照葉樹林における樹種別の選択性指数（前迫、未発表）。Eが1ならば樹皮剥ぎに対する選択性が高く、−1ならば選択性が低いことを示す。ヤブツバキ、シキミは選択性が高く、ナギは0付近、イヌガシは選択性が低い。ブナ科のツクバネガシはやや正の選択性を示す。

たとえば、カラスザンショウは幹に多数の棘があり、ほとんど樹皮剥ぎはしないが、秋になると枝葉は採食する。逆に、有毒物質を含むシキミ、ナギ、アセビに対しては枝葉の採食は行わないが、樹皮剥ぎによる摂食を行い、正の選択性を示すのは興味深い。サカキはよく夏頃に採食される。

樹皮剥ぎ樹木のサイズは？

春日山原始林では小径木に樹皮剥ぎが多くみられるが、小径木の個体数がもともと多いため、積極的に小径木に対して樹皮剥ぎを行っているという有意な結果は得られていない（図4）。ヤブツバキは胸高直径30cmまでのどのサイズでも樹皮剥ぎが行われており、シカは好んで樹皮剥ぎしているようだ（C20）。しかしブナ科樹木では大径木においても樹皮剥ぎは行われるなど、樹種によって傾向は異なった。当然のことながら、樹皮剥ぎによる枯死は小径木に多くみられる。

シカによる樹皮剥ぎや樹種選択の問題は学術的にはまだ多くの謎を残しているが、ここでは、本来、草地を餌場とする植食性動物のシカが、休息の場であるはずの森林を餌場として利用していることに、シカにとっての食糧難、森林にとっての被害という深刻な事態が生じていると受け止めるべきだろう。都市、草地、森林という異なるハビタットを利用するシカの適正管理が必要とされる。

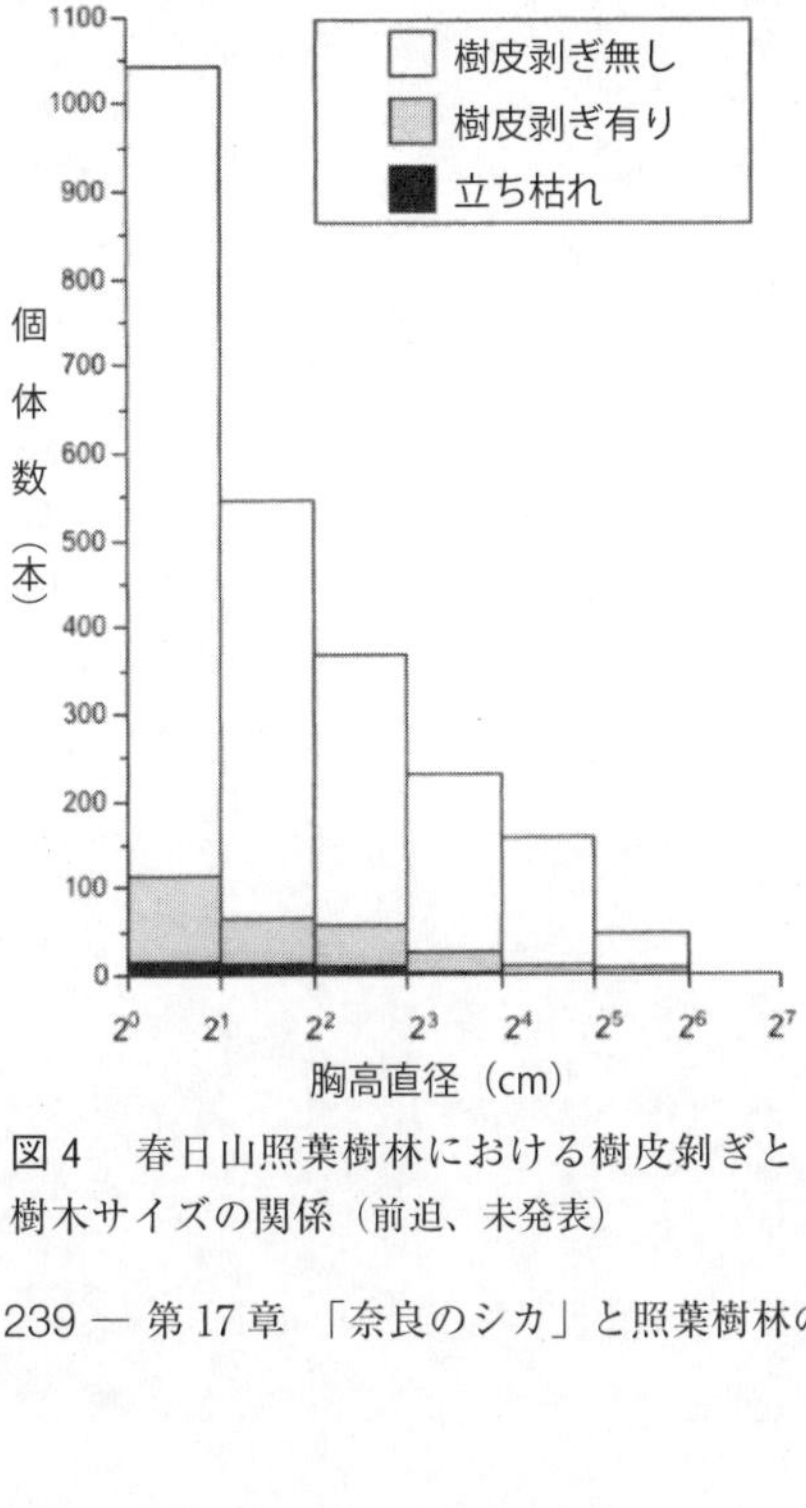

図4　春日山照葉樹林における樹皮剥ぎと樹木サイズの関係（前迫、未発表）

六　カメラトラップ法からみたシカの森林利用

シカの生息密度を知る方法としては、糞粒法、糞塊法、ライトセンサス法などが一般的である。しかしシカが実際にその地点を通過したことを記録するカメラトラップ法は、とくに夜に行動する野生動物の生息状況を知るうえにおいて、比較的少ない労力で連続的にデータをとることができるため、動物の森林利用や生息地に関する調査に有効とされている[15]。

そこで二〇〇七年一〇月から二〇〇八年九月までの期間に、春日山原始林内の八プロットに一〇台の自動撮影装置（赤外線センサーカメラ）を設置して、春日山原始林におけるシカの森林利用を調べた。哺乳類ではニホンジカ、イノシシ、タヌキ、テン、イタチ、アカネズミ、ムササビ、アナグマそしてノウサギの九種が撮影された（その後も設置を続けた結果、外来種アライグマも撮影された）。鳥類は冬季にドングリを置いたこともあり、シジュウカラ、ヤマガラ、ルリビタキ、マミチャジナイ、フクロウ、アオバト、ハシブトガラスの七種が撮影された[16]。これらの調査結果は、春日山原始林が中・小型哺乳類や鳥類にとっても重要なハビタットであることを示唆する。ここではシカに絞って紹介する（哺乳類や鳥類については第Ⅰ部をご覧いただきたい）。

シカの撮影頻度

最近ではデジタルカメラの自動撮影装置が圧倒的に多く利用されているが、調査当時はフィルム式が主流であった。光の反射および動物の通過とカメラシャッターとのタイムラグなどによって、何も動物が撮影されていないフィルムロスも多く生じたが、動物が撮影されていないフィルムの日数も含めて、稼働しているカメラの日数を加算し、延べカメラ稼働日数とした。一四七八カメラ日に撮影された資料から撮影比率（シカの撮影回数／全撮影日数）を算出すると、シカの撮影比率は八三・五％ときわめて高い値を示した。ついでイノシシ（七・二％）であった。各プロットの一〇〇カメラ日あたりのニホンジカの撮影回数は、少ないところでは〇・五回、多いところで三四・〇回であった。自動撮影装置には、積雪時に歩くシカやケンカするシカなど、シカの日常の行動が写っていた（C20）。

調査プロットをナンキンハゼ（国外外来種）優占林、ナギ（国内外来種）優占林、在来種で構成される（二種の外来種を含まない）シイ・カシ林の三グループに大別し、グループ毎にシカの撮影頻度を算出した。その結果、シカの撮影頻度はナギ優占林でもっとも低く、シイ・カシ林でもっとも高いという結果であった（表4）。

ナギ優占林の利用頻度が低い理由としては、林床が暗く、食べられる草本類や木本類が生育してない（ナギやコジイの実生が生育する程度）ことが考えられる。ナギはシカに対する被食防衛はしているものの、ナギ林においてはアレロパシー効果によって他植物の生育が抑制されている側面もあると考えられていた。しかし山倉ほか[17]によると、むしろシカによる植物への採食が他植物の生長や侵入を抑制している可能性が高いとされている。

カメラトラップ法からシカの森林利用をみると、シカが森林全体を餌場としているのではなく、食べられる植物を求めて、照葉樹林のコアとなるシイ・カシ林を積極的に餌場として利用していると考えられた。

表4　自動撮影装置に写ったシカと群落タイプの関係

外来種の有無	ナンキンハゼ優占林	ナギ優占林	カシ・シイ林
プロット数	3	3	2
シカ撮影頻度／100カメラ日	19.9±12.3	4.9±3.9	25.8±10.1

シカの森林利用と森林保全

シカが照葉樹林を餌場として利用することによる森林側の動きは、森林動態のなかで、継続的に検証していく必要がある。倒木によって生じるギャップに草本類は生育するが、シードソースの欠如によって、多様な照葉樹林本来の植生ではなく、シカが好まないナンキンハゼ、マツカゼソウ、イワヒメワラビ、レモンエゴマといった限られた草本類が繁茂している。一方、ナギ林の林床はきわめて多様性の低い状態であり、シカは飼植物であるカシ・シイ類の木本実生が生育する森林を利用する傾向にある。こうしたシカの行動は、照葉樹林の崩壊を加速するものである。

現在、若草山および奈良公園浅茅が原一帯の草地はシカにとって良好な餌場であるが（C20）、森林が餌場となっている現状は、シカにとっても良好な生息環境とは言えないだろう。シカのハビタットとして、照葉樹林は休息の場であるという視点に立つと、森林に入って餌をとらざるを得ないシカの餌不足という問題がみえてくる。文化性の高いシカは、同時に野生生物であり、餌量とシカ個体数とのバランスはシカの保護にとって重要な視点である。地域生態系の保全に視点を据えながら、総合的視点にたった文化財・野生動物管理が必要であろう。長期的にシカにとっての適正個体数に収斂することによって、世界遺産春日山照葉樹林の生物多様性を保全し、生態系サービスが持続する地域生態系を構築することが肝要と考える。

七　適応的・順応的管理体制の必要性と緊急性

生態系への影響や農林業被害を受けてシカの駆除を実施している自治体は多いが、先に述べたように、シカ個体数の適正管理に成功している地域はきわめて少ない。それはシカ増加の背景には温暖化、オーバーユースとアンダーユースといった問題に代表されるように人間のライフスタイルの変容、社会的構造や自然環境の変化といった複合的要因が関係しているからでもある。文化的・歴史的に貴重な存在である天然記念物「奈良のシカ」と地域生態系の要ともいえる「春日山原始林」の保護・保全の体制は早急に必要とされるが、奈良の風土に溶け込んだシカの保護管理と世界遺産春日山原始林を含む地域生態系保全の実施は至難の業ともいえる。

一般的なシカの管理と天然記念物「奈良のシカ」の管理は異なる視点を持たなければ成功し得ないことは明らかである。それは、この「奈良のシカ」は野生動物であると同時に、一〇〇〇年以上にわたる歴史を有する文化のシンボルであり、現代においてもなおその経済的・文化的価値はゆるがないという点にある。

一方、世界遺産春日山原始林もまた、興福寺、東大寺、春日大社といった寺社群とともに、人間の営みと自然とが調和して創りだされた文化的景観として世界遺産に登録されたものであり、長い時間が創りだした自然の恵みである。一度失われると原植生としての照葉樹林の再生は不可能ともいえる。「天然記念物は文化が舞い踊る舞台としての自然を指定したものであり、人―自然の関係の中でこそ意義を持ち得てくる」という言葉を借りるならば[18]、人間環境と強いつながりをもちながら生息している奈良のシカと一〇〇〇年以上にわたる時間のなかで育まれた春日山原始林を未来に繋ぐのは、今に生きる人間の責務ともいえる。

世界遺産知床では「知床世界自然遺産地域科学委員会」が発足し、エゾシカ駆除を含む順応的保全管理体制が歩み始めた。奈良のシカと春日山原始林を未来に繋げるためには、自然生態系の変化に応じて適応的・順応的管理が持続的に行われる体制づくりが必要不可欠である。知床で作られた地域の人々からなる「地域連絡会議」や、順応的管理を進める研究者からなる「科学委員会」、環境省や林野庁、北海道の「管理者」という三者からなる管理計画の枠組みは、そこに「奈良らしさ」を組み込むことにより奈良の地にも有効なはずである。それはシカの駆除という短期的管理ではなく、奈良のシカがこの地に生きてきた長い歴史性を踏まえた文化財保護の視点と市民の合意形成のうえに成り立つものであろう。

古都奈良の文化財と地域の保全は、市民の合意形成を築くことから始まる。照葉樹林崩壊の危機を回避し、地域固有の森林生態系を次世代に継承するためには、市民と行政と研究者の協働による人―自然―文化共生系の体制づくりが急務と考える。かつて多様な生物相を擁した「特別天然記念物春日山原始林」と文化的景観を評価された「世界遺産春日山原始林」の保護・保全は一刻の猶予もない時代を迎えている。

第17章　奈良のシカと照葉樹林の未来　　前迫ゆり

（1）大泰司紀之（2009）ヨーロッパにおけるディア・マネジメントの日本への導入．農業と経済，75：44-53
（2）梶光一（1993）シカが植生を変える―洞爺湖中島の例―．「生態学からみた北海道」（東正剛ほか編）．pp. 242-249．北海道大学図書刊行会
（3）前迫ゆり（2006）春日山原始林―地域固有の生態系を未来に残す―．「世界遺産をシカが喰う　シカと森の生態学」（湯本貴和・松田裕之編）．pp. 147-167，文一総合出版
（4）依光良三編（2011）シカと日本の森林．築地書館
（5）植生学会企画委員会（2011）ニホンジカによる日本の植生への影響シカ影響アンケート調査（2009～2010）結果．植生情報，15：9-20
（6）村上興正（2009）変化しつつある野生鳥獣と人との関係．農業と経済，75：13-29
（7）高柳敦（2009）野生動物被害と農業・農山村．農業と経済，75：5-12
（8）高槻成紀（1989）植物および群落に及ぼすシカの影響．日本生態学会誌，39：67-80
（9）前迫ゆり（2000）奈良公園および春日山原始林におけるシカの採食に対する変化．奈良植物研究，23：21-25
（10）立澤史郎・藤田和（2001）シカはどうしてここにいる？―市民調査を通してみた「奈良のシカ」保全状の課題―．関西自然保護機構会誌，23：127-140
（11）鳥居春己・高野彩子・景山真穂子・原沢牧子（2007）奈良公園春日山原始林におけるニホンジカ密度推定の試み．関西自然保護機構会誌，28：193-200
（12）奈良公園史編集委員会編（1982）奈良公園史　自然編．奈良市
（13）前迫ゆり・和田恵次・松村みちる（2006）奈良公園におけるニホンジカの樹皮剝ぎ．植生学会誌，23：69-78
（14）前迫ゆり（2001）春日山照葉樹林におけるニホンジカ *Cervus nippon* の樹皮剝ぎとその選択性．第48回日本生態学会講演要旨集
（15）福田秀志，高山元，井口雅史，柴田叡弌（2008）カメラトラップ法で明らかにされた大台ヶ原の哺乳類相とその特徴．保全生態学研究，13：265-274
（16）前迫ゆり（2010）カメラトラップ法による春日山照葉樹林の哺乳類と鳥類．大阪産業大学人間環境論集，9：79-96
（17）山倉拓夫・大前義男・名波哲・伊東明・神崎護（2000）御蓋山ナギ林の分布拡大 1．諸説概観．関西自然保護機構会誌，22：173-184
（18）池田啓・蒔田明史（1997）天然記念物整備活用事業―エコ・ミュージアムの愛称をもつふれあいの場所づくり―．「エコミュージアム・理念と活動」（日本エコミュージアム研究会編）．牧野出版

のシカ調査報告」. pp. 83-95, 春日顕彰会
(5) 立澤史郎・藤田和 (2001) シカはどうしてここにいる―市民調査を通して見た「奈良のシカ」保全上の課題―. 関西自然保護機構会報, 23(2) : 127-140
(6) 立澤史郎・藤田和・伊藤真子 (2002) 奈良公園平地部におけるニホンジカの個体数変動. 関西自然保護機構会報, 24(1) : 33-43
(7) 立澤史郎 (制作中) 日本最古のテーマパーク？―奈良公園に見る人とシカの関係史―, 池田透 (編)「人間と動物」, 23 : 5, 北海道大学学術出版会
(8) 鳥居春己・鈴木和男・前迫ゆり・市本佳紀 (2000) 奈良公園のシカの胃内容物分析. 関西自然保護機構会報, 22(1) : 13-15
(9) 鳥居春己・高野彩子 (2009) 大腿骨骨髄による奈良公園シカの栄養診断. 奈良教育大学附属自然環境教育センター紀要, 9 : 5-9
(10) 鳥居春己・石川周 (2011) 奈良公園ニホンジカの初期死亡率の推定. 奈良教育大学附属自然環境教育センター紀要, 12 : 9-12

第16章　春日山原始林のニホンジカ　　鳥居春己

(1) 土肥昭夫・稲員邦久・小野勇一・川原弘 (1985) シカの森林更新に及ぼす影響 (予報), 長崎総合科学大学紀要, 26 : 13-18
(2) 梶光一 (1986) 洞爺湖中之島のエゾシカ個体群動態と管理, 哺乳類科学, 53 : 25-28
(3) 金森弘樹・周藤成次・扇大輔・河井美紀子・井ノ上二郎, 大国隆二 (1999) 島根県弥山山地におけるニホンジカのライトセンサス. 森林応用研究, 8 : 183-186
(4) 小金澤正昭・佐竹千枝 (1996) 日光におけるニホンジカの植生に及ぼす影響と生態系の保護管理. 第5期プロナトゥーラファンド助成報告書, pp. 57 : 66
(5) Maruyama, N. & Nakama, S. (1983) Block count method for estimating serow populations, Ecological Soc. Jpn, 33 : 243-251
(6) 柴田叡弌・横山昌太郎・前地育代 (2000) ニホンジカの生息状況と森林へのインパクト・大台ヶ原地区トウヒ林保全対策事業実績報告書―平成6年～10年度, pp. 25-32, 大台ヶ原地区トウヒ林保全対策検討会
(7) Takahashi, H. & Kaji, K. (2001) Fallen leaves and unpalatable plants as alternative foods for sika deer under food limitation, Ecological Research 6 : 257-262
(8) 高槻成紀・鹿股幸喜・鈴木和夫 (1981) ニホンジカとニホンカモシカの排糞量・回数・日生生態会誌, 31 : 435-439
(9) 鳥居春己・高野彩子 (2007) 春日山におけるニホンジカ (*Cervus nippon*) によるイズセンリョウ (*Maesa japonica*) の採食. 関西自然保護機構会誌, 29 : 65-66
(10) Tsujino, R. Noma, N. & ymoto, T. (2004) Growth of sika deer (*Cervus nippon* yakuensis) population in the western lowland forest of Yakushima island, Japan. Mammal soc. Jpn, 29 : 105-111
(11) 渡辺伸一 (2001) 奈良のシカにおける農業被害対策の問題点. 関西自然保護機構会誌, 23 : 141-149
(12) 矢部恒晶・小泉透 (2003) 九州中央山地小流域の造林地におけるニホンジカのスポットライトセンサス. Kyushu J. For. Res. (56) : 218-219
(13) 山倉拓夫・川崎稔子・藤井範次・水野貴司・平山大輔・野口英之・名波哲・伊藤明・下田勝久・神崎護 (2001) 春日山照葉樹林の未来. 関西自然保護機構会誌, 23 : 157-167

(2) 藤井俊夫（1991）先駆性常緑樹クロバイの林分発達過程と種子動態．大学院理学研究科修士論文，大阪市立大学
(3) 平山大輔（2005）樹木の雌性繁殖特性量の個体間，種間，および年間変動．大学院理学研究科博士論文，大阪市立大学
(4) 伊藤嘉昭・村井実（1977）動物生態学研究法（上）．古今書院
(5) 川崎稔子（1993）カラスザンショウの性表現と繁殖成功率．大学院理学研究科修士論文，大阪市立大学
(6) 可知直毅（2004）生活史の進化と個体群動態．「植物生態学」（寺島一郎他編），pp. 189～233．朝倉書店
(7) 桐田博充（1971）森林の土壌呼吸に関する研究．大学院理学研究科博士論文，大阪市立大学
(8) 小清水卓二・岩田重夫・菅沼孝之・北川尚史・浜田稔（1971）植物．奈良市史・自然編．（奈良市史編集審議会編）．pp. 109-260．奈良市
(9) 玉井潤（1990）ナギ林の組成と構造．大学院理学研究科修士論文，大阪市立大学
(10) 水野貴司（1992）植物個体配置のフラクタル性．理学部生物学科卒業論文，大阪市立大学
(11) Mizuno, T. Fujii, N. Kanzaki, M. & Yamakura, T.（1999）Fractal nature of spatial patterns in Japanese evergreen oak forest trees. Vegetation Science, 16：103-113
(12) 仲和夫（1984）照葉樹林の組成と構造の維持に果たすギャップの役割．大学院理学研究科博士論文，大阪市立大学
(13) 中根周歩（1979）極相林の土壌・植生系における炭素循環の動態．大学院理学研究科博士論文，大阪市立大学
(14) 名波哲・山倉拓夫・伊東明・川口英之（2002）御蓋山のナギとイヌガシの個体群構造．関西自然保護機構会誌，24：29-43
(15) 名波哲（2011）樹木の個体群動態．「森林生態学（シリーズ現代の生態学 8 ）」（日本生態学会編）．pp. 154～172．共立出版
(16) 下田勝久（1998）カラスザンショウの埋土種子戦略と定着過程に関する研究．大学院理学研究科博士論文，大阪市立大学
(17) 菅沼孝之・高津加代子（1975）春日山原始林の自然保護のための植物生態学的研究および提言．「特別天然記念物春日山原始林緊急調査報告書・奈良県文化財調査報告第22集」83-96．奈良県
(18) 高田みちよ（1997）ムクロジの個体群動態に関する研究．大学院理学研究科修士論文，大阪市立大学
(19) 大和俊貴（2000）春日山ヒサカキ（*Eurya japonica*）の個体群動態特性．大学院理学研究科修士論文，大阪市立大学

第15章　「奈良のシカ」の生態と管理　　立澤史郎

(1) 藤田和（1997）奈良の鹿年譜：人と鹿の一千年，「奈良のシカ」市民調査会
(2) 奈良のシカ愛護会（2012）国の天然記念物「奈良のシカ」頭数調査表．［http://naradeer.com/2012tousuu.pdf］（2012年10月11日閲覧）
(3)「奈良のシカ」市民調査会（2002）Deer my friends 10年のあゆみ：市民がしらべた「奈良のシカ」の生態．「奈良のシカ」市民調査会
(4) 大泰司紀之（1976）奈良公園のシカの生命表とその特異性．「昭和50年度天然記念物奈良

(17) Nanami, S. Kawaguchi, H. & Yamakura, T. (2011) Spatial pattern formation and relative importance of intra- and interspecific competition in codominant tree species, *Podocarpus nagi* and *Neolitsea aciculata*. Ecological Research, 26：37-46
(18) 名波哲・山倉拓夫・伊東明・川口英之（2002）御蓋山のナギとイヌガシの個体群構造．関西自然保護機構会誌，24：29-43
(19) Sargent, C. S. (1894) Forest Flora of Japan. Houghton, Mifflin and Company, Boston and New York

第12章　春日山原始林に生きる林床植物の適応戦略　　鈴木　亮・前迫ゆり

（1）財団法人奈良の鹿愛護会の調査．http://naradeer.com/images/23census.pdf,（2012年5月閲覧）
（2）湯本貴和・松田裕之（2006）「世界遺産をシカが喰う　シカと森の生態学」（湯本貴和・松田裕之編），文一総合出版
（3）前迫ゆり・和田恵次・松村みちる（2003）奈良公園におけるニホンジカの樹皮剝ぎと立地条件．関西自然保護機構会誌，25：33-41
（4）鳥居春己・鈴木和男・前迫ゆり（2000）奈良公園におけるニホンジカ Cervus nippon の胃内容分析．関西自然保護機構会誌，22：13-15
（5）長崎大学大学院医歯薬総合研究科天然物化学研究室 HP（http://www.ph.nagasaki-u.ac.jp/lab/natpro/research/ 2012年5月閲覧）
（6）Kato T., Ishida K., Sato H. (2008) The evolution of nettle resistance to heavy deer browsing. Ecological Research, 23：339-345
（7）Suzuki, R. O. (2008) Dwarf morphology of the annual plant Persicaria longiseta as a local adaptation to a grazed habitat, Nara Park, Japan. Plant Species Biology, 23：159-167
（8）Suzuki, R. O, Kato, T. Maesako, Y. Furukawa, A. (2009) Morphological and population responses to deer grazing for herbaceous species in Nara Park, western Japan. Plant Species Biology, 24：145-155
（9）Suzuki, R. O. & Suzuki, S. N. (2012) Morphological adaptation of a palatable plant to long-term grazing can shift interactions with an unpalatable plant from facilitative to competitive. Plant Ecology, 213：175-183
(10) 鈴木亮・前迫ゆり（2012）春日山原始林の林床草本ミヤコアオイの個体群生態．地域自然史と保全，31：39-45

第13章　春日山原始林をとりまくマツ枯れとナラ枯れ　　渡辺弘之

（1）渡辺弘之（1976）アカアマツ・クロマツ混交林の樹上節足動物の個体数と現存量～殺虫剤の空中散布を利用して～．生理生態，17：291-295
（2）Watanabe, H (1983) Effects of repeated aerial applications of insecticides for pine-wilt disease on arboreal arthropods in a pine stand. J. Jap. For. Soc, 65(8)：282-287
（3）渡辺弘之（1983）森の動物学，講談社

第14章　春日山照葉樹林の行く末を危惧する　　山倉拓夫

（1）藤井範次（1992）春日山照葉樹の分布と地形の関係．理学部生物学科卒業論文，大阪市立大学

Ecological research, 9：85-92
(9) 前迫ゆり（2010）世界遺産春日山照葉樹林のギャップ動態と種組成．社叢学研究，8：60-70
(10) 吉良竜夫（1949）日本の森林帯．林業解説シリーズ17，日本林業技術協会
(11) Yamamoto, S（1989）Gap dynamics in climate *Fagus crenata* forests. Botanical Magazine, 102：93-114
(12) 前迫ゆり（2004）春日山原始林の特定植物群落（コジイ林）における17年間の群落構造．奈良佐保短期大学研究紀要，11：37-43
(13) 鈴木亮・前迫ゆり（2012）春日山原始林の林床草本ミヤコアオイの個体群生態．地域自然史と保全，31：39-45

第11章　御蓋山ナギ林の更新動態　　名波　哲

(1) 三好学（1926）天然記念物調査報告　植物之部．白鳳社
(2) 小清水卓二（1943）大和の名勝と天然記念物．天理時報社
(3) 前迫ゆり（1995）シカ生息域春日大社境内の植栽林におけるフェンス効果．奈良佐保女学院短期大学研究紀要，6：165-177
(4) 菅沼孝之（1974）春日大社境内の植生（予報）とナギの生態学的特性について．昭和49年度春日大社境内原生林調査報告，5-10，春日顕彰会
(5) 真田智永子（1970）ナギの植物生態学的特性に関す研究．奈良女子大学生物学会誌，20：38-40
(6) 石川洋江（1971）ナギの allelopathy 効果について．奈良女子大学生物学会誌，21：6-7
(7) Ohmae, Y. Shibata, K. & Yamakura, T.（1999）The plant growth inhibitor nagilactone does not work directly in a stabilized *Podocarpus nagi* forest. Journal of Chemical Ecology, 25：969-984
(8) 山倉拓夫・大前義男・名波哲・伊東明・神崎護（2001）壊滅的森林攪乱が引き起こすアレロパシーの予測（御蓋山ナギの分布拡大２）．関西自然保護機構会誌，23：51-63
(9) 菅沼孝之（1988）春日大社境内ナギ林の生態．関西自然保護機構会報，15：55-68
(10) 山倉拓夫・大前義男・名波哲・伊東明・神崎護（2001）御蓋山ナギの分布拡大１．関西自然保護機構会誌，22：173-184
(11) 高槻成紀（1989）植物および群落に及ぼすシカの影響．日本生態学会誌，39：67-80
(12) Aiba, S. & Kohyama, T.（1997）Crown architecture and life-history traits of 14 tree species in a warm-temperate rain forest: significance of spatial heterogeneity. Journal of Ecology, 85：611-624
(13) 平田善文（1974）ナギ（*Podocarpus Nagi* Zoll. et Moritzi）に関する研究—春日大社境内のナギ林について—．昭和49年度春日大社境内原生林調査報告．pp. 11-16，春日顕彰会
(14) 渡辺弘之（1976）ナギ林の林分構造．昭和51年度春日大社境内原生林調査報告．pp. 47-52，春日顕彰会
(15) Nanami, S. Kawaguchi, H. & Yamakura, T.（1999）Dioecy-induced spatial patterns of two codominant tree species, *Podocarpus nagi* and *Neolitsea aciculata*. Journal of Ecology, 87：678-687
(16) Nanami, S. Kawaguchi, H. & Yamakura, T.（2005）Sex ratio and gender-dependent neighboring effects in *Podocarpus nagi*, a dioecious tree. Plant Ecology, 177：209-222

第8章　春日山原始林とその周辺の地形・地質　　高田将志・山田　誠

（1）伊藤順子（2000）世界遺産春日山原始林とその周辺域の植生変化．奈良女子大学文学部国際社会文化学科地域環境学専攻平成11年度卒業論文．17pp（MS）
（2）岡田篤正・東郷正美編（2000）『近畿の活断層』東京大学出版会．395pp
（3）奥村晃史・寒川旭・須貝俊彦・高田将志・相馬秀廣（1997）奈良盆地東縁断層系総合調査．平成8年度活断層研究調査概要報告書．pp. 51-62，地質調査所
（4）尾崎正紀・寒川旭・宮崎一博・西岡芳晴・宮地良典・竹内圭史・田口雄作（2000）奈良地域の地質．地域地質研究報告（5万分の1地質図幅），地質調査所
（5）寒川旭・衣笠善博・奥村晃史・八木浩司（1985）奈良盆地東縁地域の活構造．第四紀研究，24：85-97
（6）相馬秀廣・八木浩司・岡田篤正・中田高・池田安隆（1998）『1：25,000都市圏活断層図　桜井』国土地理院
（7）地震調査研究推進本部（1995-2012）京都盆地—奈良盆地断層帯南部（奈良盆地東縁断層帯）の評価．http://www.jishin.go.jp/main/chousa/01jul_keina/（2012年10月25日閲覧）
（8）菅沼孝之・高津加代子（1970）春日山原始林の自然保護のための植物生態学的研究および提言．特別天然記念物春日山原始林緊急調査報告書（奈良県文化財調査報告第22集），奈良県教育委員会：83-96
（9）奈良地方気象台（2012）強風による災害事例
http://www.jma-net.go.jp/nara/kishou/jirei/wind.htm（2012年11月9日最終閲覧）
（10）八木浩司・相馬秀廣・岡田篤正・中田高・池田安隆（1998）『1：25,000都市圏活断層図　奈良』国土地理院
（11）山本晴彦・岩谷潔・鈴木賢士・早川誠而（1999）近畿地方における1998年台風7号の強風災害．自然災害科学，18：199-211
（12）Shreve, R. L.（1966）Statistical law of stream numbers. J. Geol., 74：17-37

第10章　ニホンジカをめぐる照葉樹林の動態　　前迫ゆり

（1）湯本貴和（2006）シカと森の「今」をたしかめる．「世界遺産をシカが喰う　シカと森の生態学」（湯本貴和・松田裕之編）．pp. 3-14．文一総合出版
（2）村上興正（2009）変化しつつある野生鳥獣と人との関係．農業と経済，75：13-29
（3）前迫ゆり（2002）保護獣ニホンジカと世界遺産春日山原始林の共存を探る．植生学会誌，19：61-67
（4）前迫ゆり（2009）照葉樹林に拡大する外来樹木とシカの関係．植生情報，13：83-86
（5）山倉拓夫・川崎稔子・藤井範次・水野貴司・平山大輔・野口英之・名波哲・伊東明・下田勝久・神崎護（2001）春日山照葉樹林の未来．関西自然保護機構会誌，23：157-170
（6）Maesako, Y. Nanami, S. & Kanzaki, M（2007）Spatial distribution of two invasive alien species, *Podocarpus nagi* and *Sapium sebiferum*, spreading in a warm-temperate evergreen forest of the Kasugayama Forest Reserve, Japan. Vegetation Science, 24: 103-112
（7）菅沼孝之・高津加代子（1975）春日山原始林の自然保護のための植物生態学的研究および提言．奈良県文化財調査報告，22：83-96
（8）Shimoda, K., Kimura, K., Kanzaki, M. & Yoda, K.（1994）The regeneration of pioneer tree species under browsing pressure of Sika deer in an evergreen oak forest.

第５章　春日山原始林の鳥　　小船武司・川瀬　浩

（1）花山院親忠（1994）「ふりさけみれば春日なる」春日大社内花山院宮司を偲ぶ会
（2）菅沼孝之（1969）「夕刊読売」
（3）奈良県教育委員会（1974）特別天然記念物春日山原始林の緊急調査報告（概報）
（4）春日顕彰会（1976）昭和五十年度天然記念物「奈良のシカ」調査報告
（5）奈良県教育委員会（1975）特別天然記念物春日山原始林の緊急調査報告書
（6）日本野鳥の会奈良支部（2004）春日山原始林生息鳥類調査

第７章　春日山原始林の哺乳類　　鳥居春己

（1）秋田一貫（1955）奈良公園御蓋山で採集されたテングコウモリ．哺乳動物学雑誌，1：5-7
（2）秋田一貫（1957）奈良県産の翼手類について．関西自然科学研究誌，8：21-22
（3）Ikeda, T.（2009）Procyon lotor（in The Wild Mammals of Japan（ed. by Odachi et al). pp. 224-225, Shoukado, Kyoto
（4）川道武男（1990）春日大社の中・小哺乳類．史跡春日大社境内内地実態調査報告及び修景整備基本構想策定報告書．pp. 135-137，春日顕彰会
（5）神戸伊三郎・久米道民（1939）春日山動植物大観．個人出版
（6）前田健（1992）ハチクマ・イタチ（続き）．奈良自然情報，158：3-5，奈良教育大学自然教育演習室
（7）前田喜四雄（1994）ハツカネズミ．奈良自然情報，433．846，奈良教育大学自然教育演習室
（8）前田喜四雄（1994）奈良公園の哺乳動物相．奈良公園の自然．pp. 120-123，奈良教育大学
（9）前迫ゆり（2010）カメラトラップ法による春日山照葉樹林の哺乳類と鳥類．大阪産業大学人間環境論集，9：79-96
（10）Masuda, R. Kaneko, Y. Siriaroonrat, B. Subramaniam, V. & Hamachi, M.（2008）Genetic variations of the masked palm civet pagua larvata, inferred from mitcrondrial cytocrome b sequence, Mammal Study 33：19-24
（11）宮尾嶽雄（1977）山の動物たちはいま．藤森書店
（12）仲谷淳（1996）イノシシ．日本動物大百科（日高敏隆監修）．pp. 118-119，平凡社
（13）奈良公園史編集委員会（1982）ニホンリスの餌づけ．奈良公園史．pp. 504-505，奈良県
（14）自然観察塾（2012）自然観察塾のブログ http://kansatsu-juku.seesaa.net/article/241799624.html（2012年９月23日閲覧）
（15）Suda K., R. Araki and N. Maruyama（2003）Effects of sika deer on the forest mice in evergreen froad-leaved forest on the Tsusima island, Japan, Biosphere Conservation 5：63-70
（16）谷幸三（1989）奈良公園の動物．日本の自然，3：12-24
（17）鳥居春己（1996）ハクビシン．日本動物大百科（日高敏隆監修）．pp. 136-137，平凡社
（18）Wakasugi, M. Yasuda, T. Kanzaki, M. & Yamakura, T.（2001）Seed dispersal of *sapindus mukurossi* identified by an automatic camera sysytem at the Kasugayama forest, central Japan, Bulletin of Kansai Organization for Nature Conservation，23：3-1

引用文献一覧

第4章　春日山原始林の植生　　前迫ゆり

(1) 前迫ゆり（2009）森とシカの生態学的問題をめぐって．関西自然保護機構会誌，31：39-48
(2) 環境庁（1976）自然環境保全調査報告書．基礎調査　奈良県．環境庁
(3) 前迫ゆり（2010）世界遺産春日山照葉樹林のギャップ動態と種組成．社叢学研究（社叢学会），8：60-70
(4) 岡本勇治（発行年不詳）春日山原始林植物調査報告
(5) 我が国における保護上重要な植物種及び群落に関する研究委員会　種分科会（1989）我が国における保護上重要な植物種の現状．自然保護協会（NACS-J），世界自然保護基金（WWF-J）
(6) 吉井義次（1924）奈良縣春日山原生林調査報告．pp.180-187，内務省
(7) 三好学（1926）天然記念物解説．pp.215-216，富山房
(8) 小清水卓二・菅沼孝之（1971）奈良市史　自然編．奈良市
(9) 前迫ゆり（2004）春日山原始林の絶滅危惧種ホンゴウソウ *Andruris japonica*（Makino）Giesen．関西自然保護機構会誌，26：63-66
(10) レッドデータブック近畿研究会（編）（1995）近畿地方の保護上重要な植物．関西自然保護機構
(11) グリーンあすなら（2003）2002 春日山原始林巨樹調査報告書
(12) 前迫ゆり（2000）奈良公園および春日山原始林におけるシカの採食に対する変化．奈良植物研究，23：21-25
(13) 高槻成紀（1989）植物および群落に及ぼすシカの影響．日本生態学会誌，39：67-80
(14) Suzuki, R. kato, T. Maesako, Y. & Furukawa, A.（2009）Morphological and population responses to deer grazing for herbaceous species in Nara Park, western Japan. Plant Species Biology, 24：145-155
(15) Naka, K.（1982）Community dynamics of evergreen broad-leaf forests in southwestern Japan I. Wind damaged trees and canopy gaps in an evergreen oak forest. Botanical Magazine, 97：61-79
(16) Maesako, Y.（2003）Current-year tree seedlings in a warm-temperate evergreen forest on Mt. Kasugayama, a World Heritage Site in Nara, Japan. Bulletin of studies of Nara Saho College, 10：29-36
(17) 佐野淳之（1988）群落構造の解析による天然生ミズナラ林の更新様式に関する研究．北海道大學農學部　演習林研究報告，45(1)：221-266
(18) 若杉(高田)みちよ・安田雅敏・神崎護・山倉拓夫（2001）奈良県春日山におけるムクロジ（*Sapindus mukurossi*）の自動撮影装置を用いた種子散布者の同定．関西自然保護機構会誌，23：3-12
(19) 山倉拓夫・川崎稔子・藤井範次・水野貴司・平山大輔・野口英之・名波哲・伊東明・下田勝久・神崎護（2001）春日山照葉樹林の未来．関西自然保護機構会誌，23：157-167

あとがき

今、共生と崩壊の岐路に立つ春日山原始林であるが、各章を通して、長い時間のなかで育まれた照葉樹林の文化的背景とダイナミックな森林の魅力を読みとっていただけただろうか。古都奈良において悠久の時間のなかで育まれた春日山原始林が次の世代に引き継がれるために、市民と行政と研究者が連携する日が近いことを願って「あとがき」としたい。

本書に掲載された春日山原始林とシカの研究を推進するにあたり、日本学術振興会（科学研究費補助金）、日本自然保護協会（プロナツーラファンド）、（株）エッソ（女性研究者奨励金）、住友財団（研究助成金）、関西自然保護機構（四手井綱英基金研究助成）、大阪産業大学（学内共同研究及び大学連携研究）などの諸機関には研究助成を頂いた。野外調査において文化庁、奈良県奈良公園室、奈良県奈良公園管理事務所、奈良市教育委員会、春日大社にはたいへんお世話になった。各位に厚くお礼申し上げたい。

なお本書には、関係機関の承諾を得て「関西自然保護機構会誌」（関西自然保護機構発行）、「グリーン・パワー」（森林文化協会発行）、「植生学会誌」（植生学会）、「社叢学会誌」（社叢学会）などに発表した原稿の一部を掲載している。

本書出版にあたって玉稿を寄せていただいた著者のみなさま、コラムに寄稿いただいたみなさま、写真や資料を提供いただいたみなさま、野外調査にご協力いただいたみなさまに心より感謝いたします。さいごに本書刊行を快くお引き受けいただいたナカニシヤ出版社長中西健夫氏と、編集担当の林達三氏に深く感謝の意を表します。

二〇一三年一月

前迫　ゆり

編著者紹介 （掲載順）

鳥居春己（とりい・はるみ）　奈良教育大学自然環境教育センター教授。奈良県文化財審議会委員、大台ケ原自然再生推進計画評価委員会委員、奈良県大型獣保護管理検討委員会委員。著書に『静岡県の哺乳類』（第一法規出版社）。

高田将志（たかだ・まさし）　奈良女子大学研究院・人文科学系・人文社会学領域・教授。理学修士。専門は自然地理学、地形学、第四紀学。日本地理学会代議員、国立極地研究所編集委員会副委員長。著書に『山の地図と地形』（分担執筆・山と溪谷社）、『近畿の活断層』（分担執筆・東京大学出版会）、『山地の地形工学』（分担執筆・古今書院）。

山田　誠（やまだ・まこと）　奈良女子大学共生科学研究センター非常勤研究員。博士（理学）。専門は同位体水文学、陸水学。

菅沼孝之（すがぬま・たかゆき）　元奈良女子大学教授、元天理大学教授。理学博士（東北大学）。専門は植生科学。桜井市文化財保護審議会委員。NPO 法人社叢学会副理事長。奈良植物研究会会長、奈良自然環境研究会会長。みどりの日の環境庁長官表彰（大台ケ原等の自然環境の保全）を受ける。著書に『大台ケ原・大杉谷の自然─人とのかかわりあい─』（共著・ナカニシヤ出版）、『奈良公園史　自然編』（編著・奈良県）。

名波　哲（ななみ・さとし）　大阪市立大学大学院理学研究科准教授。博士（農学）。専門は森林生態学、植物生態学。関西自然保護機構四手井綱英記念賞（2005年度、2008年度）。日本生態学会近畿地区委員、日本熱帯生態学会会計幹事、タンポポ調査・西日本2010実行委員。著書に『森林生態学』（分担執筆・共立出版）。

鈴木　亮（すずき・りょう）　筑波大学菅平高原実験センター特任助教。博士（理学）。専門は植物生態学、個体群生態学。著書に『役に立つ地理学』（分担執筆・古今書院）。

渡辺弘之（わたなべ・ひろゆき）　京都大学名誉教授。京都大学博士（農学）。専門は、熱帯林生態学・熱帯林業・土壌動物学。日本土壌動物学会賞受賞（1993年度）。ミミズ研究談話会会長、京都園芸倶楽部会長、社叢学会理事。著書に『熱帯林の恵み』（京都大学学術出版会）、『由良川源流芦生原生林生物誌』（ナカニシヤ出版）、『土の中の奇妙な生きもの』（築地書館）。

山倉拓夫（やまくら・たくお）　大阪市立大学名誉教授。農学博士。専門は植物生態学、熱帯生態学。2004年松下幸之助花の万博記念賞受賞。日本熱帯生態学会会長、奈良県文化財保護審議会委員。著書に『環境事典』（分担執筆・旬報社）、『熱帯雨林を考える』（編集・分担執筆・人文書院）、『森生生態学』（分担執筆・分永堂出版）。

立澤史郎（たつざわ・しろう）　北海道大学大学院文学研究科助教。理学博士。専門は保全生態学、環境学習論。かもしかの会関西、「奈良のシカ」市民調査会など、野生動物と地域社会をつなぐ市民調査活動を主宰。現在のフィールド南西諸島、釧路湿原、シベリア。屋久島世界自然遺産科学委員、IUCN 外来種専門委員。著書に『環境倫理学』（分担執筆・東京大学出版会）、『人間と動物』（分担執筆・北海道大学出版会）。

編著者紹介

（＊印は編者）　　（掲載順）

＊前迫ゆり（まえさこ・ゆり）　大阪産業大学大学院人間環境学研究科教授。学術博士。関西自然保護機構運営委員・編集委員長、大阪府生駒の森運営協議会会長、奈良市環境審議会副会長、紀伊半島研究会副会長、日本生態学会近畿地区委員。専門は生態学・植生学。2010年度植生学会賞受賞。著書に『世界遺産をシカが喰う』・『植物群落モニタリングのすすめ　自然保護に活かす植物群落レッドデータ・ブック』（分担執筆・文一総合出版）、『とりもどせ！　琵琶湖・淀川の原風景』（分担執筆・サンライズ出版）。

多川俊映（たがわ・しゅんえい）　法相宗大本山興福寺貫首。世界遺産・興福寺境内の史跡整備に取り組み、現在、2018年落慶を目指し18世紀に焼失した中金堂の再建を進めている。著書に『慈恩大師御影聚英』（編著・法蔵館）、『貞慶「愚迷発心集」を読む』（春秋社）、『唯識　こころの哲学』（大法輪閣）、『合掌のカタチ』（平凡社）。

中東　弘（なかひがし・ひろし）　枚岡神社宮司。神社本庁参与。1960年に出雲大社で神職の資格を取得して大山祇神社に奉職、1964年春日大社に転任し、1997年から2006年まで春日大社権宮司。南部樂所楽師として海外演奏多数。昭和天皇陛下春日御親拝に際して和舞を御上覧。毎年の祭礼に大蔵流狂言を奉納。奈良薪御能出演。

和田　萃（わだ・あつむ）　京都教育大学名誉教授。奈良県立橿原考古学研究所特別指導研究員。京都大学博士（文学）。専門は日本古代史。奈良県田原本町文化財保護審議会委員長、八尾市史編纂委員長、徳島県文化財保護審議会委員。著書に『大系日本の歴史　2』（小学館）、『日本古代の儀礼と祭祀・信仰　上・中・下巻』（塙書房）、『飛鳥』（岩波新書）。

小船武司（こぶね・たけし）　日本野鳥の会奈良支部前支部長。1967年に「奈良野鳥の会」（後の日本野鳥の会奈良支部）を立ち上げ、野鳥の調査・研究・保護に尽力する。奈良県大型獣保護管理検討会委員、奈良県鳥獣保護員。著書に『春日山原生林緊急調査報告書・鳥類』（奈良県教育委員会）、『奈良県史・鳥類』（名著出版）、『奈良公園史・鳥類』（奈良県）。いずれも分担執筆。

川瀬　浩（かわせ・ひろし）　日本野鳥の会奈良支部支部長。1969年日本野鳥の会奈良支部に入会。春日山原始林の自然を考える市民連絡会代表、奈良県希少野生動植物保護専門員、大台ケ原自然再生推進計画評価委員。著書に「春日山原始林生息鳥類調査報告書」（日本野鳥の会奈良支部）、「コマドリ緊急生息調査報告書」（野鳥の会奈良・奈良県環境課）、『川西町史・鳥類』（ぎょうせい）。いずれも分担執筆。

伊藤ふくお（いとう・ふくお）　昆虫生態写真家、伊藤ふくお自然写真工房主宰。『ひっつきむしの図鑑』（トンボ出版）で産経児童出版文化賞受賞。日本鱗翅学会（評議員）、紀伊半島野生動物研究会（評議員）、NPO法人やまと自然と虫の会（理事）。著書に、『モンシロチョウ』（集英社）、『アゲハチョウ』（あかね書房）、『バッタ・コオロギ・キリギリス生態図鑑』（共著・北海道大学出版会）。

世界遺産　春日山原始林──照葉樹林とシカをめぐる生態と文化

二〇一三年三月三〇日　初版第一刷発行

編　者　前迫ゆり
著　者　多川俊映／中東　弘／和田　萃
前迫ゆり／小船武司／川瀬　浩
伊藤ふくお／鳥居春己／高田将志
山田　誠／菅沼孝之／名波　哲
鈴木　亮／渡辺弘之／山倉拓夫
立澤史郎
〈掲載順〉

発行者　中西健夫
発行所　株式会社　ナカニシヤ出版
〒六〇六-八一六一　京都市左京区一乗寺木ノ本町一五番地
電話（〇七五）七二三-〇一一一
ファックス（〇七五）七二三-〇〇九五
振替　〇一〇三〇-〇-一三一二八
URL　http://www.nakanishiya.co.jp/
e-mail　iihon-ippai@nakanishiya.co.jp

印刷・製本　創栄図書印刷／装幀　竹内康之
ISBN978-7795-0744-1 C0045